# Jewelry Design With iPad

# 珠宝设计

## iPad绘制技法 基础到进阶教程

肖雅洁 保鑫 编著

電子工業出版社
Publishing House of Electronics Industry
北京·BEIJING

图书在版编目（CIP）数据

珠宝设计 iPad 绘制技法基础到进阶教程 / 肖雅洁，保鑫编著 . -- 北京：电子工业出版社，2021.5

ISBN 978-7-121-41088-8

Ⅰ . ①珠… Ⅱ . ①肖… ②保… Ⅲ . ①宝石 - 计算机辅助设计 - 应用软件 - 教材 Ⅳ . ① TS934.3-39

中国版本图书馆 CIP 数据核字 (2021) 第 080057 号

责任编辑：王薪茜

印　　刷：北京捷迅佳彩印刷有限公司

装　　订：北京捷迅佳彩印刷有限公司

出版发行：电子工业出版社

北京市海淀区万寿路 173 信箱　　邮编：100036

开　　本：787×1092　1/16　　印张：15.75　　字数：403.2 千字

版　　次：2021 年 5 月第 1 版

印　　次：2025 年 1 月第 3 次印刷

定　　价：99.00 元

凡所购买电子工业出版社图书有缺损问题，请向购买书店调换。若书店售缺，请与本社发行部联系，联系及邮购电话：（010）88254888，88258888。

质量投诉请发邮件至 zlts@phei.com.cn，盗版侵权举报请发邮件至 dbqq@phei.com.cn。

本书咨询联系方式：（010）88254161 ～ 88254167 转 1897。

# 前　言

## Preface ■

当你拿到本书，从封面开始是否有一种似曾相识的感觉？本书与我 2019 年出版的《珠宝设计手绘技法基础到进阶教程》一书互为“姊妹篇”，两本书相辅相成又各具特色。手绘是设计的基础，是数字绘画的前身，而数字绘画是基于计算机结合数位板的绘图技术。二者的绘图工具不同，但描述的内容却如出一辙。作为一种技术手段，数字绘画的目的不是拟真与写实，而是让设计有更多的可能性，更充分地发挥创作者的匠心精神。

随着软件和硬件的迅速发展，用 iPad 绘图已成为记录设计内容的一种新手段。几年前，保鑫开始研究 iPad 数字绘画在珠宝设计领域的表现方式及教学方法。作为工业设计师，他擅长表现产品结构、金属肌理，以及探索和总结软件的操作流程。为了让大家能以最容易接受的方式掌握数字绘画的基础绘图逻辑，最大限度地发挥软件的优势，书中每个案例都经过精心挑选，极具实用性和代表性。珠宝设计中必不可少的宝石章节，结合法国传统手绘与数字绘画两个领域的特点，打破数字绘画线条死板的弊端，增添手绘笔触的灵动感，创造出一套软件绘制宝石的知识体系。我和保鑫各有优势，强强联合，才会有这本诚意满满的 iPad 珠宝设计数字绘画教程面世。

本书是一本关于 iPad 数字绘画的零基础入门书籍。在内容编排方面，着重分享软件的操作技巧，如了解和建立选区、图层的合理运用、笔刷的参数设置、创建宝石素材库等。掌握了这些操作技巧，在提升工作效率的同时，还能让后续的设计修改、与工厂对接跟版，以及图像处理等工作环节事半功倍。绘图技法是基础，可以为设计、创作保驾护航。只有你的绘画表现力到位了，设计创意才能被完整地呈现出来，才能将思考与解决产品问题的创造性思维与实际生产工艺经验相结合。

本书的最后一章，附上了设计师常用的数据表，如戒指指圈尺寸对照表、钻石切割尺寸对照表等。这些内容也是日常设计和教学中的辅助工具，可供随手查阅。

最后，感谢家人在本书写作过程中给予的支持。感谢电子工业出版社及本书的责任编辑王薪茜女士。

肖雅洁．保鑫

# 目 录

Contents ■

Chapter 01

## 初识珠宝设计数字绘画

Chapter 02

## 绘画工具及软件



Chapter 03

## 数字绘画基础

Chapter 04

# 常用绘画功能



Chapter 05

# 金属绘制及表现技法

Chapter 06

## 宝石绘制及表现技法

Chapter 07

# 珠宝首饰绘制与表现技法



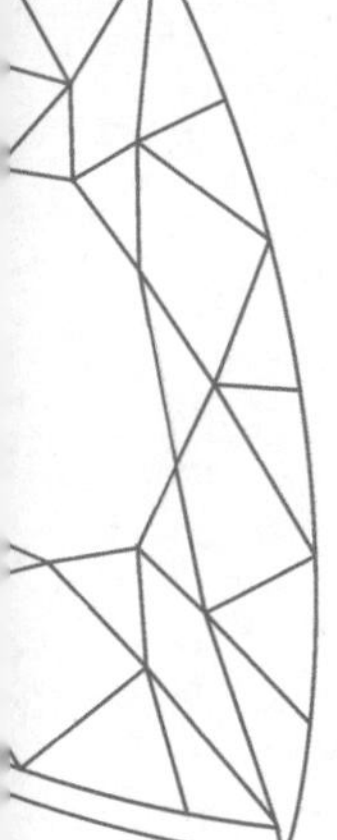

# 附录

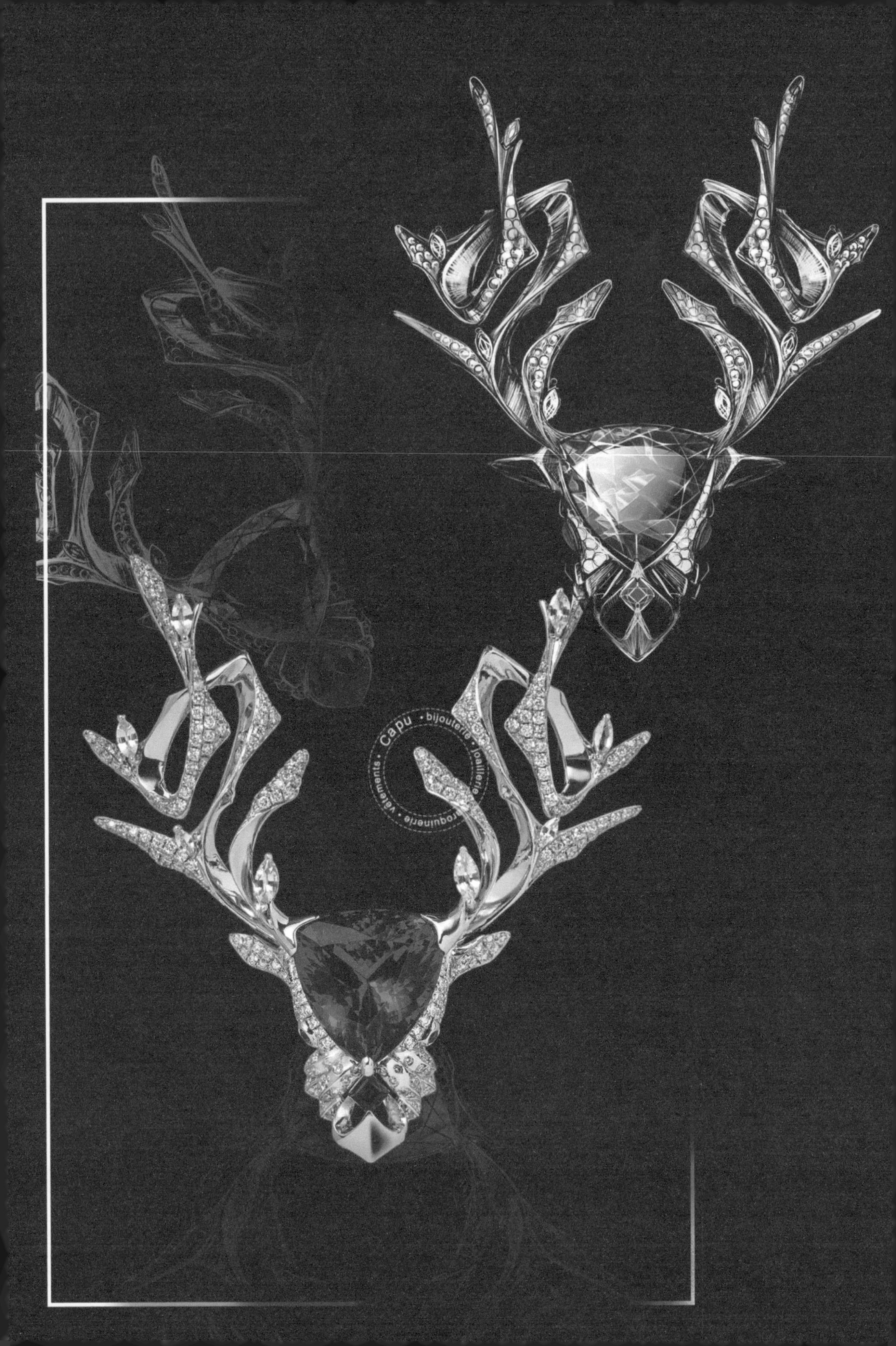

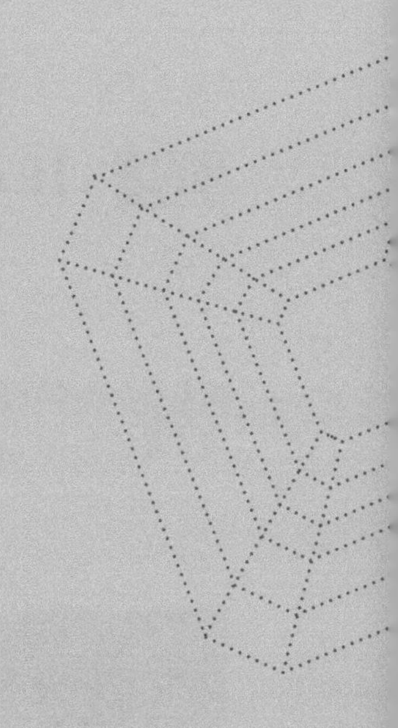

Chapter 01

# 初识珠宝设计数字绘画

# 1.1 iPad 珠宝数字绘画概述

随着科学技术的不断发展，iPad 和 iPad Pro 可以运用多款绘图软件，完成 2D 渲染、3D 运算、3D 渲染等工作，iPad 绘画软件中的笔刷功能也基本达到了传统纸和笔绘画的触感和效果。

Capu 角斗士系列中的“龙影”

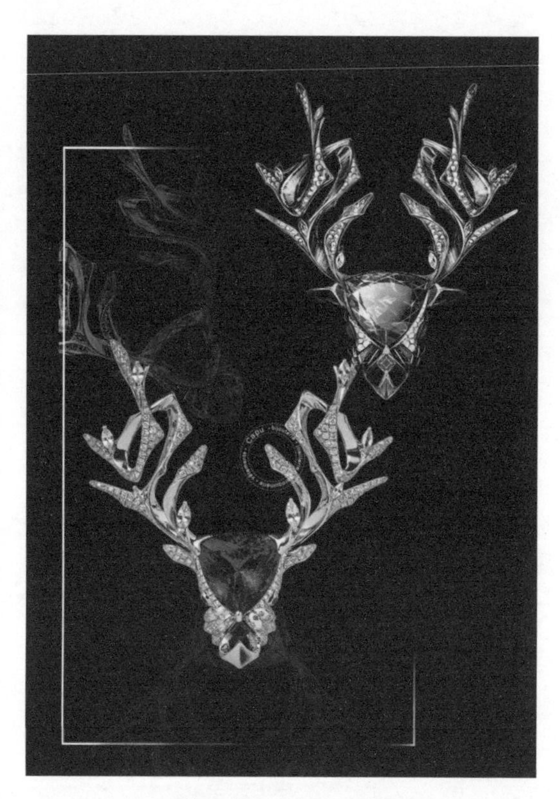

Capu 角斗士系列中的“大鹿角”

珠宝数字绘画采用手绘的技法加上软件的处理方式表达设计理念和设计内容。在珠宝数字绘画中，一般会涉及珠宝材质、金属材质、金属制作工艺，其中金属制作工艺又包括亮面金属、喷砂金属、拉丝金属、锤纹及一些特殊纹理的制作。珠宝数字绘画不仅是一种绘画方式，还是建立在素描、珠宝鉴定及加工生产基础上的一种绘图表现技能。因此，作为学习珠宝数字绘画的人，不能只把目光聚焦于“画技”这个狭窄的领域，还应该将数字绘画与产品创新和产品商业推广相结合，并应用到实际场景中去。

注：Capu 系作者自有品牌

# 1.2 珠宝数字绘画的优势与趋势

## 1.2.1 快速完成草图，随时随地记录灵感

作为珠宝设计师，需要快速地把创意灵感和奇思妙想记录下来。在灵感来临的时候，思维会非常活跃，各种想法随时迸发，如何把它们快速地呈现、勾画出来，对设计师来说十分重要，iPad 数字绘画就可以帮助设计师轻松实现。

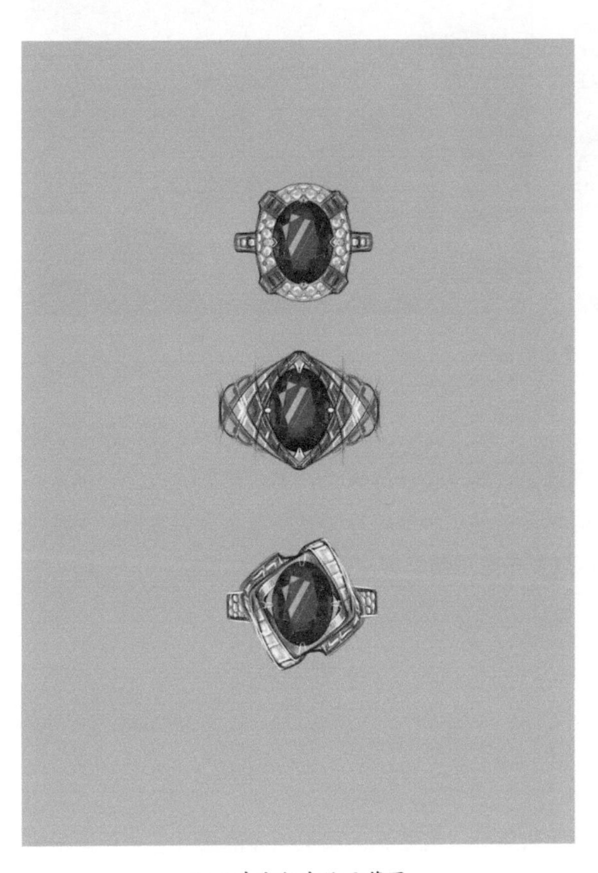

iPad 珠宝数字绘画草图

很多珠宝首饰都采用对称设计、对称结构。但在手工绘图过程中，经常画不对称，在重复修改的过程中更是难以保持平衡。而 iPad 绘图软件中的“对称”功能，就是解决这些难题的利器，它不但能可以让你绘制的图像保持百分百的对称，而且工作效率非常高。

传统绘画所用的工具繁多，而 iPad 则只需一支“笔”，无论是在汽车、高铁、飞机上，还是在餐厅和家里，iPad 都能成为最强的绘画工具，随时随地帮助设计师记录创意。



## 1.2.2 精确绘图

当你积累了一些草图后，就需要对它们进行筛选、提炼、精确绘图，直至定稿。

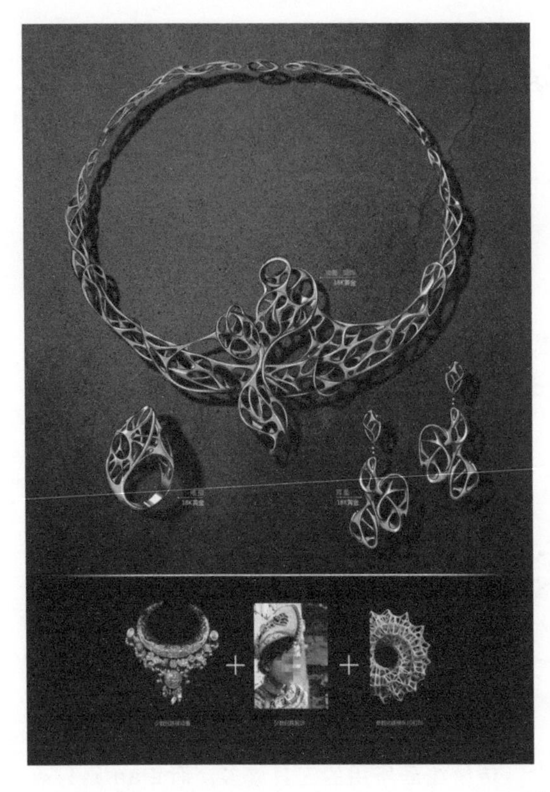

Capu 设计定稿图



定稿的作品也会涉及后期排版、背景设计及氛围渲染。对于设计师来说，不仅需要完成设计创意的表达，设计效果和氛围的表达也很重要。很多时候设计是一种商业行为，所以要面对客户，一张设计图的效果和氛围的表达起着关键性的作用，可以在无形中帮助客户做出积极的决定。

### 1.2.3 提高绘图效率

作为设计师，“效率至上”是不变的法则。遇到比较复杂或者结构上层次偏多的设计，如要画很多颗碎钻或者很多线条，可以运用 iPad 绘图软件中的对称工具和复制功能，快速完成排列分布和勾线等操作，帮助我们提高绘图效率，做到高效、高品质的出图。

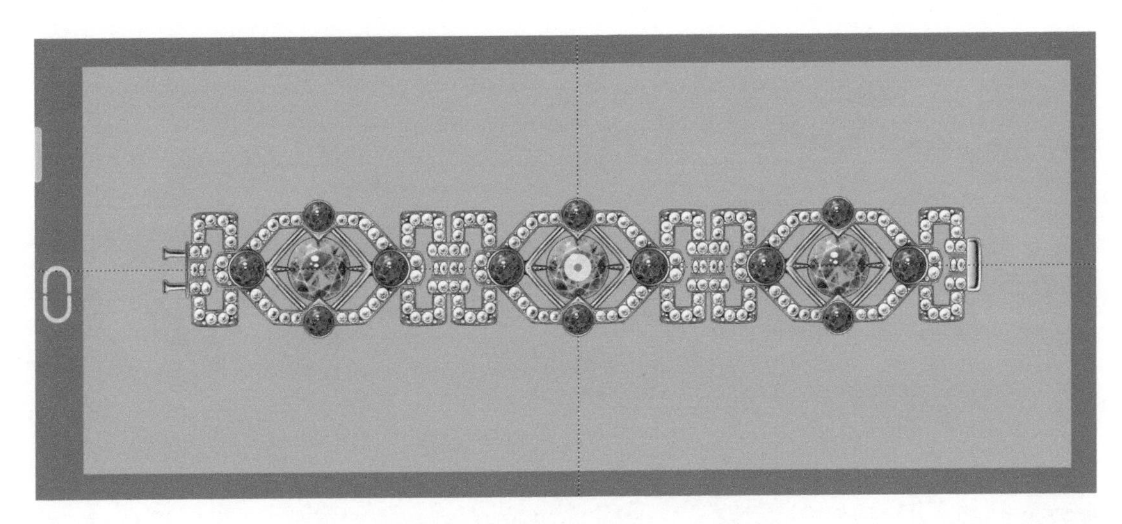

Capu 设计图

# 1.3 数字绘画的运用与探索



## 1.3.1 设计师数字化跟版

现在几乎各行各业都在利用数字化进行精确运作，珠宝加工制作行业也不例外。例如，手工雕蜡已经不多见，更多的是改用三维建模进行前期打版或模型输出，再进行喷蜡铸造，采用这种方法可以免去手工雕蜡中容易出现的误差，做到精准打版。既然珠宝加工环节已经走向数字化，设计师跟版是否也能数字化呢？答案是肯定的。经过反复试验，我发现利用 iPad 数字绘画可以使跟版过程更精确、顺畅。下面以一张设计图为例进行讲解。

运用 iPad 绘画软件画出的设计稿，每个结构、每处细节放大后都可以展示得非常清楚，每个点的位置、每个面的走向也能非常准确地展示。加工厂拿到这样的设计稿自然不会充满疑惑，每个环节的加工师都可以根据设计稿精准地打造产品。

另外，这张跟版修改图（如下页图所示）上有很多标注，这也是 iPad 数字绘画的优点之一。iPad 绘图软件可以在任何细微之处做标注，小到一处倒角的制作方法，一些层次落差的特殊处理要求，都可以进行详细标注。标注得越仔细、越详细，加工师理解得就越到位、越清楚，之后沟通和调整需要的时间就会大幅减少，设计师也就不用担心自己的设计和成品会有较大的差别。

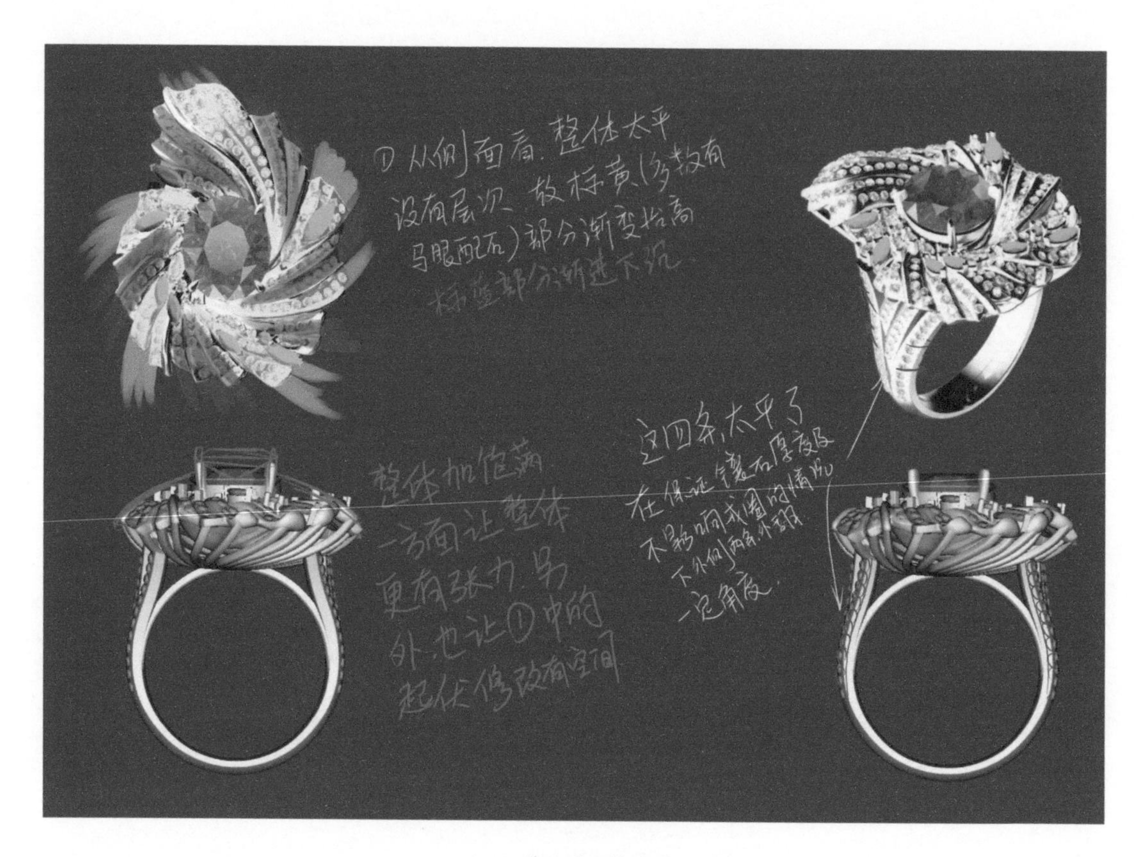


Capu 作品跟版修改图

## 1.3.2 巧用 iPad 绘图软件修图

下面这些图片是我绘制的产品图，从视觉冲击力、色彩层次，到光影背景等展现得都不错，但这些图其实都是用手机拍摄的。

Capu “La tempête” 帕拉伊巴戒指

Capu “Le pont” 碧玺戒指

Capu “素兰”蓝宝石戒指

由于珠宝产品体量较小，拍摄时焦段变化不大，手机拍摄基本就可以满足要求。但是用手机拍摄的照片还是会存在细节、层次不到位等问题。此外，拍摄环境给画面带来的灰尘、纤维等杂物也需要处理。此时，iPad 中的绘图软件便成了很好的修图软件。

利用 iPad 中的修图软件可以把原片中的一些小瑕疵（例如灰尘、纤维）轻松处理掉，金属的凹凸、光影的不和谐、容易让人产生疑惑的反光点或高光点也可以通过软件进行调整、修饰，如果想让整个画面的氛围感更好，还可以通过软件进行增加光影布景等更复杂的后期处理。绘图软件的功能远不止绘图这一项，巧用 iPad 数字绘画技术，可以达到意想不到、事半功倍的效果。

Chapter 02

# 绘画工具及软件

# 2.1 iPad、Apple Pencil 的选择

在开始绘图前，需要购买绘图所用的工具，即 iPad 及 Apple Pencil。根据个人需求按屏幕尺寸、内存大小、功能等参数进行选择。建议购买 iPad Pro，因为其硬件性能更强大，屏幕尺寸和内存也更大，用于绘图无可挑剔，当然价格也要比普通 iPad 更贵。

购买时，可根据 iPad 来选购适用的 Apple Pencil。

# 2.2 2D、3D 软件及其他软件简介

如果要从传统手绘转换到数字绘画，首先要选择软件并熟悉它。下面介绍几款最常用的软件，它们各具特点，选择喜欢的软件开始上手练习吧！

## 2.2.1 2D（二维）绘图软件

### 1.Autodesk SketchBook

**难易度：**★★★★★

**推荐理由：**该软件麻雀虽小五脏俱全，适合进行产品手绘设计。软件简单易操作，界面功能清晰明了，可以对笔刷进行高级设置，使绘制的作品更接近手绘效果。该软件可以免费使用，本书绘图实例均采用此软件。

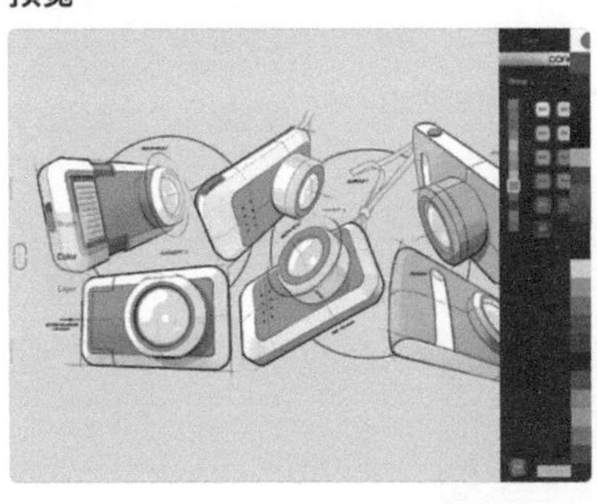

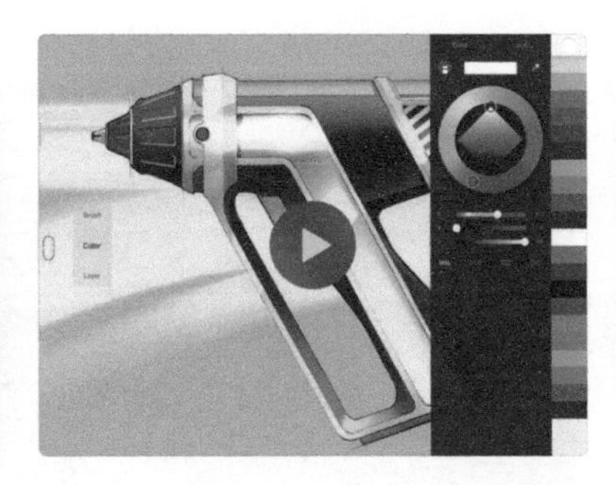

### 2.Procreate

**难易度：**★★★★☆

**推荐理由：**该软件的笔刷功能强大，可以导入自定义笔刷，让绘图更加快捷。各类笔刷很适合画漫画和进行其他艺术创作，新增动画协助功能，可以制作 GIF 动图和简单的动画。其界面简洁，大部分都是隐藏图标，刚开始学习时要多熟悉。该软件需要付费使用。

Procreate
创意素描，写实绘画，灵感创作。
¥68.00
4.4 ★★★★☆ 5214个评分 #1 娱乐 4+ 年龄

预览

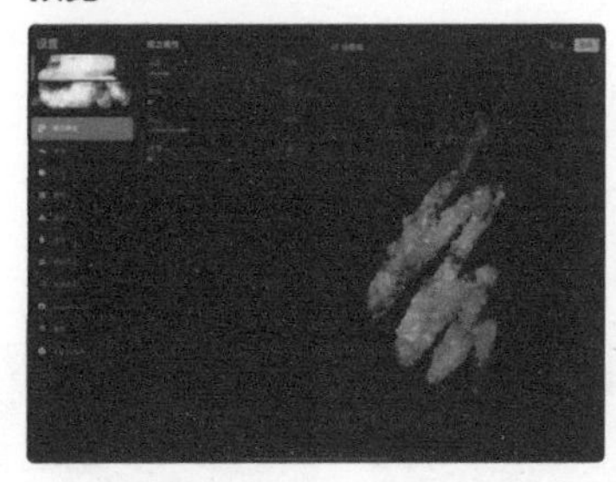

## 2.2.2 3D（三维）建模软件

### 1.forger

**难易度：**★★★☆☆

**推荐理由：**简化的 Zbrush（一款知名数字雕刻和绘画软件），全英文界面，该软件需要付费使用。

forger
Javier Edo
¥68.00 App 内购买项目
4.1 ★★★★☆ 30个评分 #18 娱乐 4+ 年龄

预览

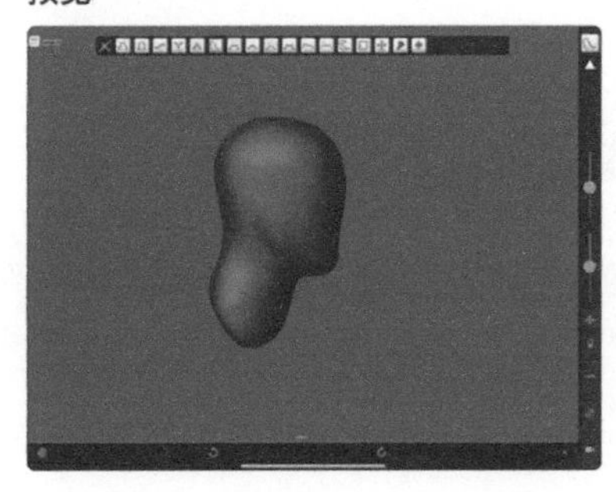

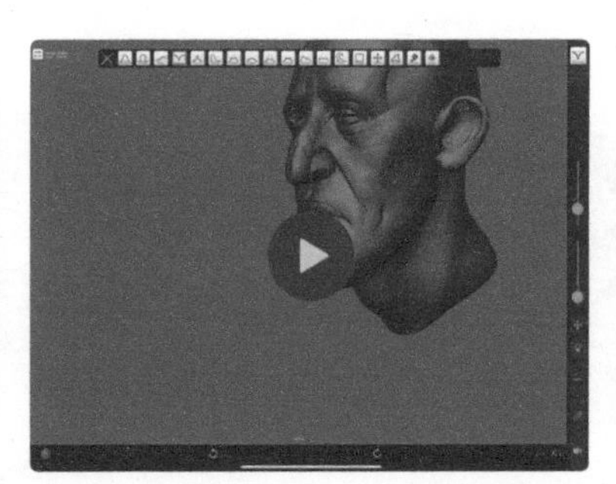

## 2.Sculptura

**难易度：**★★★★☆

**推荐理由：**与 Zbrush 这类 3D 雕刻软件相似，硬件要求低，iPad Pro（第 1 代）即可使用，有简体中文版。该软件需要付费使用。

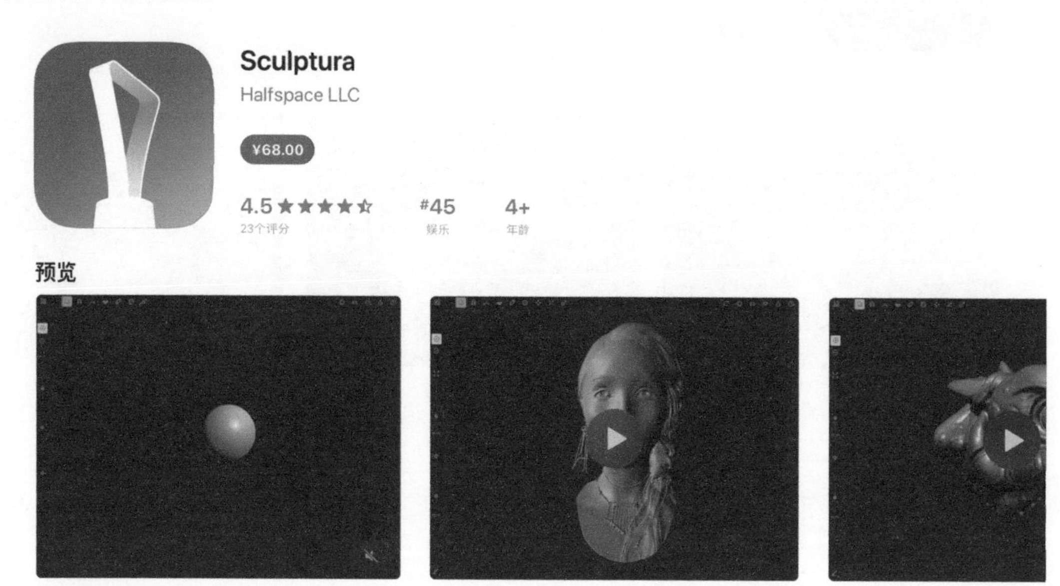


## 3.Shapr：3D 建模 CAD

**难易度：**★★★☆☆

**推荐理由：**功能与 AutoCAD 软件相似，不适合复杂的人物、动物建模，适用于机械产品建模。该软件需要付费使用，但是学生可申请一年的免费使用期。

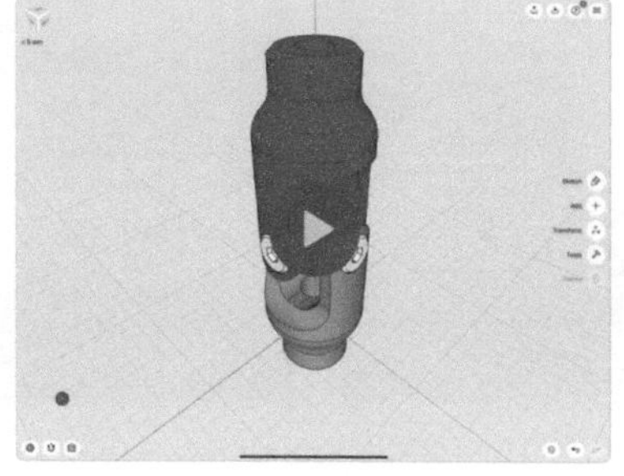

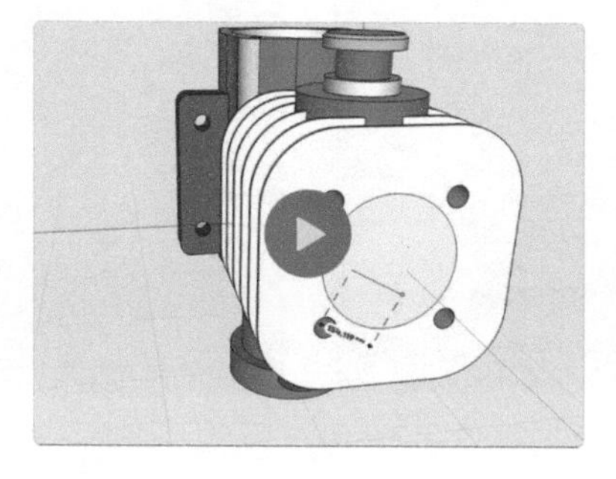

## 2.2.3 其他软件介绍

### 1.Artstudio Pro- 艺术绘画大师

**推荐理由：** iPad 中最接近 Photoshop 的位图绘图及图片处理软件，该软件需要付费使用。

**Artstudio Pro - 艺术绘画大师**

Lucky Clan

¥78.00

4.8 ★★★★★ 1,710个评分 | #1 摄影与录像 | 4+ 年龄

**预览**

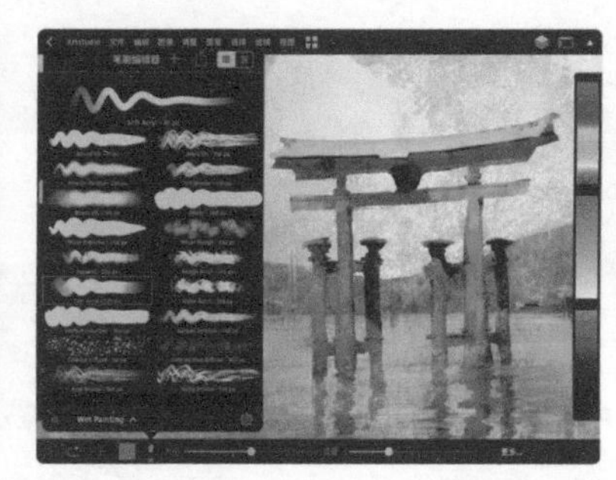

### 2.Vectornator X

**推荐理由：** iPad 版的 Adobe Illustrator（一款知名的矢量图绘图软件），该软件需要付费使用。

**Vectornator X**

Linearity GmbH

获取

4.8 ★★★★★ 2,430个评分 | #66 效率 | 4+ 年龄

**预览**

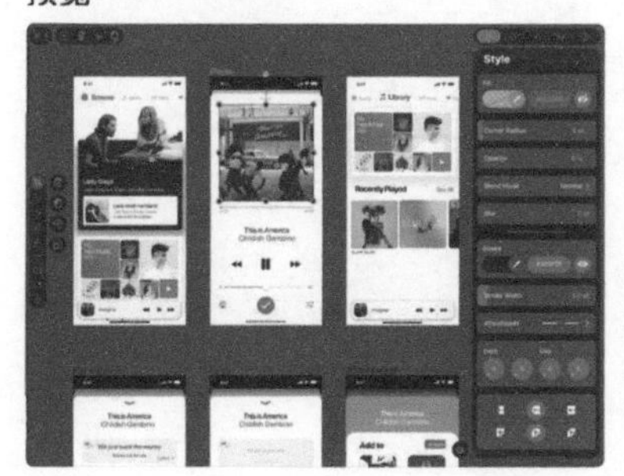

Chapter 03

# 数字绘画基础

一切就绪，现在就让我们踏上通往 iPad 珠宝绘画的艺术之旅吧，在 iPad 中安装并启动本书所用软件——SketchBook。

## 3.1 新建草图

第一步，新建草图。如下图所示，界面中显示了以下 3 个常用按钮。

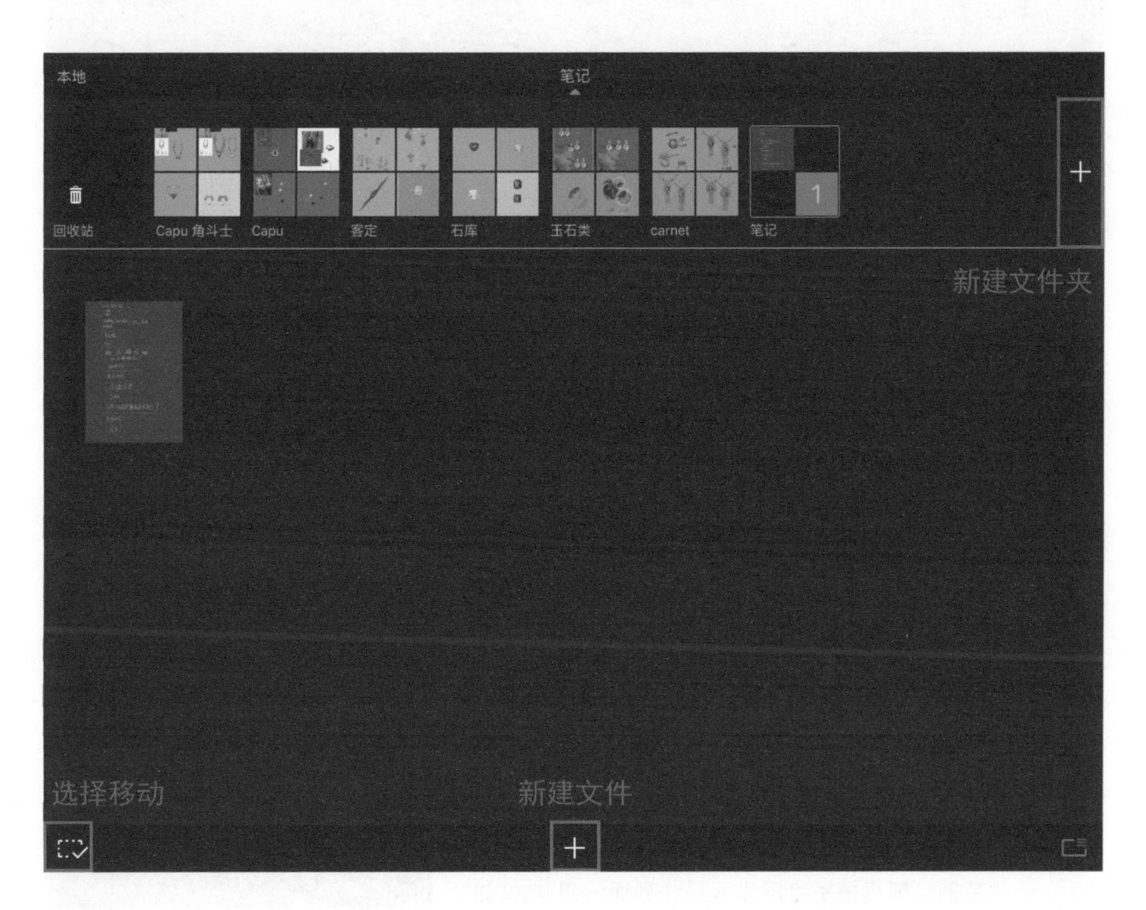


**新建文件夹**：如同计算机中的文件夹，通过它可以更好地管理文件。点击界面右上角的“+”按钮，即可新建文件夹。

**选择移动**：在文件需要移动顺序时，点击左下角的“选择移动”按钮，再选择对应的文件，界面下方会出现蓝色的“移动到”指示按钮，将其拖至其他文件夹后，点击左下角的“X”按钮结束操作。

**新建文件**：点击“新建文件”按钮会弹出包含 4 个选项的菜单，选择相应的选项后，将采用不同的方式创建新文件。

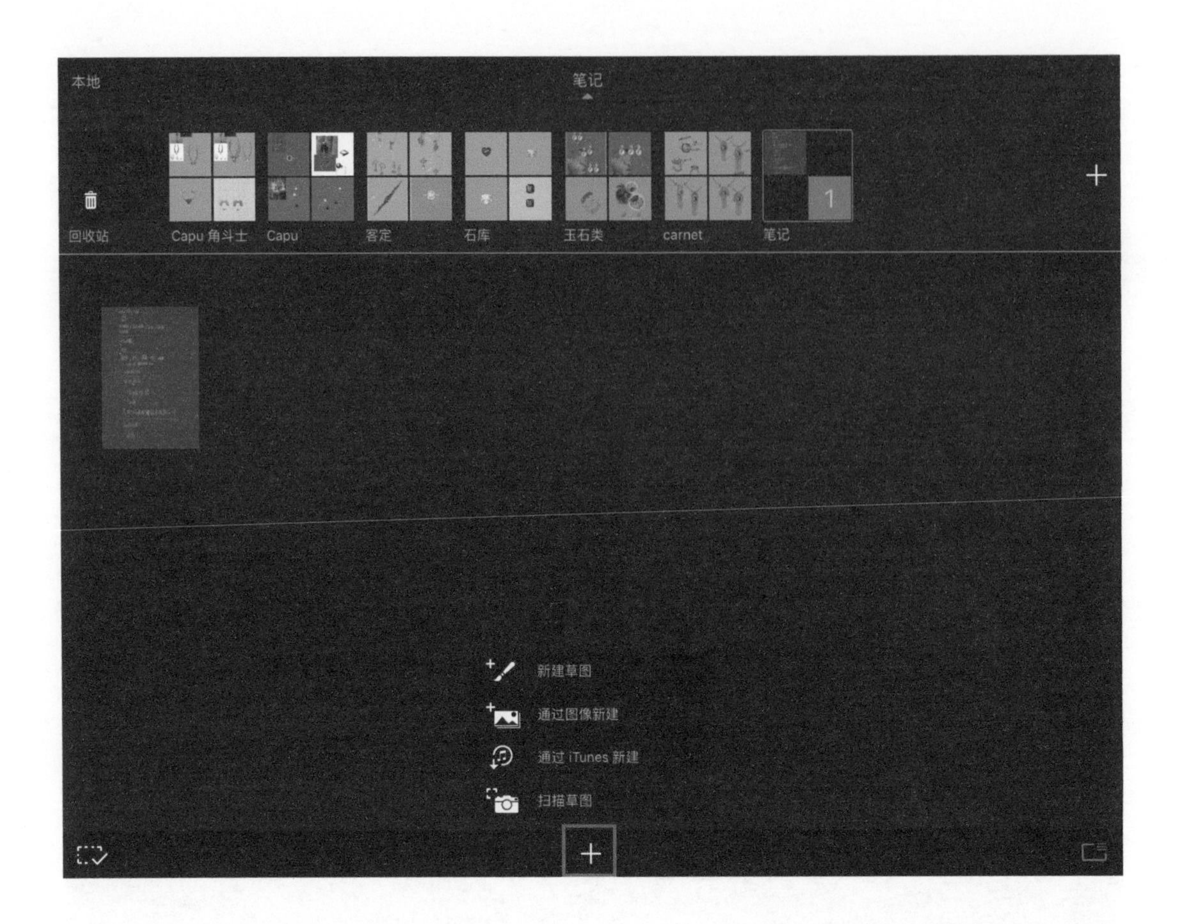

- **新建草图**：新建一张空白画纸，画布大小可自定义。
- **通过图像新建**：跳转到“照片”文件夹，从中选择一张图片并导入操作界面，画布大小与所选图片相同。
- **通过 iTunes 新建**：导入 iTunes 中的图片。
- **扫描草图**：跳转到“相机”功能，通过相机拍摄手绘草图，即可把手绘图导入操作界面，用 iPad 进行再创作。

初学者经常因为不清楚画布大小的含义而设置错误的参数，导致绘图作品的清晰度不高。

选择“新建草图”选项，出现“新建草图”对话框，在该对话框中设置画布的宽度和高度。在日常的工作中，最常用的纸张为 A4 纸，所以把它设置成 A4 的尺寸——210mm × 297mm。但值得注意的是，SketchBook 中的尺寸单位为“像素”，所以先点击“锁定比例”按钮，并输入“宽度”值为 2100，“高度”值为 2970，再次点击“锁定比例”按钮，将“宽度”值调整为 3000 像素，“高度”值会自动调整为 4243 像素。这是因为此时画布约为 1200 万像素，能够保证画质的清晰度。在修改数据后，设置此画布大小为默认状态，以后再创建草图时无须修改。

最后点击“创建”按钮，即可创建一张空白的画纸。

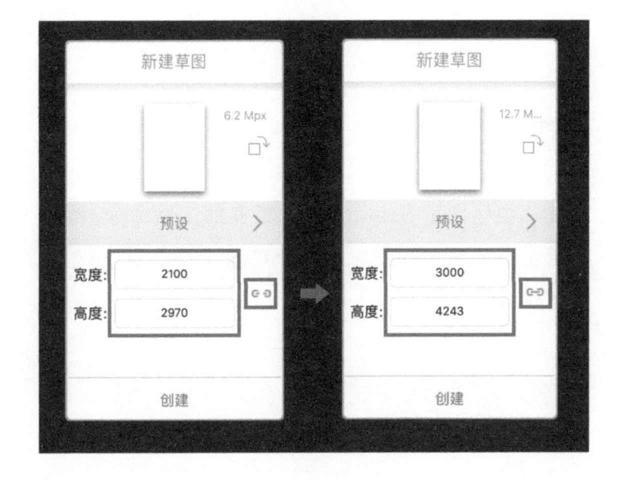


## 3.2 认识 SketchBook 界面

对于初学者而言，首次打开 SketchBook 时可能有些摸不着头脑，不知道各类图标的功能是什么，更不知从何下手。因此，首要任务就是了解界面中每个图标的功能。

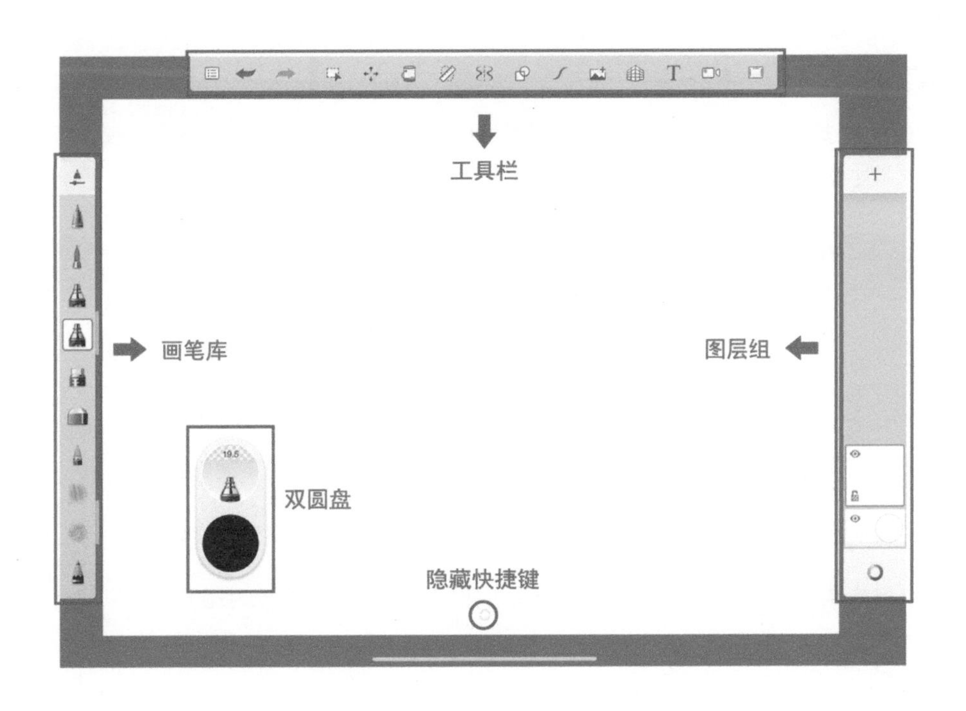

在SketchBook界面中除工作区(画布)外，主要由工具栏、画笔库、图层组、隐藏快捷键和双圆盘组成。

### 3.2.1 工具栏

工具栏中包含了 SketchBook 所有的工具命令，如下图所示。从第 4 个“选择”工具至第 14 个“延时摄影”工具中还包含了多个隐藏工具。点击这些工具图标时，会弹出隐藏工具的列表，点击选择即可使用。

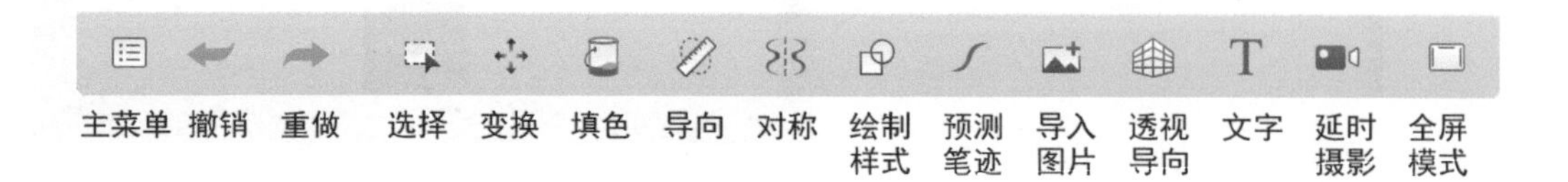


接下来，对所有工具进行详解。

**1. 主菜单**

“主菜单”按钮 内含 4 个功能，可以新建草图、存储图像到图库、分享图像、设置首选项。

**2. 撤销**

“撤销”按钮 可实现操作的回退功能，可撤销最后一次绘制或操作内容。

**3. 重做**

“重做”按钮 可实现操作的恢复功能，恢复已撤销的绘制或操作内容。

**4. 选择**

如果要对图像中的局部区域进行修改，可以通过“选择”工具组 中的工具选定相应区域进行操作，这样可以保证未选中区域不会被改动。创建选区后，会在画布上出现虚线，虚线内视为所选区域，虚线外为未选中区域。

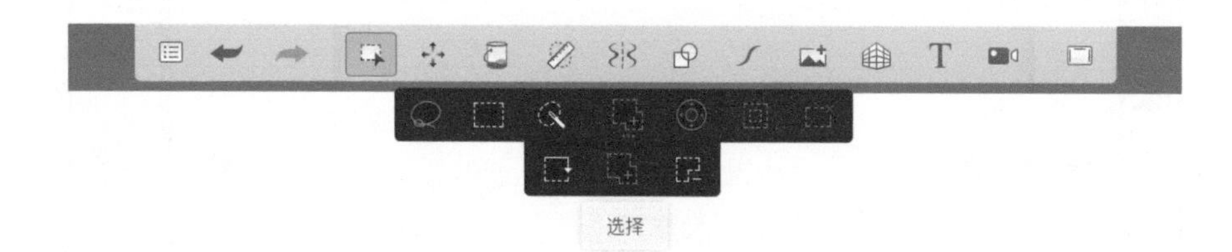


**套索：**选中该工具，在要选中的区域边缘拖动，创建由曲线围成的不规则选区。

**矩形：**选中该工具，在要选中的矩形区域的对角点之间拖动，创建矩形选区。

**魔棒：**选中该工具，在要选中的、颜色相同或相似的区域点击，此时相同或相似颜色的区域会被同时选中。

使用“魔棒”工具 时，会出现“容差”参数滑块，通过拖动滑块调整该参数。“容差”值越大，所能允许的颜色相似度越高，选中的图像范围就越大。“容差”值越小，所选图像范围就越小。

如右图所示，通过点击“切换采样图层”按钮，可以在“对一个图层采样”和“对所有图层采样”两种状态之间切换。

**替换**：如图 A 所示，选中该工具，当红色圆形被选为选区，再点击蓝色矩形，蓝色矩形选区就替换了红色圆形选区。

**添加**：如图 B 所示，选中该工具，当红色圆形被选为选区，再点击蓝色矩形，此时添加蓝色矩形选区，红色和蓝色图形同时被选中。

**删除**：如图 C 所示，选中该工具，当红色和蓝色图形同时被选为选区，再点击红色圆形，此时减去红色圆形选区，只保留蓝色方形选区。

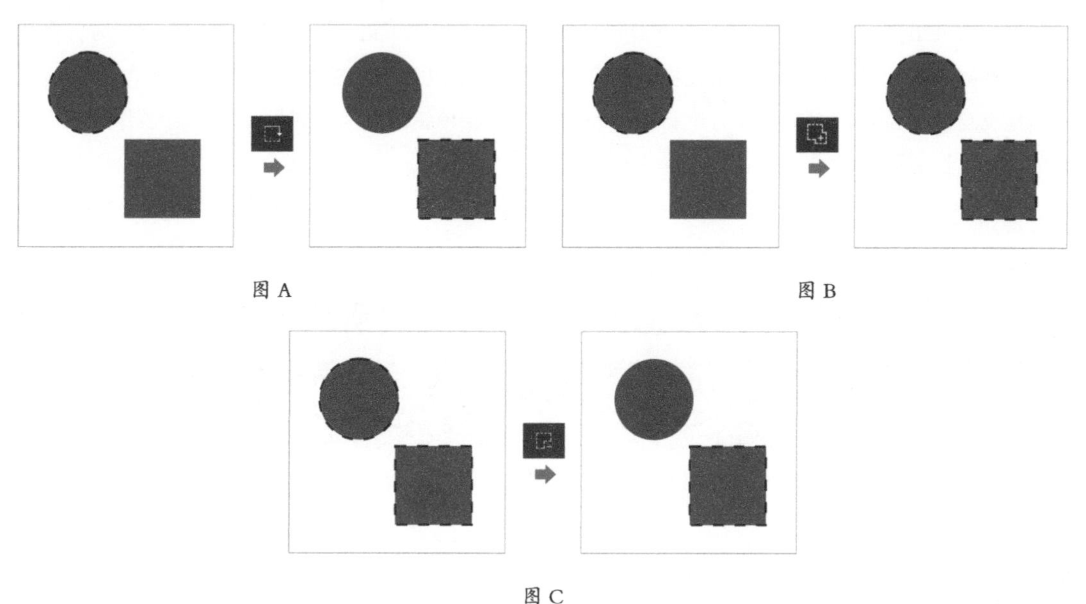

图 A

图 B

图 C

**微移**：如右图所示，当红色圆形被选为选区时，点击该工具按钮，会出现带有方向指示的圆环，点击并拖曳，可沿某一方向移动选区。

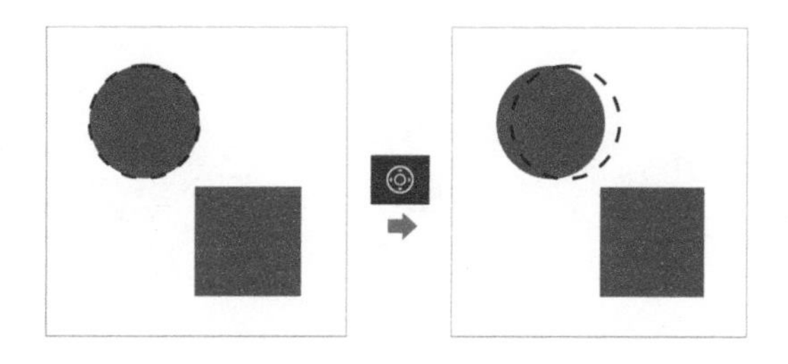

**反向选择**：如右图所示，当红色圆形被选为选区，点击该工具按钮，选区变为除圆形外的所有区域，图中灰色部分（包含蓝色方形）都是选区。

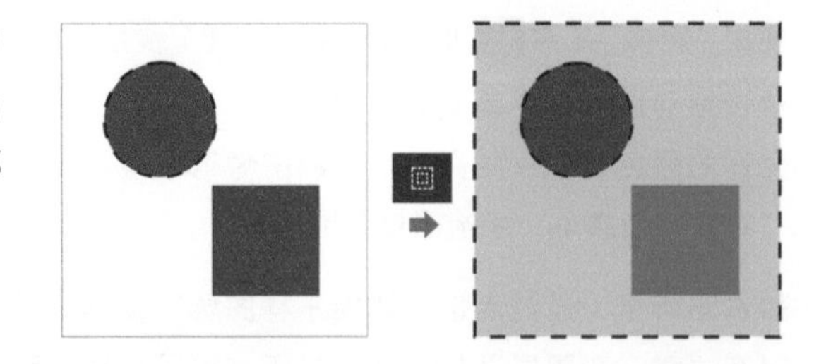

**取消选择**：点击该工具按钮，清除所有选区。

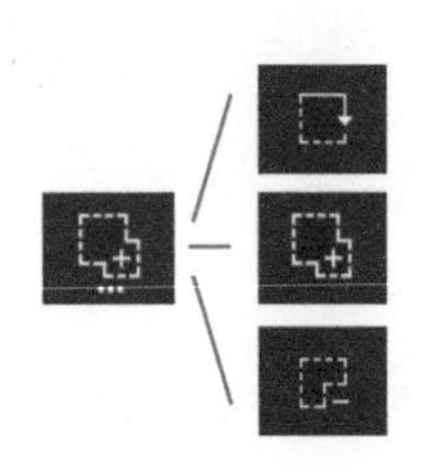

“添加”“微移”“反向选择”“取消选择”这 4 个工具，必须在已有选区的情况下才能使用。

### 5. 变换

“变换”工具组 中包括“旋转”“缩放”“斜切”“镜像”“透视”工具。在进行调整时，选择需要变换的图层，再点击 该工具组按钮，出现子工具栏。选中相应的变换工具用手指或笔进行操作，单指拖曳可移动位置，双指操作可进行旋转和缩放操作，单指双击可重置图形状态。操作完成后点击“完成”按钮即可。



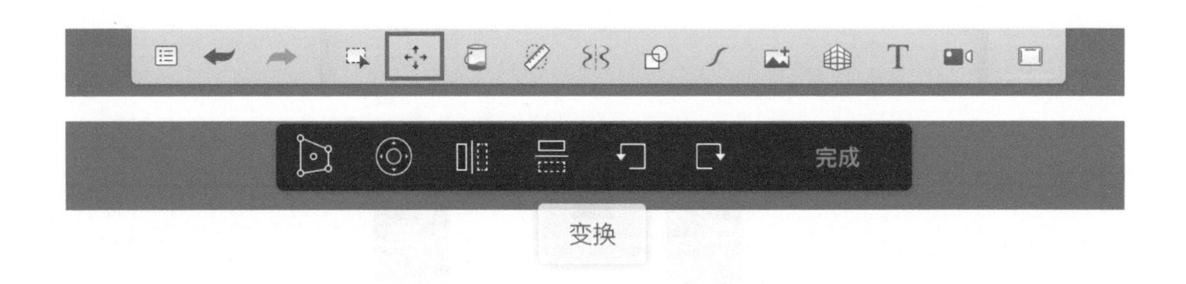


**扭曲**：点击该工具按钮，图形四周会出现 9 个控制柄，通过拖曳相应的控制柄，完成相应的扭曲操作，如下图所示。

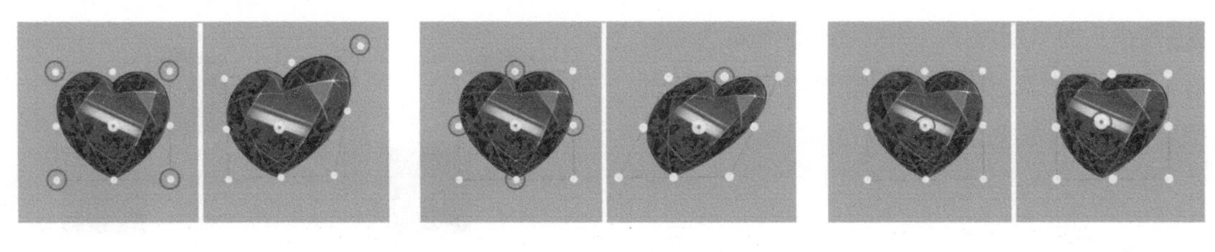

扭曲　　斜切　　中心点变化

**微移**：点击该工具按钮，会出现带有方向指示的圆盘，点击并拖曳，沿着某一方向进行移动操作。点击画布中的任意位置可重新定位圆盘位置。

**水平翻转**：点击该工具按钮，选中的图形从左向右翻转。

**垂直翻转**：点击该工具按钮，选中的图形从上向下翻转。

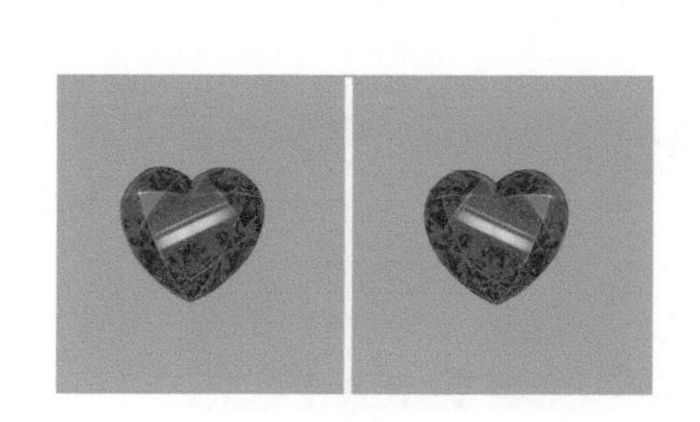

水平翻转

垂直翻转

**逆时针旋转**：点击该工具按钮，选中的图形逆时针旋转 45° 。

**顺时针旋转**：点击该工具按钮，选中的图形顺时针旋转 45° 。



### 6. 填色

“填色”工具组中的工具用来为图形填充颜色，其中包含 5 个子工具，具体使用方法如下。

**单色填充**：用于单一颜色（纯色）的填充。填充前，先在双圆环中设置颜色，点击该工具按钮，再点击画布即可完成填充。

**线性填充**：用于两种或两种以上颜色的渐变混合填充，渐变颜色以直线方式从起点到终点均匀过渡。渐变颜色两端有控制柄，通过拖曳相应的控制柄可以调整渐变范围和方向，点击控制柄可以在双圆环内修改该点的颜色。当需要添加控制柄以添加渐变颜色时，可以点击虚线上要添加颜色的位置。当要删除控制柄以减少颜色时，按住该控制柄并向上或向下拖曳即可。

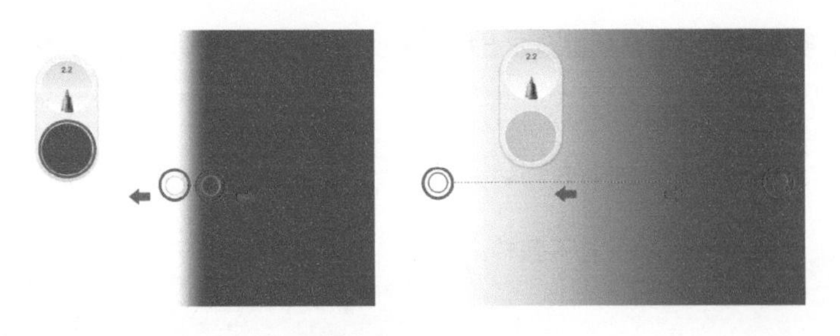
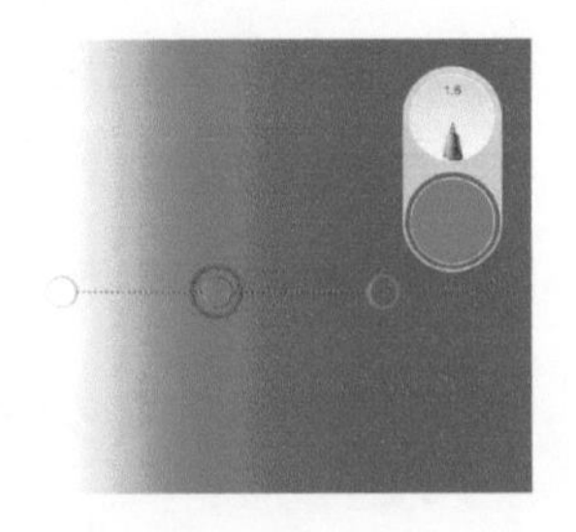

调整渐变范围　　　　　　　　　　　　修改渐变颜色

**径向填充**：用于两种或两种以上颜色的渐变混合填充，渐变以圆形放射方式从起点渐变到终点。径向填充也可以调整控制柄的间距以改变渐变范围，还可以增加或减少控制柄，以创建更多颜色的渐变填充效果。

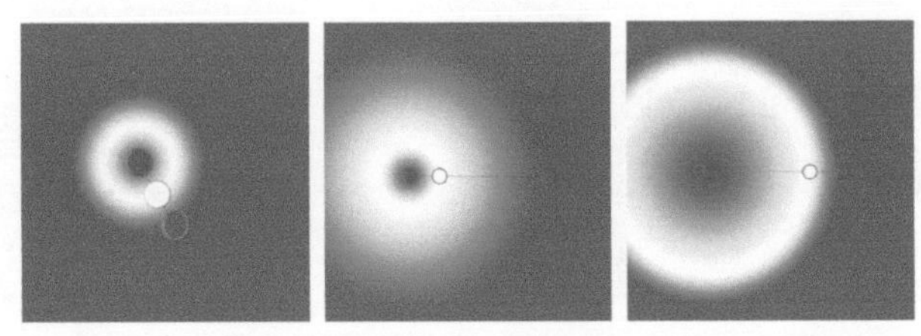
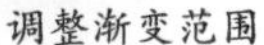

**容差**：该数值用于定义颜色相似度，一个像素必须达到此颜色相似度才被填充，其取值范围为1~255。“容差”值越小，颜色相似度越高；“容差”值越大，颜色的近似度越低。一般情况下无须更改，保持默认值即可。



**反转**：点击该工具按钮，反转渐变填充的颜色顺序。

### 7. 导向

“导向”工具组中包含“直尺”“曲线标尺”“椭圆标尺”3种度量工具，具体使用方法如下。

导向

**直尺**：选中该工具，用手指在直尺内点击并拖曳可移动直尺；双指在直尺内旋转可旋转直尺；在直尺内双击可重置直尺状态。

**曲线标尺**：选中该工具，点击并拖曳出现的控制柄可以更改曲线状态；在曲线标尺内点击并拖曳可以移动曲线标尺的位置；双指伸缩可以缩放曲线；双指在曲线标尺内旋转可以旋转曲线标尺；在曲线标尺内双击可以重置曲线标尺状态；双击控制柄可以使曲线标尺布满画布。

**椭圆标尺**：选中该工具，在椭圆标尺内点击并拖曳可以移动标尺的位置；双指在椭圆标尺内旋转可以旋转标尺；在椭圆标尺内双击可以重置标尺状态；双击角度控制柄可以重置为圆形标尺，如下图所示。

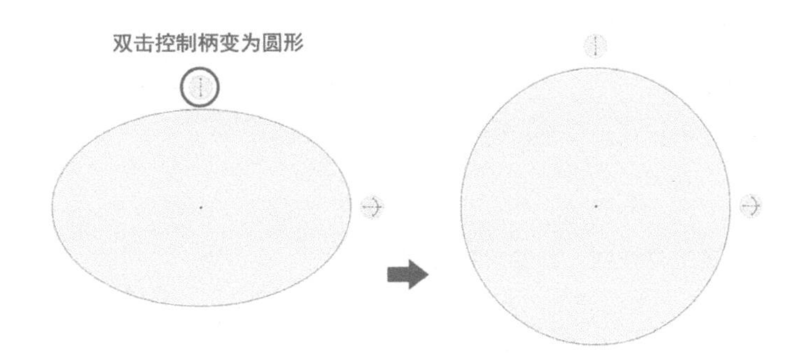


## 8. 对称

“对称”工具组 中的工具可以将图形以轴线为基准，在大小、形状、排列、位置属性上做到一一对应，具体的操作方法如下所述。

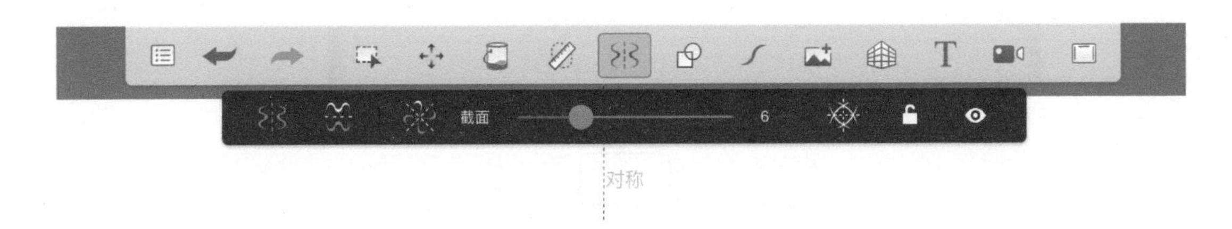


**Y 轴对称**：点击该工具按钮，图像以 *Y* 轴对称，如果将图像沿着 *Y* 轴对折，左右两侧的图像可以完全重合。移动时按住中心控制柄，可以左右拖曳。

**X 轴对称**：点击该工具按钮，图像以 *X* 轴对称，如果将图像沿着 *X* 轴对折，上下两侧的图像可以完全重合。移动时按住中心控制柄，可以上下拖曳。*X*、*Y* 轴对称可以同时使用。

**镜像对称**：点击该工具按钮，先设置截面数量，取值范围为 2~16。如截面数值为 6，画布被 6 条对称轴分为 6 份，绘图时 6 个部分以轴心一一对称。

**在中心线处延伸笔迹**：点击该工具按钮，画线时可以穿过中心线延伸到其他对称区域内。

**在中心线处不显示笔迹**：点击该工具按钮，绘图范围只在蓝色区域内显示。

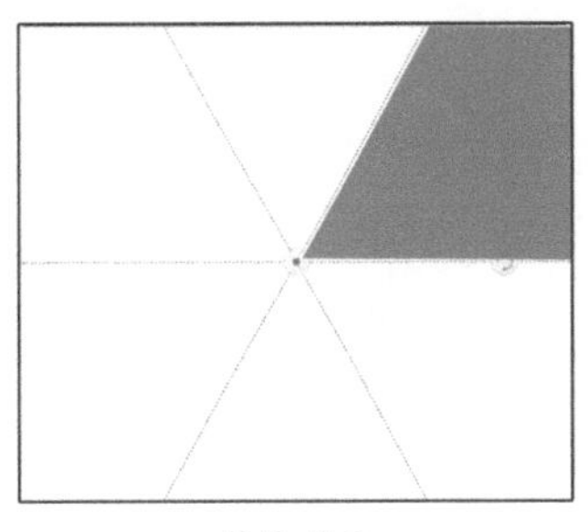

镜像对称

**解锁对称线**：点击该工具按钮，解锁对称线，可以拖曳中心控制柄移动对称线。拖动旋转控制柄可以旋转对称线。

**锁定对称线**：点击该工具按钮，锁定对称线，此时对称线将不能被修改。

**显示对称线**：点击该工具按钮，可以观察到虚线对称轴线。

**隐藏对称线**：点击该工具按钮，隐藏对称线，使其不可见。

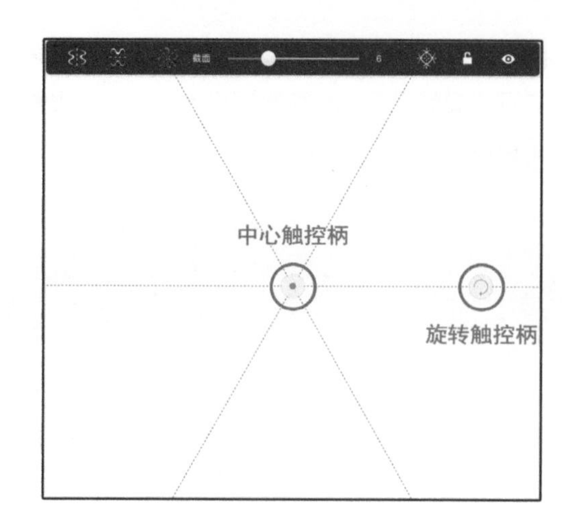


### 9. 绘制样式

“绘制样式”工具组 中的工具用于辅助绘图，可以画出直线、椭圆形和矩形，具体操作方法如下所示。

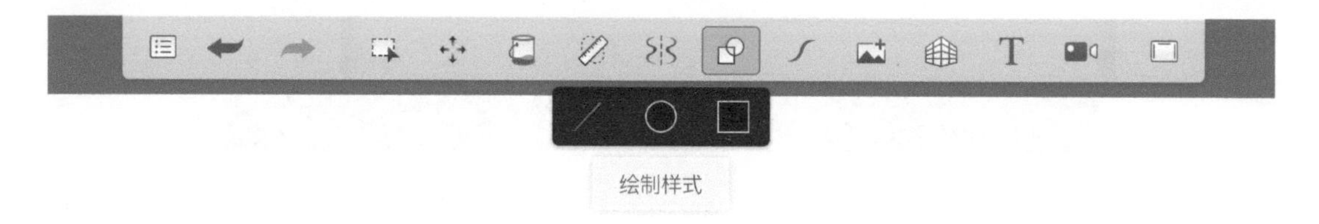
绘制样式

**直线**：先设置好笔刷，点击该工具按钮，在画布上拖曳，绘制的所有线条均为直线。

**椭圆**：先设置好笔刷，点击该工具按钮，在画布上拖曳，绘制椭圆形。注意，如果要绘制标准的圆形，选中“导向”工具组中的“椭圆”工具，双击角度控制柄即可重置为圆形。

**矩形**：先设置好笔刷，点击该工具按钮，在画布上拖曳绘制矩形。

### 10. 预测笔迹

“预测笔迹”工具 ，用于修正笔迹，可以帮助初学者画出流畅的线条，通过调整“级别”参数控制其灵敏度，分为 1~5 级，数值越大灵敏度越高（修正性能越强），数值可默认设置为 3 或 4。建议降低使用频率，多练习手绘技法。

预测笔迹

## 11. 导入图片

“导入图片”工具组中的工具用于插入图片。点击该工具会跳转到一个新的页面，在其中可以用手指或笔进行操作，操作完成后点击“完成”按钮即可跳转回 SketchBook 界面。“导入图片”工作组中包含 8 个工具，其中有 6 个工具与“变换”工作组中的工具相同。

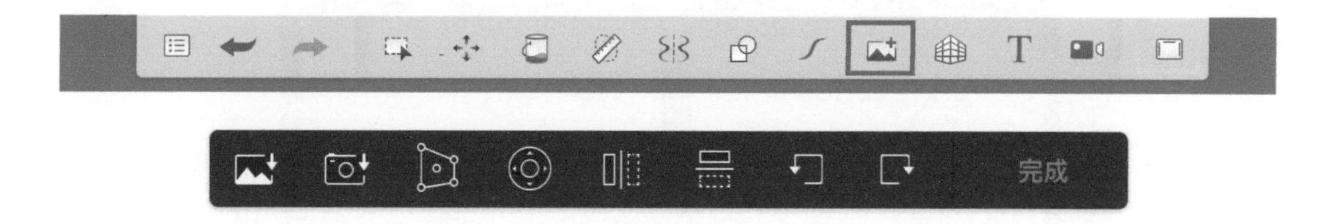


**照片**：点击该工具按钮，跳转到 iPad 的“照片”文件夹，选中一张图片导入画布中。单指拖曳可以移动照片位置；双指可以进行旋转和缩放操作；单指双击可以重置照片状态。

**拍照**：点击该工具按钮，跳转到 iPad 的“相机”功能界面，拍照后将照片导入画布，也可以进行移动、旋转和缩放等操作。

**扭曲**：点击该工具按钮，通过拖曳控制柄，进行扭曲、斜切、透视等操作。

**微移**：点击该工具按钮，界面中出现带有方向指示的圆盘，点击或拖曳，可以沿某一方向进行微移。点击画布中的任意位置可重新定位圆盘位置。

**水平翻转**：点击该工具按钮，置入的图像可以从左向右翻转。

**垂直翻转**：点击该工具按钮，置入的图像可以从上向下翻转。

**逆时针旋转**：点击该工具按钮，置入的图像可以逆时针旋转 45°。

**顺时针旋转**：点击该工具按钮，置入的图像可以顺时针旋转 45°。

## 12. 透视导向

“透视导向”工具组可以进行辅助透视，其中的“一点透视”“二点透视”和“三点透视”给出了蓝色透视导向线。因为珠宝都相对较小，所以透视效果并不明显。“透视导向”工具组中包含 8 个工具，这里先介绍第 4、5 个工具，因为这两个工具会改变透视导向的呈现方式。

**自定义栅格**：点击该工具按钮会出现两个参数——“密度”和“不透明度”。“密度”值越大，栅格数量越多，反之越少。“不透明度”值越大，栅格颜色越深，反之，颜色越浅。设置后，点击“完成”按钮即可。

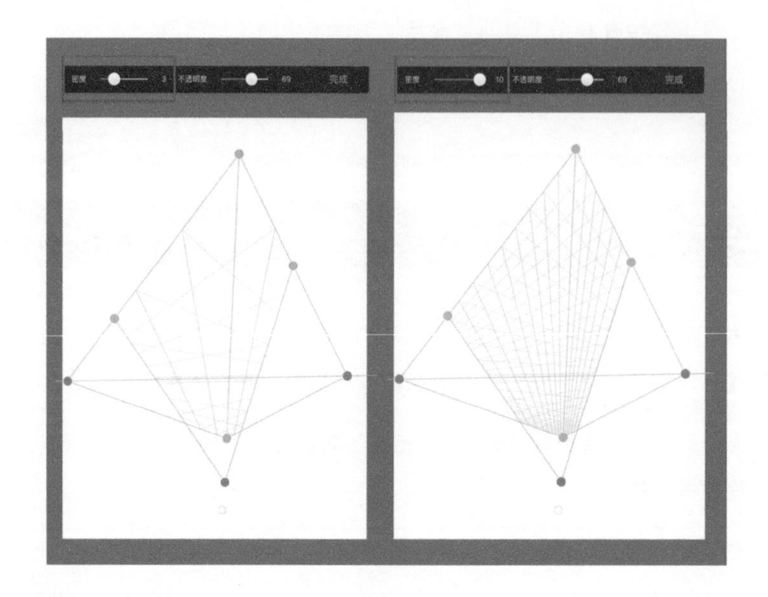


**无限栅格**与**受约束的栅格**：点击“无限栅格”工具按钮，可以使透视导向线布满整个画布；点击“受约束的栅格”工具，透视导向线只在局部范围内显示。



**一点透视**：也称为“平行透视”。点击该工具按钮，透视中的所有立方体边线的消失点只会有一个，并且相交于视平线上的一点。

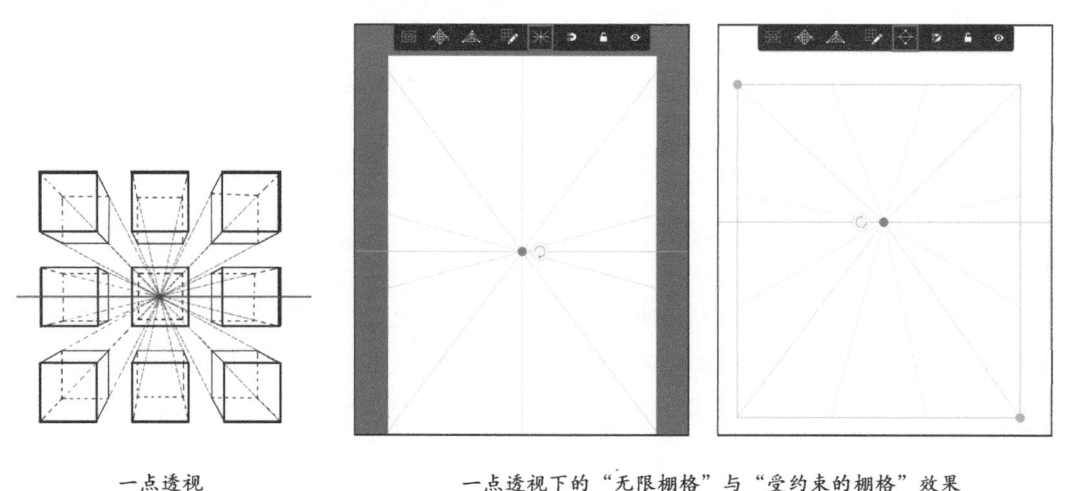

一点透视　　一点透视下的“无限栅格”与“受约束的栅格”效果

**二点透视**：也称为“成角透视”。在观察立方体时，通过将立方体旋转一定角度或者将视点转动一定角度，立方体的上下边线会出现透视变化，其边线的延长线会相交于视平线上立方体左右两侧的两点上。

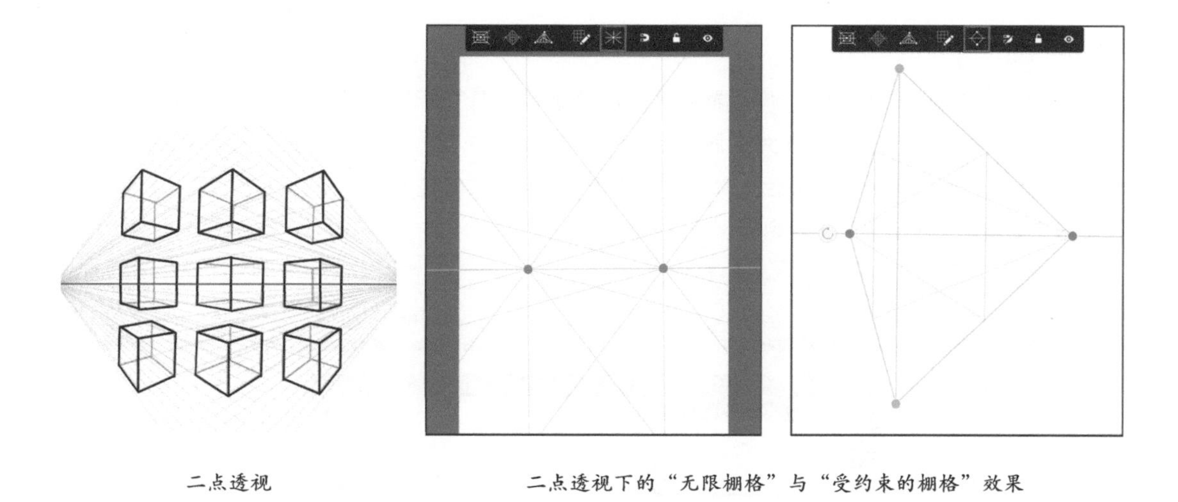

二点透视　　二点透视下的“无限栅格”与“受约束的栅格”效果

**三点透视**：一般常见于对物体的俯视和仰视观察，物体各个边的延长线会分别消失于 3 个点。这种透视常被用于建筑设计表现图中，适用于设计比较大的物品。

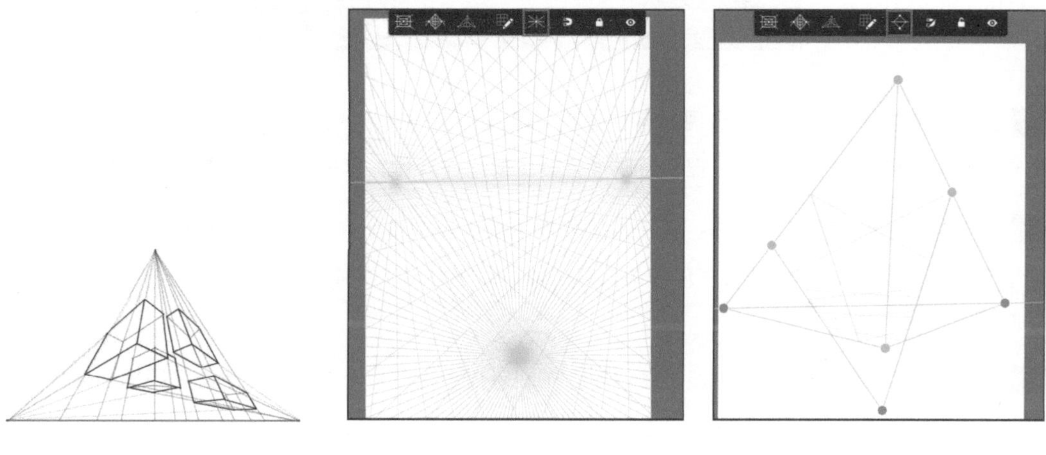

三点透视　　三点透视下的“无限栅格”与“受约束的栅格”效果

**捕捉到终止点**与**不捕捉到终止点**：在选中“捕捉到终止点”工具画线时，线段会自动贴合到透视导向线上，以直线方式表现；在选中“不捕捉到终止点”工具画出的则为自由曲线。

**取消锁定透视导向**与**锁定透视导向**：在选中“取消锁定透视导向”工具时，可以拖曳控制柄，改变透视的方向和距离；在选中“锁定透视导向”工具时，透视导向线不能移动。

**显示透视导向**与**隐藏透视导向**：在选中“显示透视导向”工具时，可以观察到蓝色的透视导向线；在选中“隐藏透视导向”工具时，透视导向线隐藏，不可见。

### 13. 文字

“文字”工具组 T 中的工具，用于输入文字。点击该工具组按钮 T 会跳转到文字输入界面。在其中输入文字后，可以进行文字属性的调整。编辑结束后，点击“完成”按钮即可跳转回 SketchBook 界面，退出该工具后文字内容不能修改。“文字”工具组中包含 9 个工具，其中 6 个工具与“变换”工具组中的工具相同，这里不再赘述。

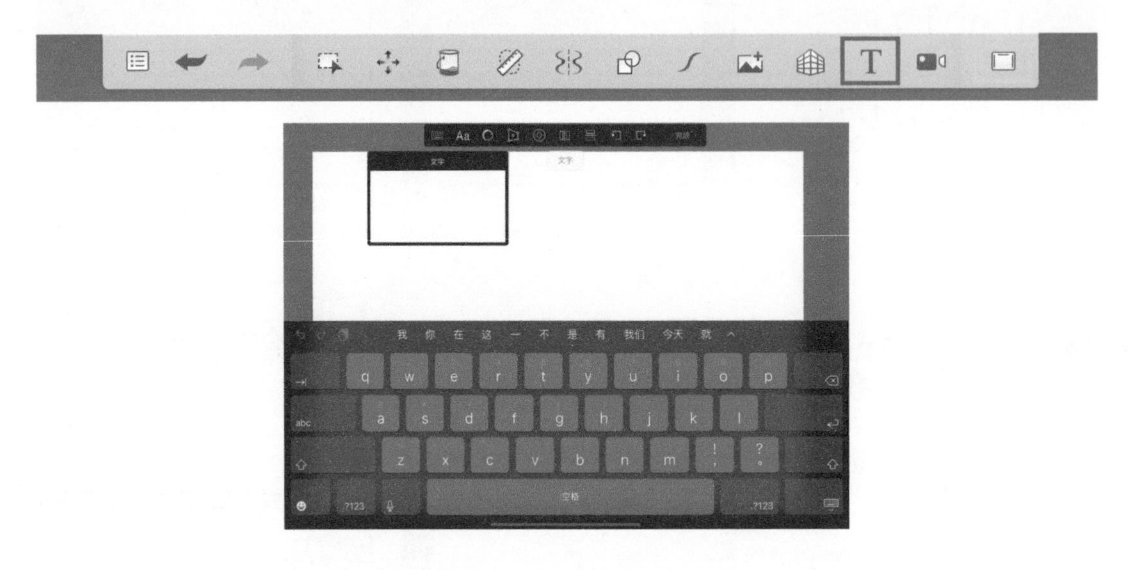

**文字**：点击该工具按钮，出现屏幕软键盘并输入相应的文字。点击画布，软键盘收起。单指拖曳可移动文字位置；双指旋转或捏合可以进行旋转或缩放操作；单指双击为重置文字状态。

Aa **字体**：用于改变文字的字体。在该下拉列表中提供了 100 多种字体，点击相应的字体即可切换文字效果。由于 iPad 中安装的字体多为西文字体，如果对中文字体有特别要求，只能自己书写或者导入图片替代。

**颜色**：改变文字颜色，点击该工具按钮，在调色盘中拖曳两个控制柄即可选择不同的颜色。

### 14. 延时摄影

**延时摄影**：该工具可以录制绘图的过程视频。在绘图之前点击该工具按钮即可开始录制，录制的内容为画布界面内的操作步骤，如果无操作会自动停止录制。该功能仅录制画布操作内容，不录制选择命令的动作。

录制结束时，会弹出“延时摄影”对话框，点击“保存到照片库”按钮，录制的视频即可在 iPad 的“照片”文件夹中查看到。

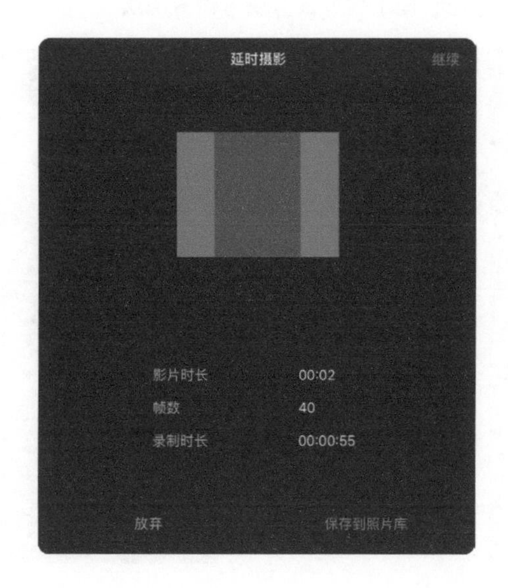


## 15. 全屏模式

**全屏模式**：点击该按钮进入全屏模式，可隐藏工具栏、画笔库、图层组。

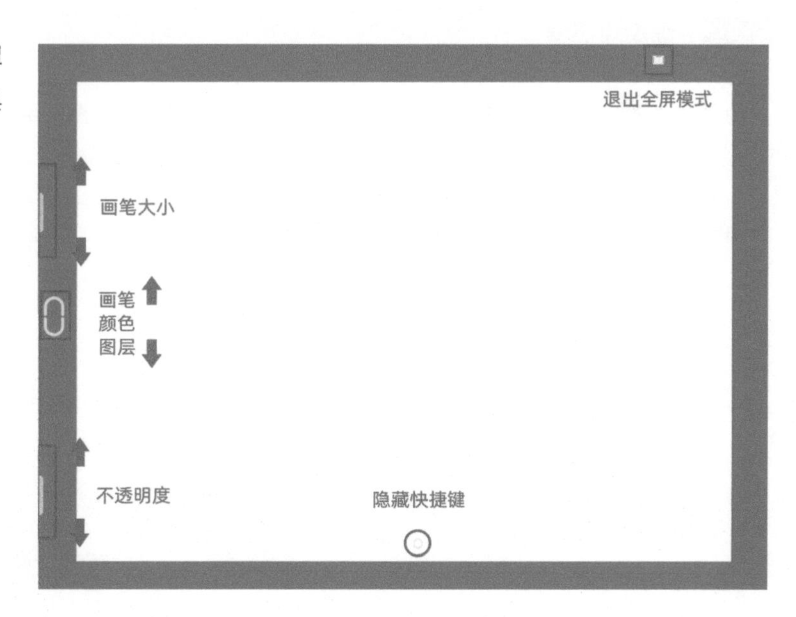

在“全屏模式”的界面左侧分别是 3 个可以上下滑动的滑块，使用方法分别如下。

**画笔大小：**向上拖曳该滑块画笔变大，向下拖曳该滑块画笔变小。

**画笔、颜色、图层：**这是一个综合按钮，向上拖曳该滑块可以选择不同的画笔；拖曳该滑块至中间位置，可以切换颜色；向下拖曳该滑块可设置图层。

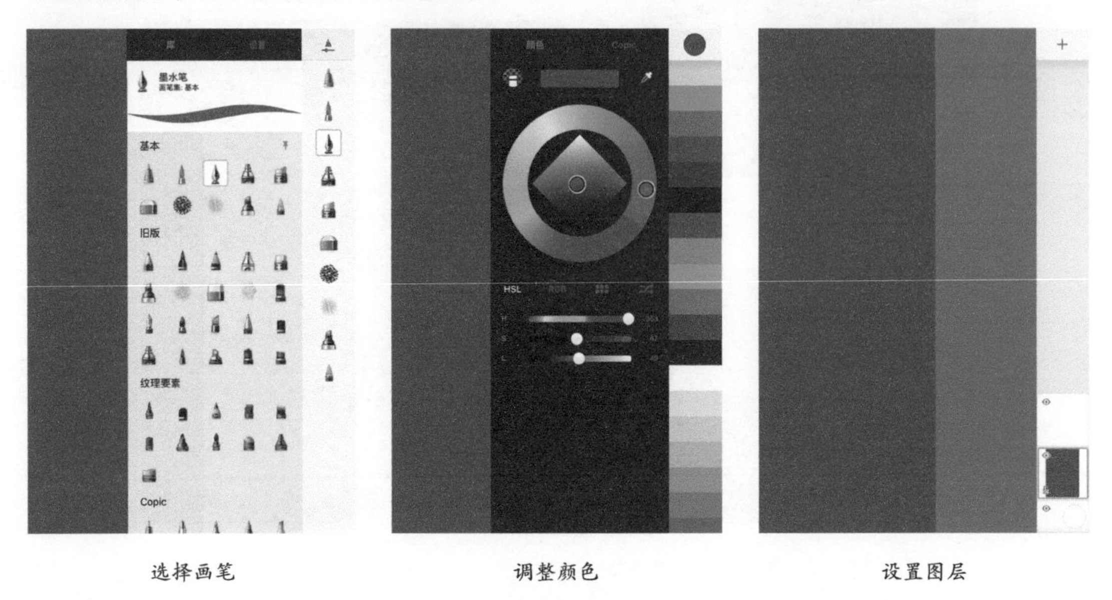


选择画笔　　调整颜色　　设置图层

**不透明度：**向上拖曳该滑块增加不透明度，向下拖曳该滑块减少不透明度。



## 3.2.2 隐藏快捷键

“隐藏快捷键”按钮位于界面底部中间，点击该按钮会显示如下图所示的快捷按钮。

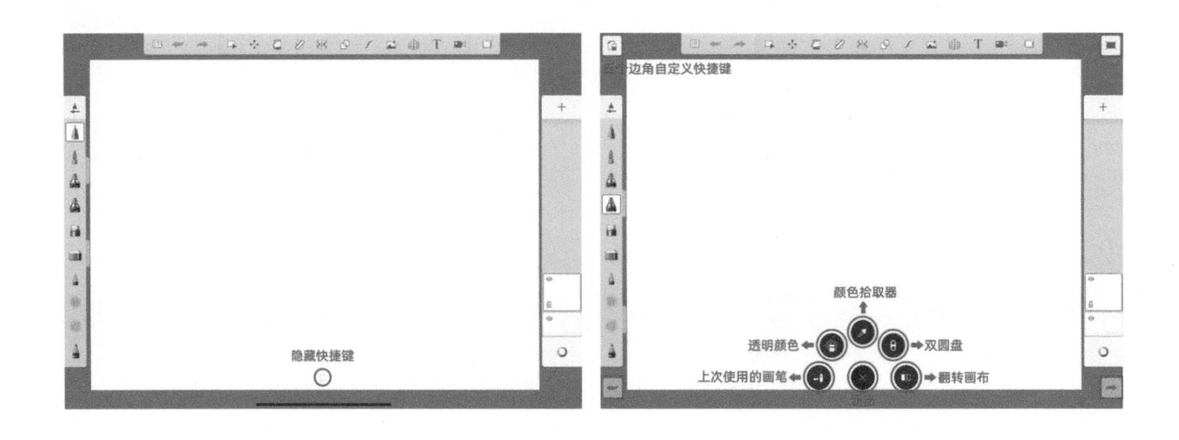

**上次使用的画笔**：点击该快捷按钮，切换至上一次使用的画笔。

**透明颜色**：点击该快捷按钮，启用橡皮擦功能。

**颜色拾取器**：点击该快捷按钮，选中类似Photoshop中的“吸管”工具，在需要取色的位置点击，即可吸取该颜色的色号。

**双圆盘**：点击该快捷按钮，显示“双圆盘”。

**翻转画布**：点击该快捷按钮，将画布水平翻转。

### 3.2.3 双圆盘

通过点击“双圆盘”隐藏快捷按钮，显示“双圆盘”。

“上圆盘”用于快捷调整画笔，点击它会出现画笔库，可以选择相应的画笔种类。

点击“上圆盘”并左右拖曳，向左拖曳画笔变小，向右拖曳画笔变大。

点击“上圆盘”并上下拖曳，向上拖曳不透明度变高，颜色变深；向下拖曳不透明度变低，颜色变浅。



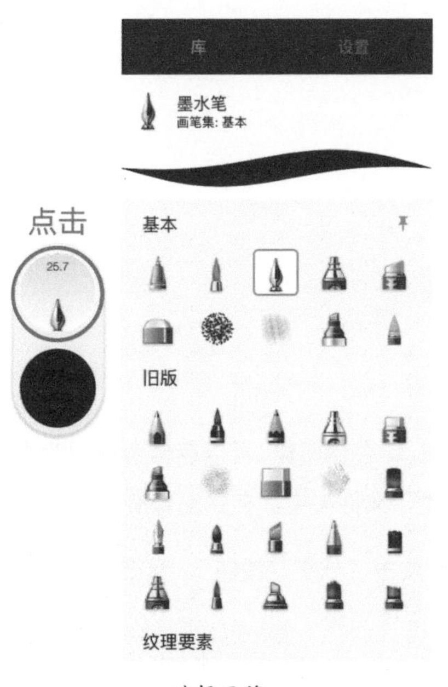


选择画笔

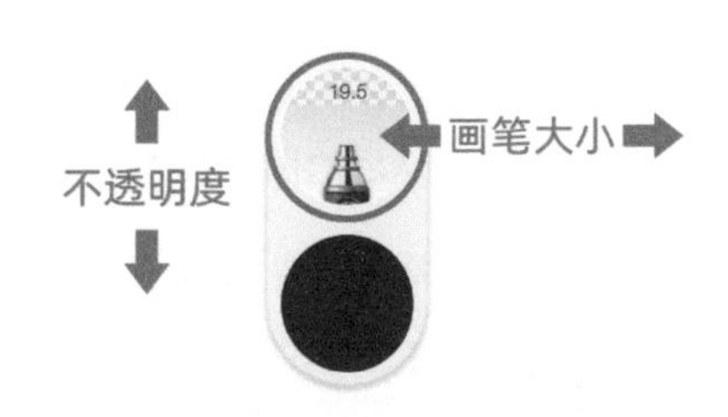


改变画笔大小和不透明度

“下圆盘”用于快捷调整颜色。点击下圆盘会出现“颜色”面板，可以调整画笔颜色。

点击“下圆盘”并左右拖曳，向左拖曳颜色的饱和度变低，向右拖曳颜色的饱和度变高。

点击“下圆盘”并上下拖曳，向上拖曳颜色的亮度增强直至接近白色，向下拖曳颜色亮度降低直至接近黑色。

调整画笔颜色

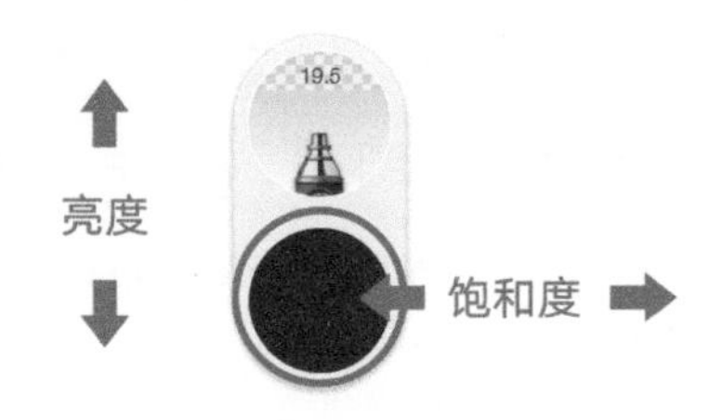


调整亮度和饱和度



## 3.3 存储图像

当图像绘制完成或告一段落时，可以通过点击“分享”按钮 存储图像，可以存储为透明背景的图片，图片格式为 PNG。存储后的图片文件位于 iPad 的“照片”文件夹中。存储图像有两种方法。

**方法一：**点击“主菜单”按钮，弹出相应的对话框。点击“分享”按钮 弹出“分享”对话框，点击“存储图像”按钮，将图像存储到 iPad 的“照片”文件夹中。

当然也可以将图像分享到社交平台或通过电子邮箱发送。

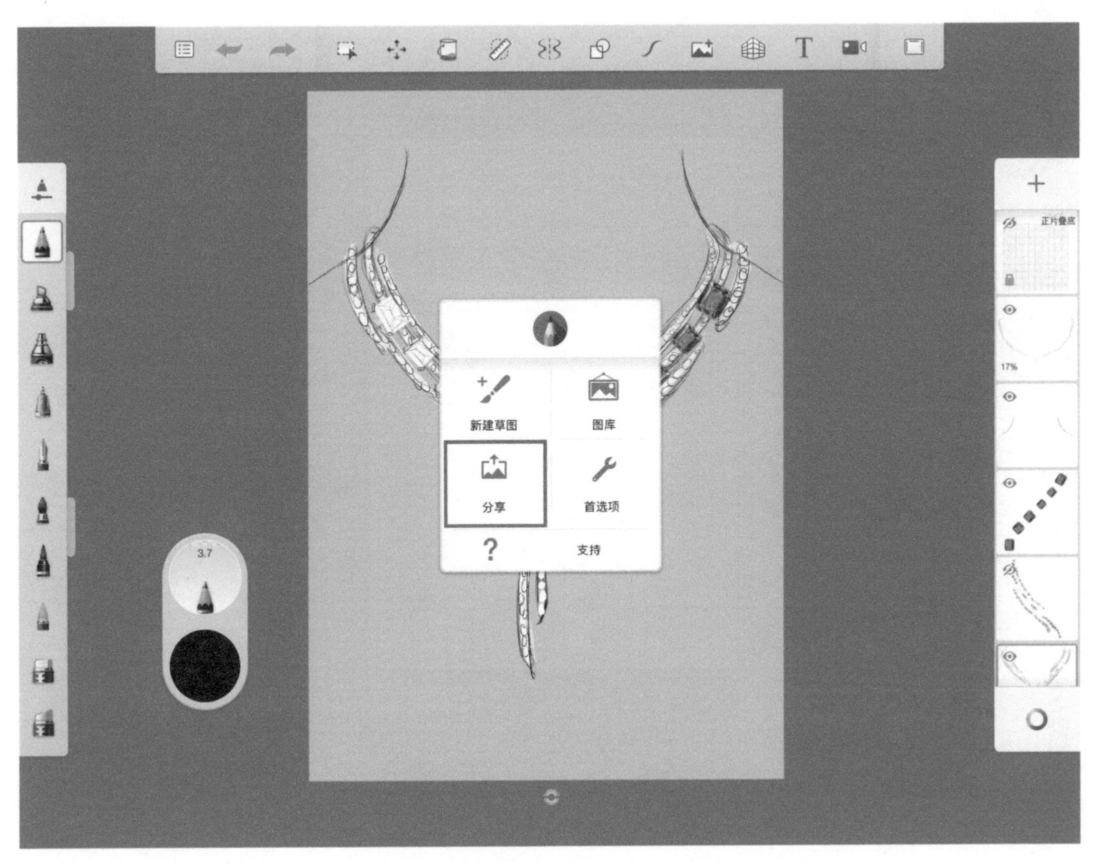


“主菜单”对话框

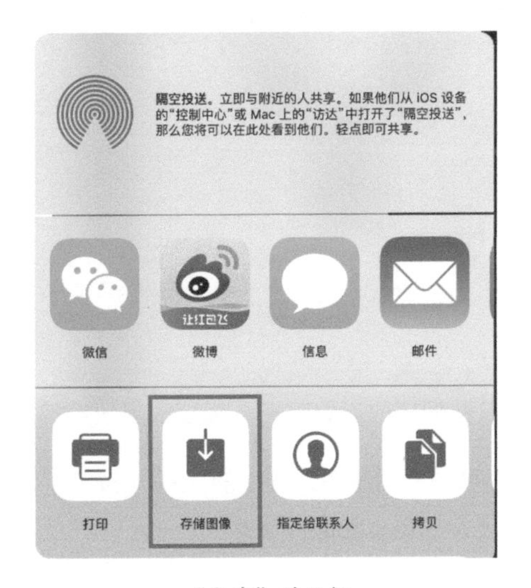


“分享”对话框

**方法二：**在图库视图中，点击右下角的图标弹出菜单，选择“分享”选项，再选择“存储图像”选项，也可以将图片保存到 iPad 的“照片”文件夹中。如果需要对图像文件进行更加高级的修改，可以选择“导出为 PSD”选项，将文件保存为 Photoshop 软件专用的 PSD 文件，以便进行更全面的修改。

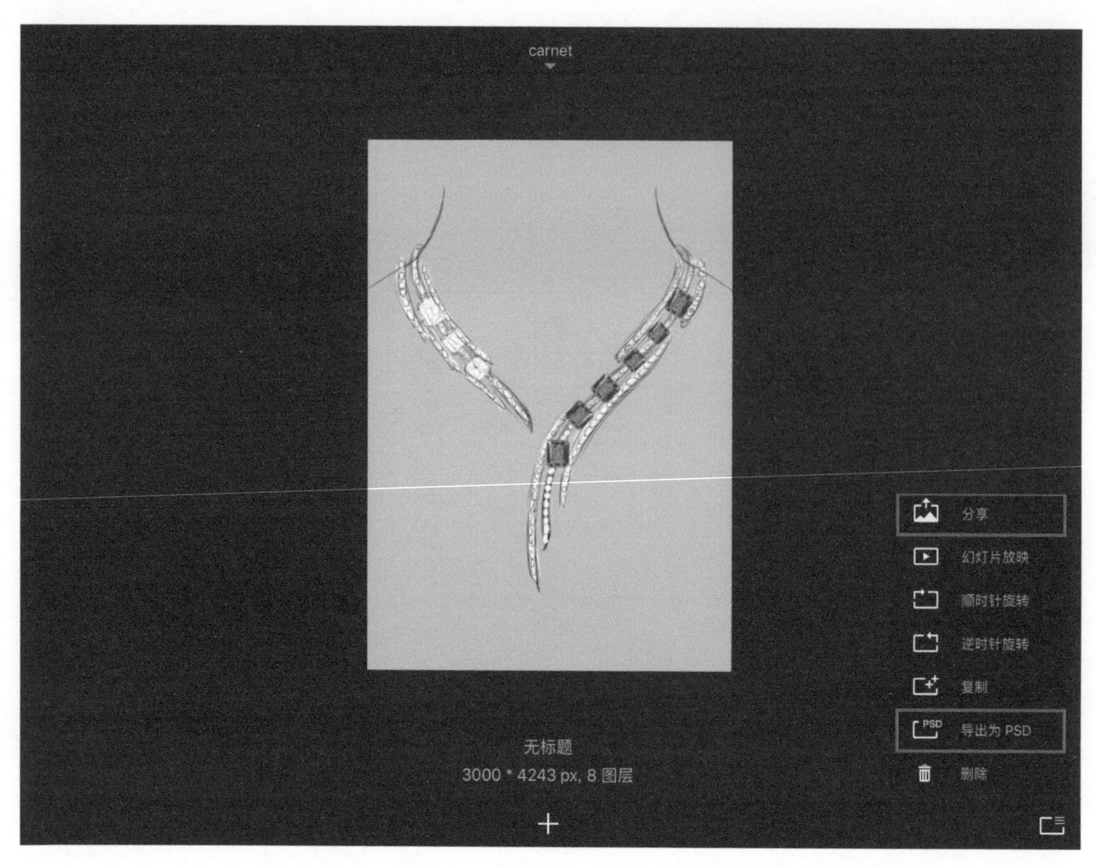


图库视图



## 3.4 首选项设置

“首选项”是软件中一些基础参数配置的设置集合，可以设置快捷键或画笔等的默认状态。

点击“主菜单”按钮，在弹出的对话框中点击“首选项”按钮，进入“首选项”设置界面，为了让操作更加快捷、高效，可以对一些参数进行调整。

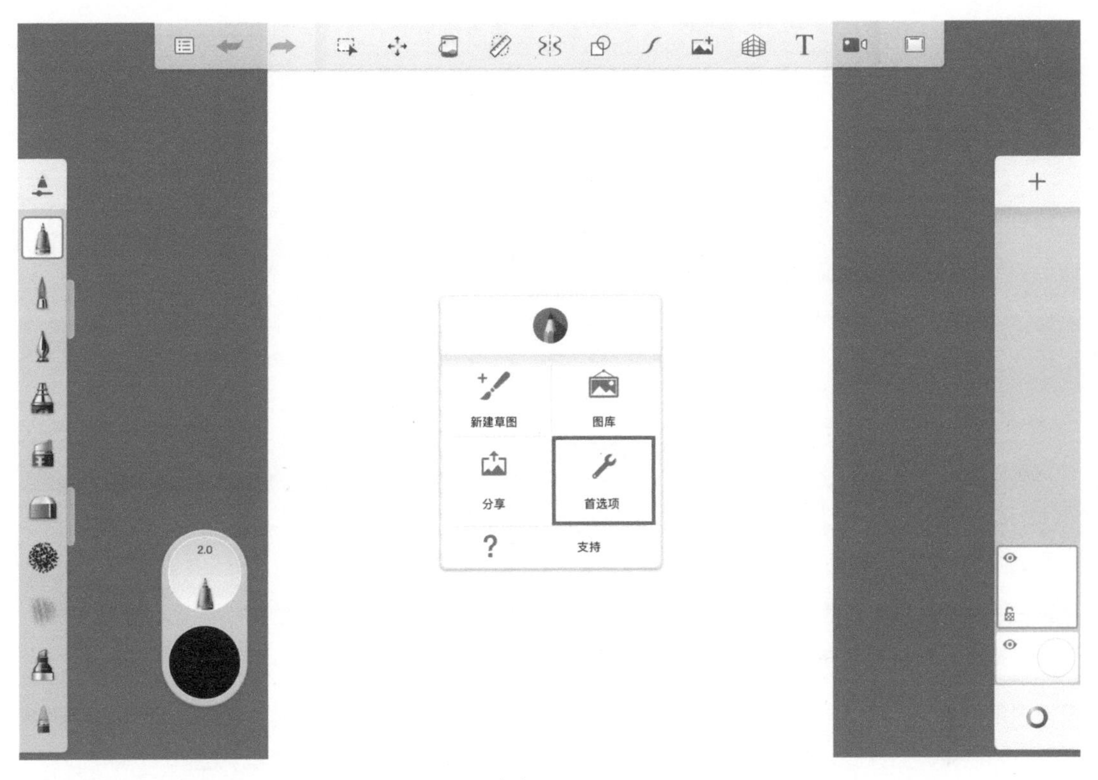


“主菜单”对话框

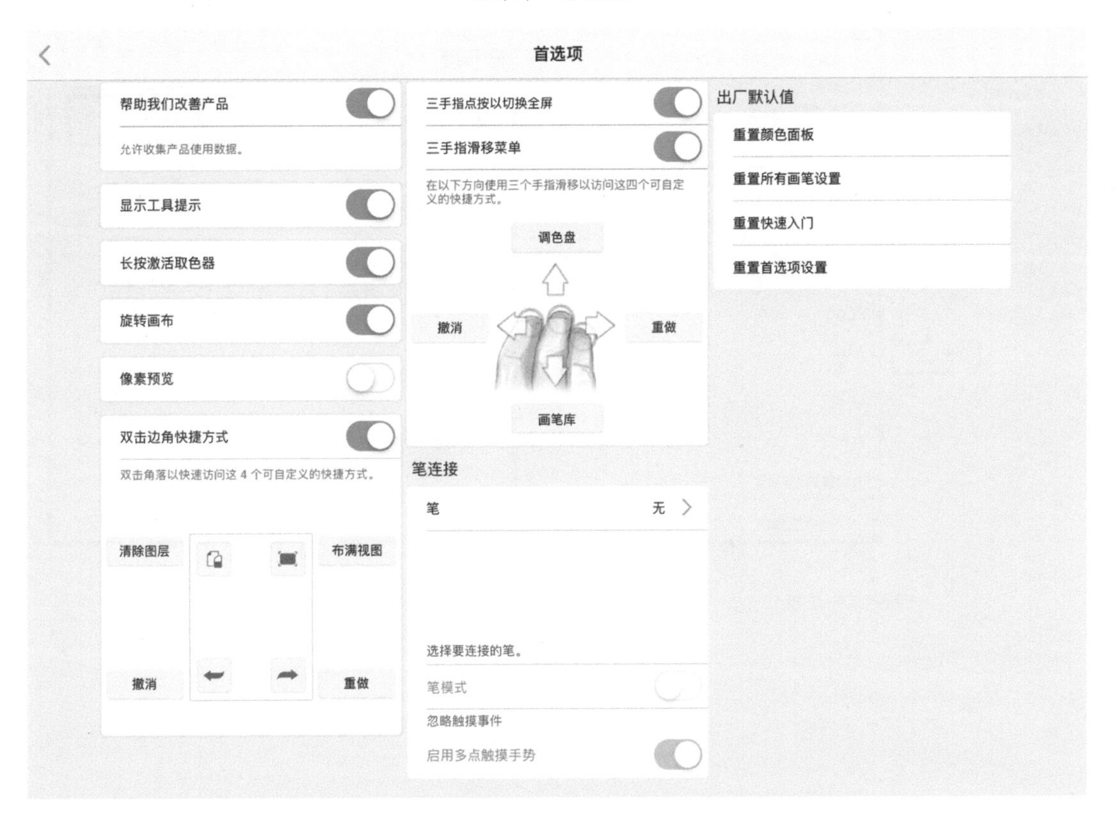


“首选项”设置界面

首先启用“双击边角快捷方式”功能，自定义 4 个边角的快捷方式，点击默认命令的按钮，在弹出的菜单中选择自己习惯使用的命令。这样在绘图时，双击边角即可直接执行设置的快捷命令。

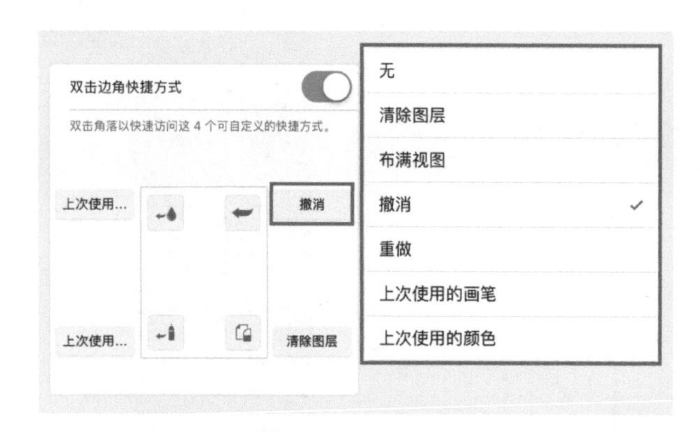


修改快捷命令

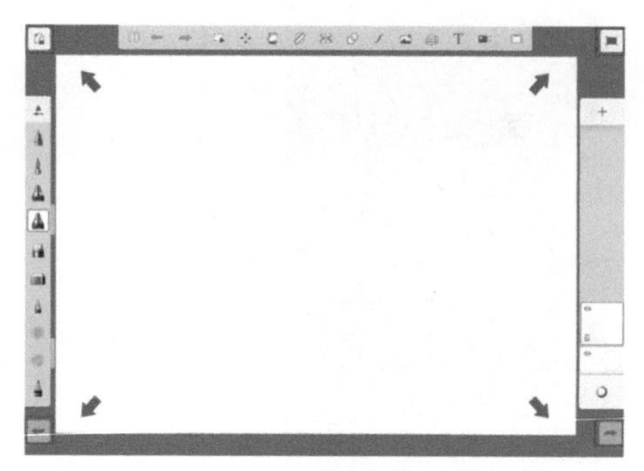

启动快捷命令

设置三手指操作，点击默认命令的按钮，在弹出的菜单中选择自己习惯使用的命令，这样在绘图时，三根手指同时触摸屏幕并向不同方向滑动，即可切换不同的命令。

设置“笔连接”，在“笔”选项中选择已经配对的 Apple Pencil，并将“笔模式”选项开启，此时如果手触碰到画图界面，系统不会记录触摸轨迹，只记录 Apple Pencil 的绘图轨迹。

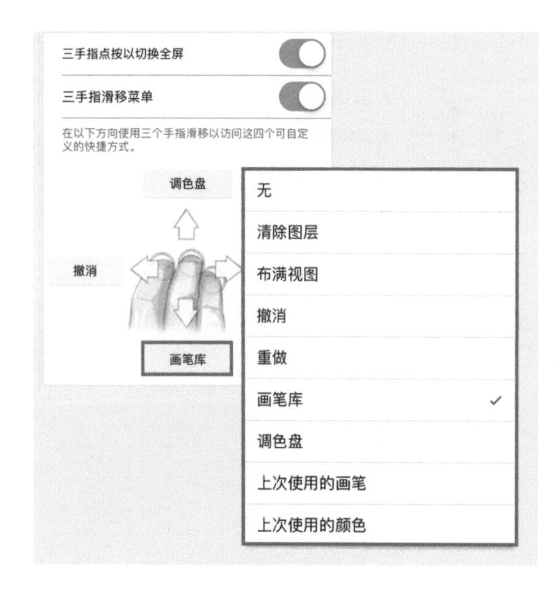


设置三手指操作

设置“笔连接”

Chapter 04

# 常用绘画功能

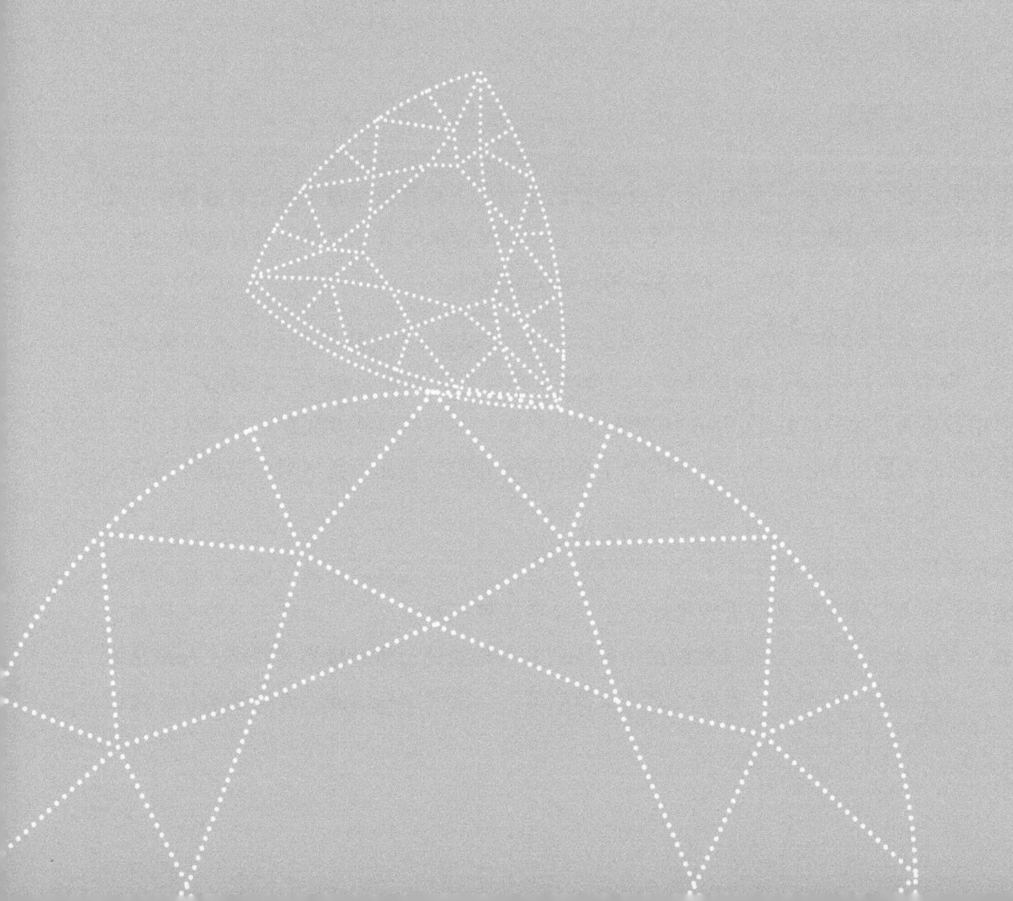

# 4.1 画笔库

在 SketchBook 软件中，控制画笔工具属性是由画笔控制栏及双圆盘共同完成的，二者功能一致且互通，画笔控制栏固定在界面的左侧，而双圆盘可以由操作者置于绘图界面的任意位置。例如，在全屏绘图模式下，左侧的画笔工具栏会隐藏，而双圆盘则可以呈现在全屏模式的绘图界面中，非常方便绘图者操作。

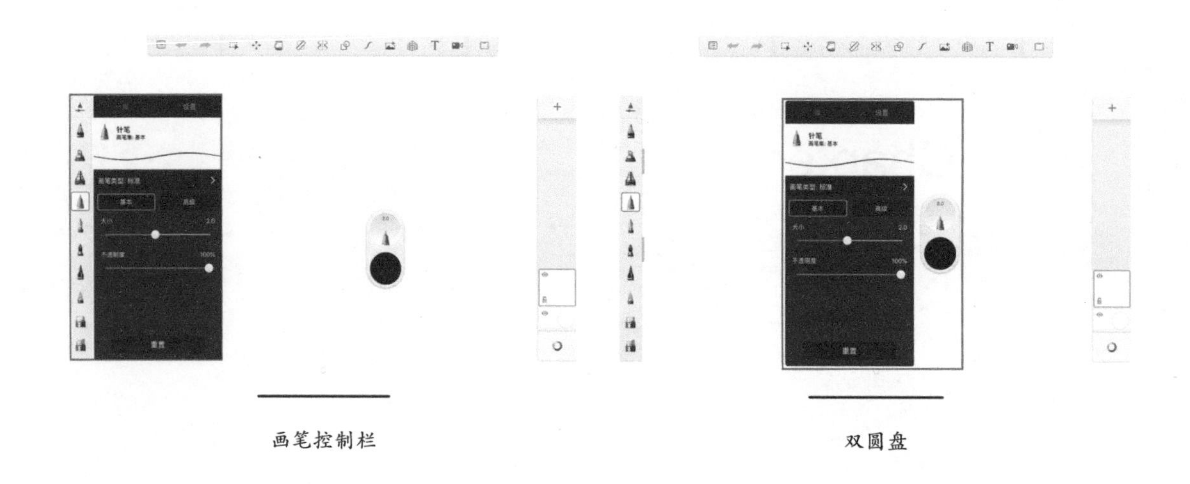

画笔控制栏　　　　双圆盘

## 4.1.1 表现效果与画笔调整

在讲述画笔表现效果之前，首先讲一下 Apple Pencil，这支看上去极其简单甚至有些普通的笔，其实有很高的科技含量。在绘图的过程中，它不仅可以准确侦测笔尖的位置（笔迹）和落笔的力度，笔尖的倾斜角度都可以被这支笔内置的压力传感器和陀螺仪检测到。

很多人在初次使用 SketchBook 软件进行绘图时发现，在 SketchBook 软件中画出来的笔迹与在 iPad“记事本”软件中用手指画出来的笔迹并没有太大的区别，也就是缺少“笔触感”。这支 Apple Pencil 有很多功能强大的传感器，但在初次使用时，针对这些传感器的参数都处于默认（归零）状态，接下来要完成的就是对 Apple Pencil 的调节，使其最大限度地接近手绘时对画笔操作固有的感受和经验。

第一步是按照我在长期从事珠宝设计工作中总结的经验，将适用于珠宝设计并且使用频率最高的几种画笔，按照使用频繁度和优先级进行重新排序和整理。在软件初置状态下，画笔工具的排列如下页图 A 所示，如下页图 B 所示是我根据珠宝绘图中常用的几种功能进行重新排列的状态，分别是勾线用的“针笔”、刷涂用的“笔刷”、喷涂用的“流量喷笔”、精细擦除用的“流量喷笔”、大面积擦除用的“软橡皮擦”、柔和过渡用的“涂抹笔”、拉丝肌理用的“图案填充 1”、喷砂肌理用的“点_2”。在此说明，画笔工具通过设置不同的参数，同一个画笔工具可以呈现出不同的效果。因此，这个画笔工具的排列只是我根据个人的经验和习惯排列的，在学习完画笔调整的方法后，你可根据自己的绘图习惯设置适合自己的画笔工具栏。

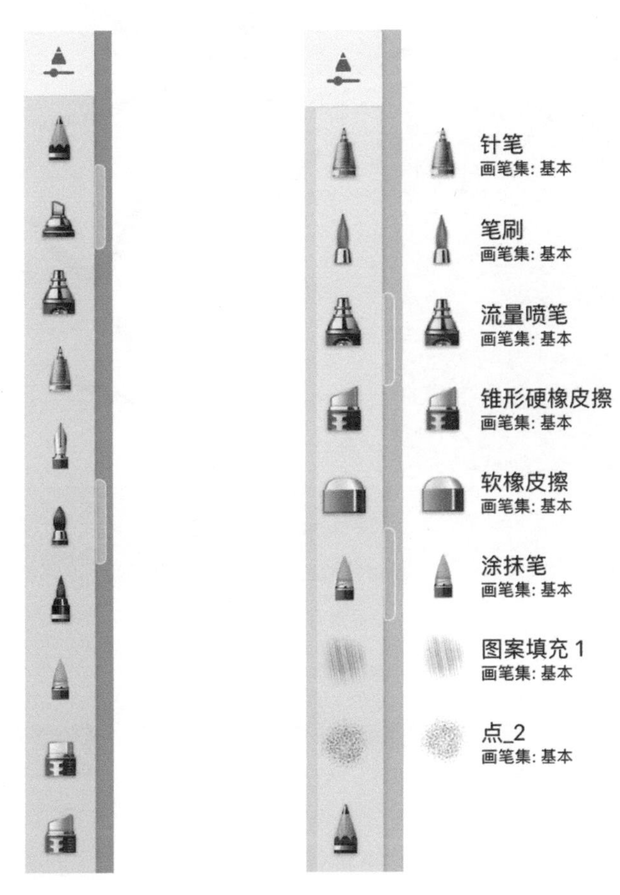


默认的画笔工具栏　　　调整后的画笔工具栏

## 4.1.2 调整笔触

在讲述这一节之前，先用软件中初始的画笔进行一个简单的测试，虽然已经重新调整了每一个画笔工具的顺序，但每一个画笔工具都是处于初始状态的。我们以第一个针笔工具为例，画笔大小和不透明度如下页上图所示设置，随意画几根线条后我们会发现，笔触生硬且没有笔锋，也没有浓淡变化，无法体现力道变化对笔触的影响，而我们还发现，即便对“大小”和“不透明度”参数进行调整，对笔触的表现也不会产生任何影响。

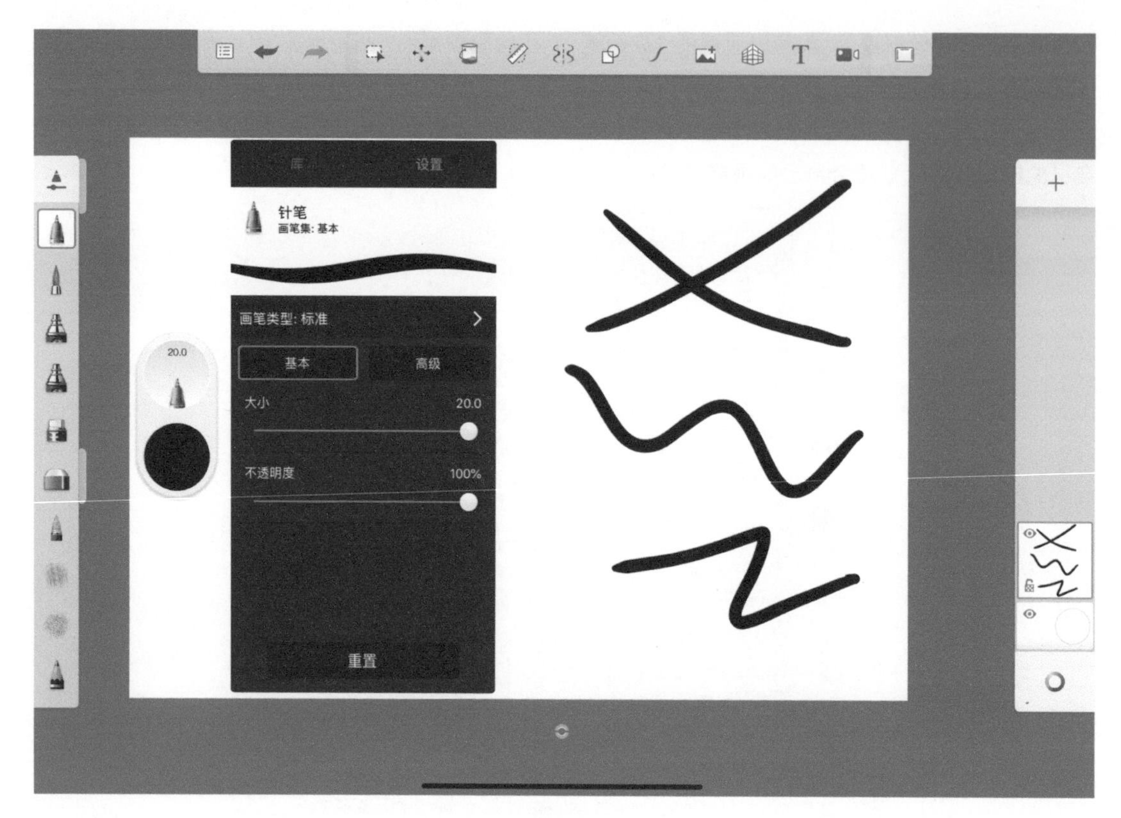


原始设置



因此，我们将对画笔进行高级设置，点击“高级”按钮，进入“高级”设置界面，其中包含“压力”“图章”“笔尖”“随机化”4个选项，根据日常绘图的经验，首先讲解“压力”及“笔尖”两个选项的相关调节选项。

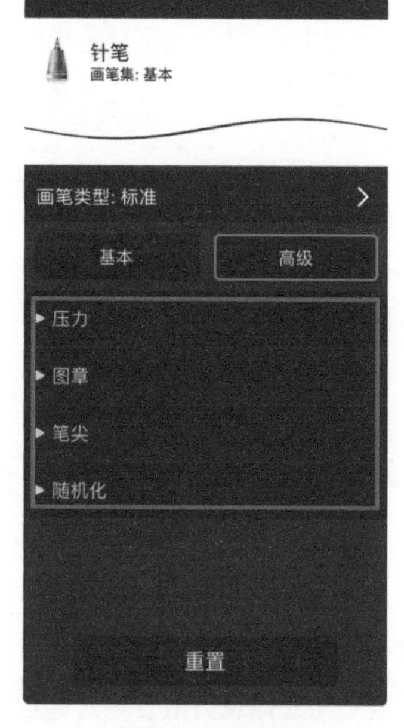


“高级”设置界面

### 1. 压力

点击展开“压力”选项，其中包括3种共6个参数，分别是“大小（轻压/重压）”、“不透明度（轻压/重压）”和“流量（轻压/重压）”。这些参数可以这样理解，笔是一根水管，可以把墨水和颜料输送到纸面上，那么，“大小”就是水管的粗细；“不透明度”就是水管中流淌的墨水浓度；“流量”就是水管中墨水的流速。

那么“轻压”和“重压” 的含义是什么呢？“轻压”和“重压”描述的是两种状态，我们可以把“轻压”理解成起笔和收笔的时候，即线条或笔触的两端，“重压”就是线条或笔触的中段，根据实际操作可知，线条中段运笔的力度肯定是相对比较重的。基于此，将压力设置中的“大小（轻压）”“不透明度（轻压）”“流量（轻压）”

值全都调到最小，随意画一些线条，可以发现出现了大家经验中常见的笔锋。虽然是很小的调整，但对于绘画者来说，这让软件中的笔触和现实世界中的笔触产生了一些关联和一致性，让冰冷的硬件与程序产生了“手感”，这就是所谓上手的基础。接下来继续调整其他参数。

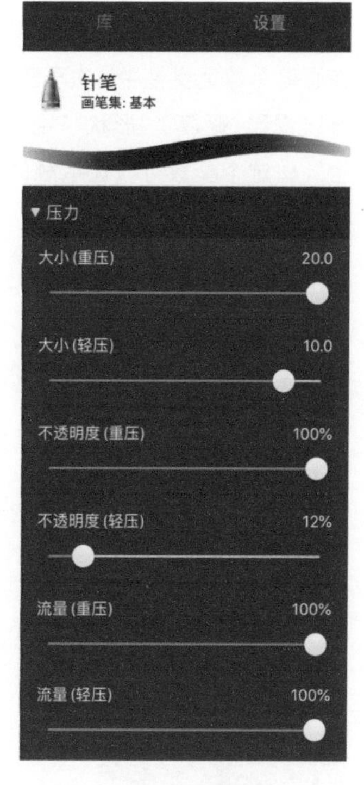


“压力”参数

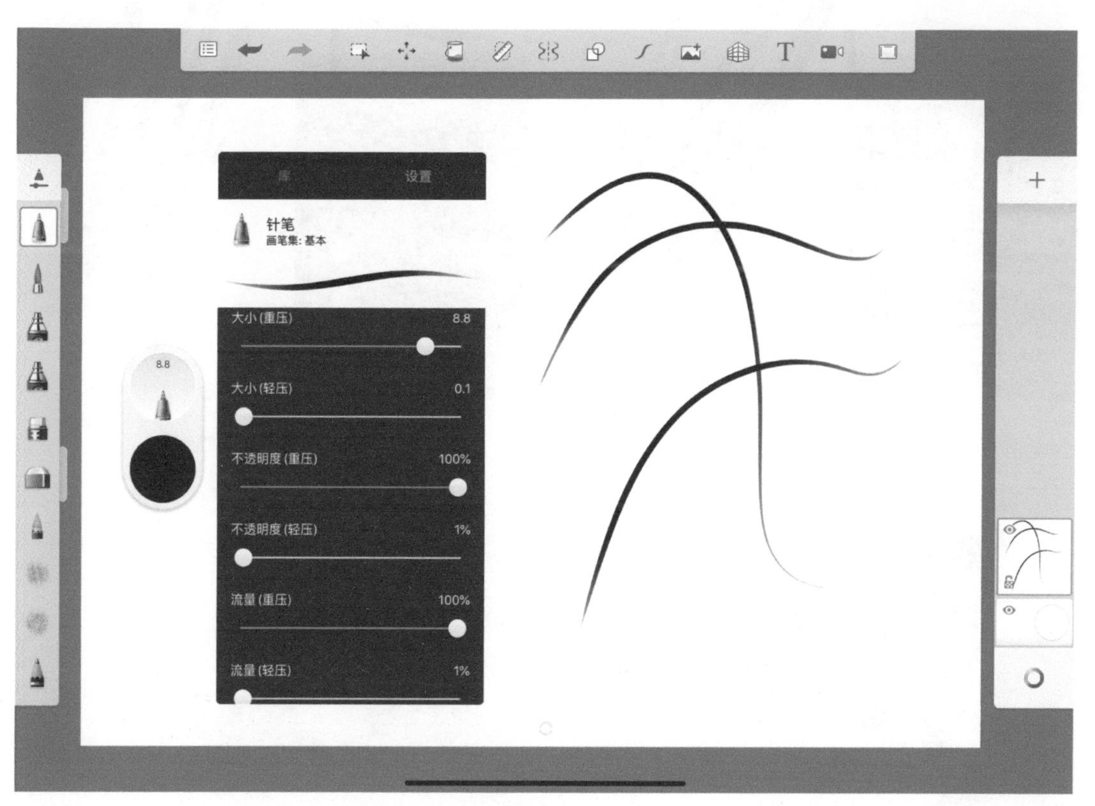


调整后的效果

## 2. 笔尖

在画笔参数重要性中，次于压力的就是“笔尖”属性，点开“笔尖”选项，可以看到“硬度”“形状”“纹理”3个子选项，其中使用频率最高的是“硬度”，这个参数可以让笔触的边缘呈现边界分明的硬朗效果或者边界模糊的柔和效果。

当“硬度”值为0时，笔触柔软，边缘模糊，可以绘制如珊瑚这种材质温润、边界柔软材质的高光效果；当“硬度”值为100时，笔触坚硬，边缘锐利，可以绘制如翡翠这种质地坚硬、致密，表面光滑的宝石的高光效果。

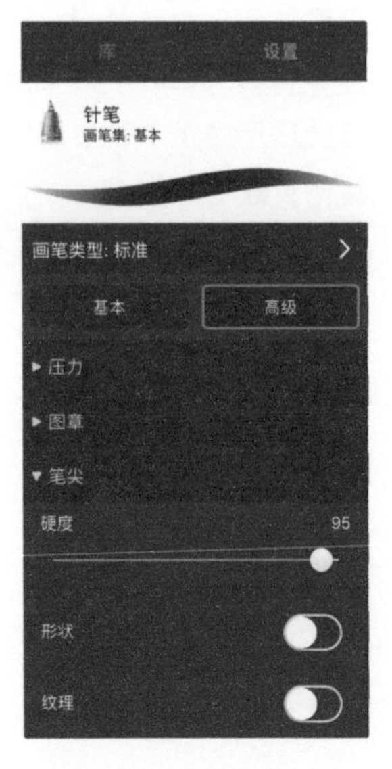


“笔尖”选项

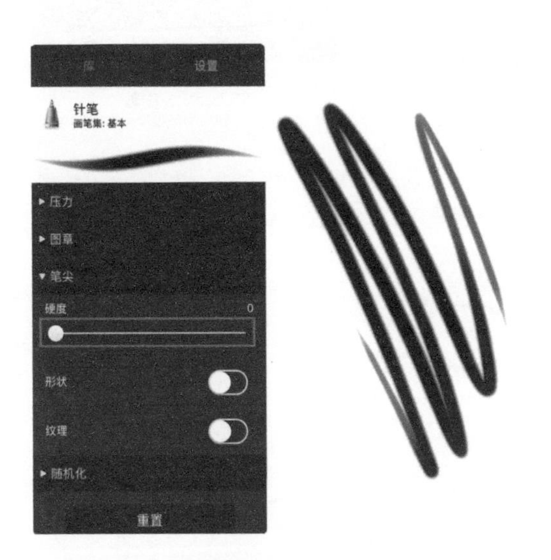


“硬度”值为0的效果

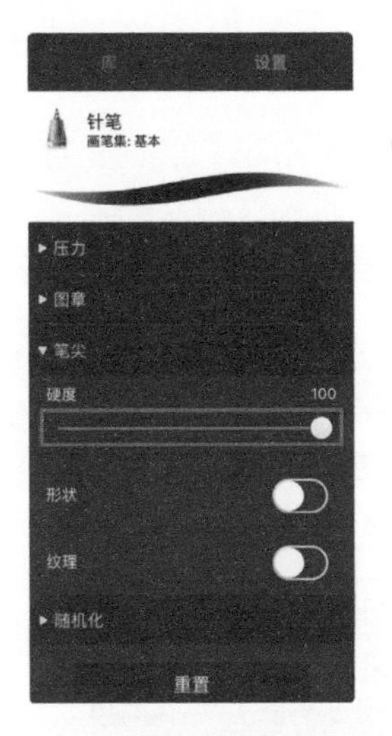


“硬度”值为100的效果

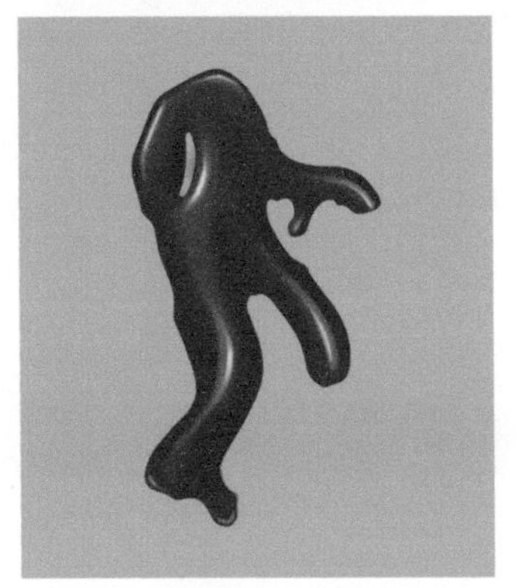

珊瑚的绘制效果

翡翠的绘制效果

“笔尖”选项中的“形状”和“纹理”则分别控制笔触痕迹的外形和内部样式，初始为关闭状态。若有特殊的绘制要求，可以打开这两个选项，首先打开“形状”选项，随意画一笔，能够看到笔触类似笔尖刷毛产生的分离刷效果。打开“纹理”选项可以选择纹理的样式，纹理为黑色圆点，输出的笔触外轮廓仍为原始笔触的顺滑轮廓，但内部填充的纹理出现了圆点的效果。

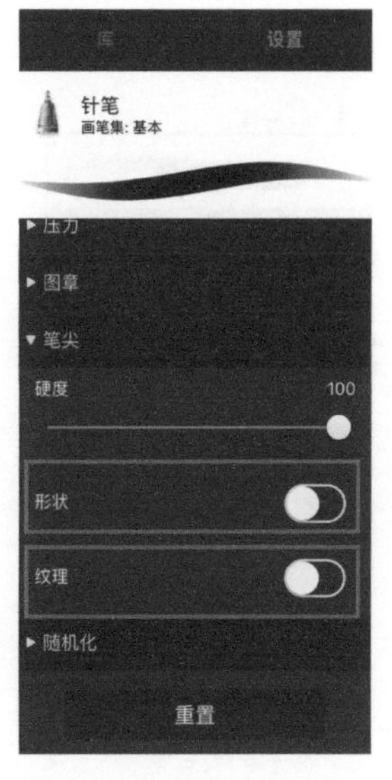


图 4.1.2（j）

分离刷效果

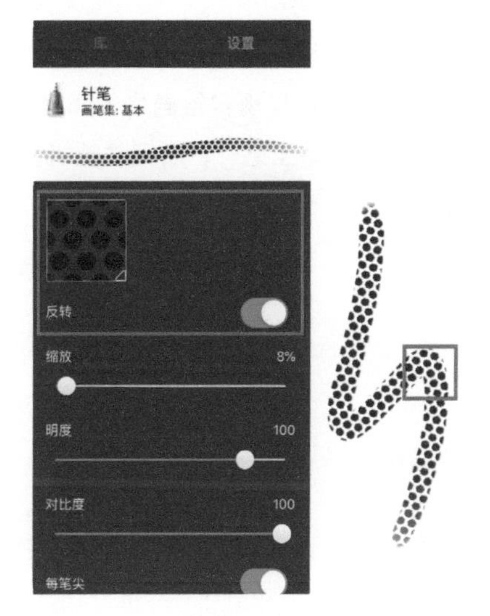


带纹理的效果

### 3. 图章

“图章”是一个相对抽象的概念，可以理解为在笔迹产生的过程中控制画笔运动特性的一些参数。在默认状态下，“图章”参数呈现的就是常规笔触。当把其中的“间距”值调为 10.0 时，笔触从一个连续的线条变成断开的圆点，数值越大，圆点的距离越小；“圆度”是控制构成笔触的每个点正圆的程度，100% 圆度时每个点为正圆，数值调到 54% 时，可以明显发现圆点变扁成椭圆了。“旋转”参数是描述构成笔触的每个圆点的长边与笔触行进方向的夹角。“动态旋转”和“缩放”两个参数因为不常用，在此就不做介绍了，可以根据自身兴趣自行尝试。

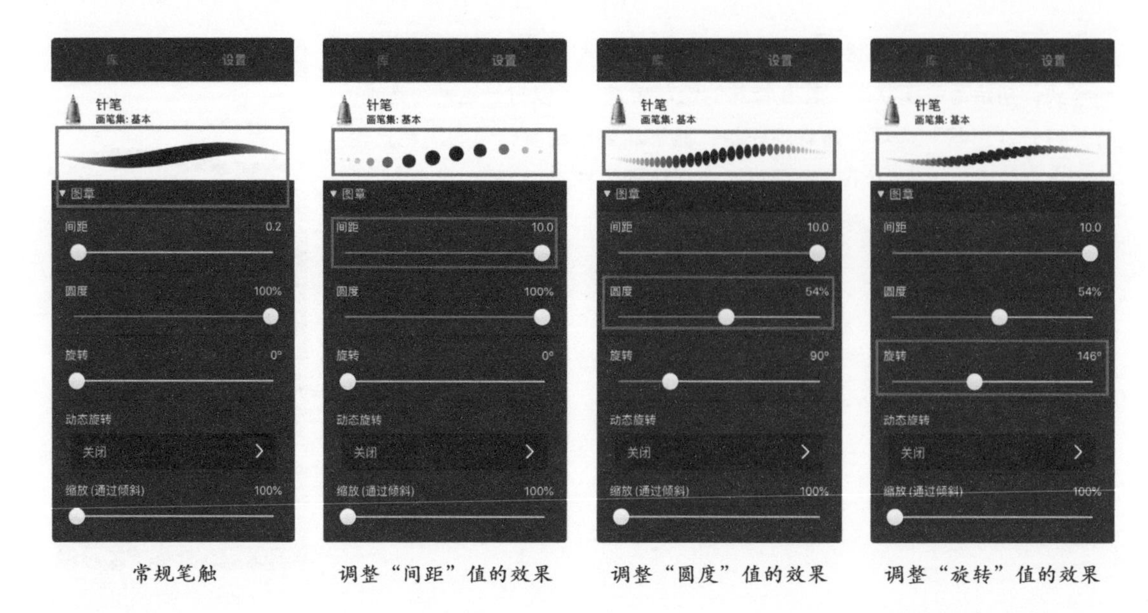


常规笔触　　调整“间距”值的效果　　调整“圆度”值的效果　　调整“旋转”值的效果

**4. 随机化**

“随机化”是画笔高级选项中最不常用且调节起来最困难的一组参数，其主要作用是在画笔中模拟现实绘画中的那种笔触参差感与随机性，我们可以理解为“不经意的手工感”，展开“随机化”选项，其中包括5个参数，可以按照不同程度的随机性进行调整。

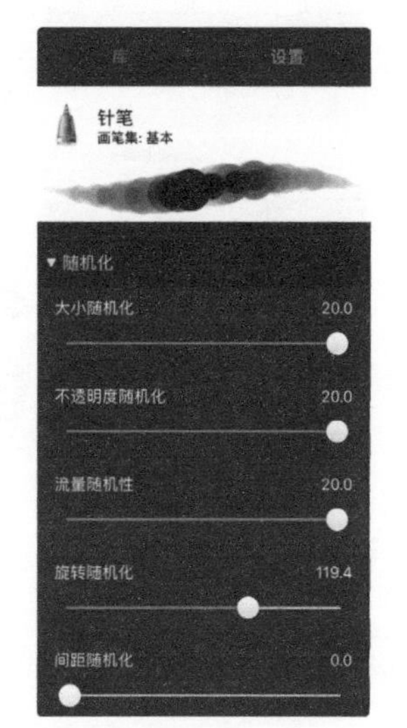


“随机化”参数



## 4.1.3 画笔调整

完成笔触调整后，讲解4.1.1节中讲到的几种珠宝绘图中常用的画笔的设置方法。

**1. 针笔**

作为勾线用的画笔，针笔的效果只要达到纤细、线头如麦芒收尖即可，因此，重点是把“压力”中3个“轻压”参数都调到最小值，这样线条的两端就会呈现出收窄、变淡的效果。而其他参数可根据你的绘画习惯自行调整，但根据我的日常经验，画线稿的针笔大小尽量控制在2.0之内，笔尖硬度保持在80~100，这样画出来的线条才能显得精细、挺拔。

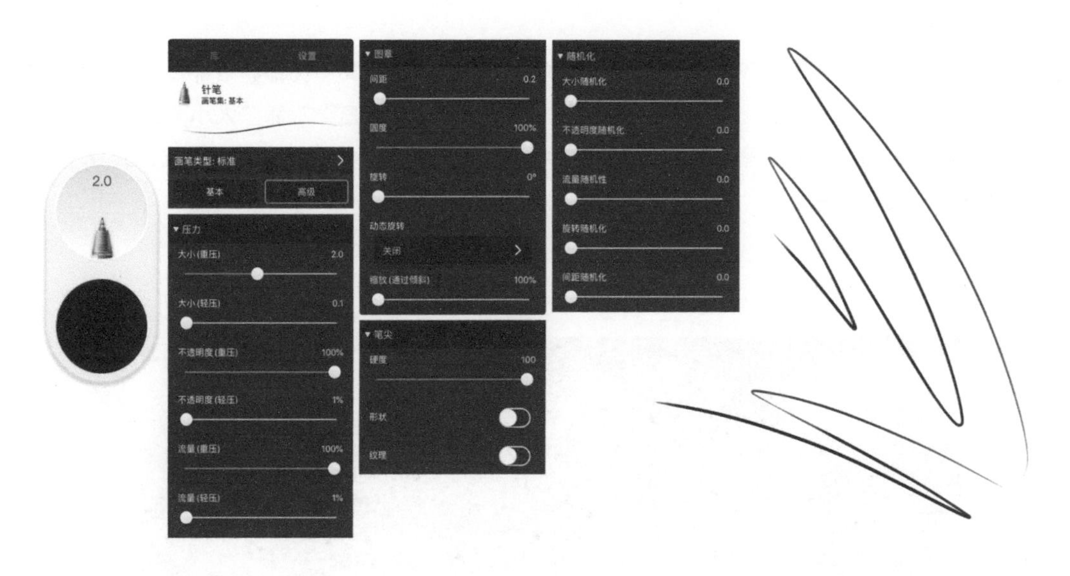


常用的针笔设置参数

## 2. 笔刷

笔刷是用来画边界清晰、涂布明确、覆盖相对厚实的画图工具，例如绘制金属的明暗交界处、材料高光及一些局部上色。在参数调整上压力参数中的“大小（重压）”和“大小（轻压）”值不能相差过多，“大小（轻压）”值略小，这样呈现出的笔触两端略微收窄，而不是收尖的，类似现实世界中油画笔的涂抹效果。而压力参数中的不透明度、流量参数与针笔相同即可，笔尖参数中的“硬度”值调整到 60~100 即可。

常用的笔刷设置参数

### 3. 流量喷笔

流量喷笔主要用于大面积喷涂和一些过度柔和的涂抹，例如绘制金属中亮部和暗部过度的区域、翡翠荧光柔和光晕等。压力参数上与笔刷工具类似，都是“大小（轻压）”和“大小（重压）”参数接近，“轻压”值略小，笔触呈现端头圆润的效果，如果将笔尖参数中的“硬度”值调到 0，会呈现出高度雾化、柔和的笔触。

常用的流量喷笔设置参数

### 4. 锥形硬橡皮擦

橡皮擦其实也是一种画笔，如果常规的画笔是在做加法，那么橡皮擦就在做减法。锥形硬橡皮擦类似笔刷工具，只是从涂抹变成了擦除，主要用于精细擦除，其压力参数的各个数值与笔刷工具相似，“不透明度（轻压）”值调到 30~40，只要在这个区间就能让轻压也有效果。笔尖“硬度”值调到 90，相对于 100 的硬度，90 这个数值能让擦除的轮廓不那么生硬，让两次相邻擦除动作之间的痕迹有一定的叠加和重合效果，痕迹更自然。

### 5. 软橡皮擦

区别于锥形硬橡皮擦，软橡皮擦主要用于大面积擦除，因为不需要太精细的操作，这种橡皮擦没有使用高级选项，使用时根据需要进行大小和不透明度的调整即可。

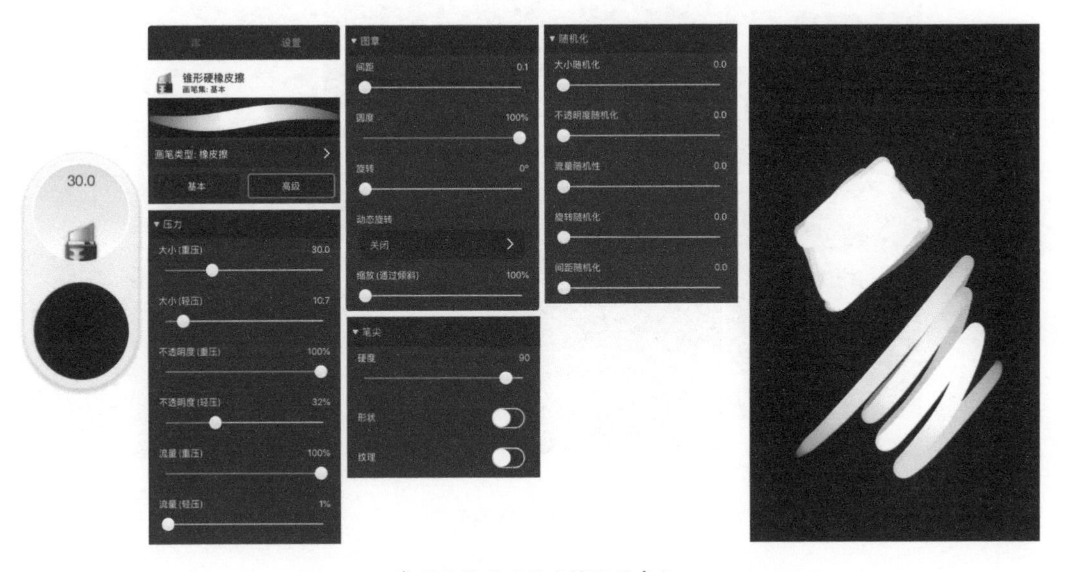


常用的锥形硬橡皮擦设置参数

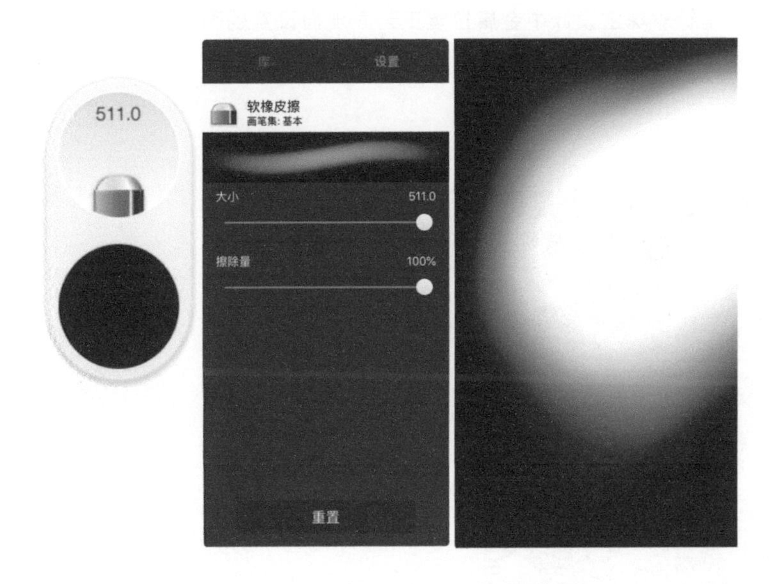


常用的软橡皮擦设置参数

### 6. 涂抹笔

涂抹笔工具类似现实世界中画素描时用的纸笔，或者画水彩时用来晕染颜色的沾水毛笔。在数字绘画中，一些需要做柔和过渡及模糊处理的地方都可以使用这种画笔。在参数调整上有几个点需要注意：画笔类型选择“涂污”；关闭笔尖参数中的“形状”选项；画笔的流量值不高于 5%。

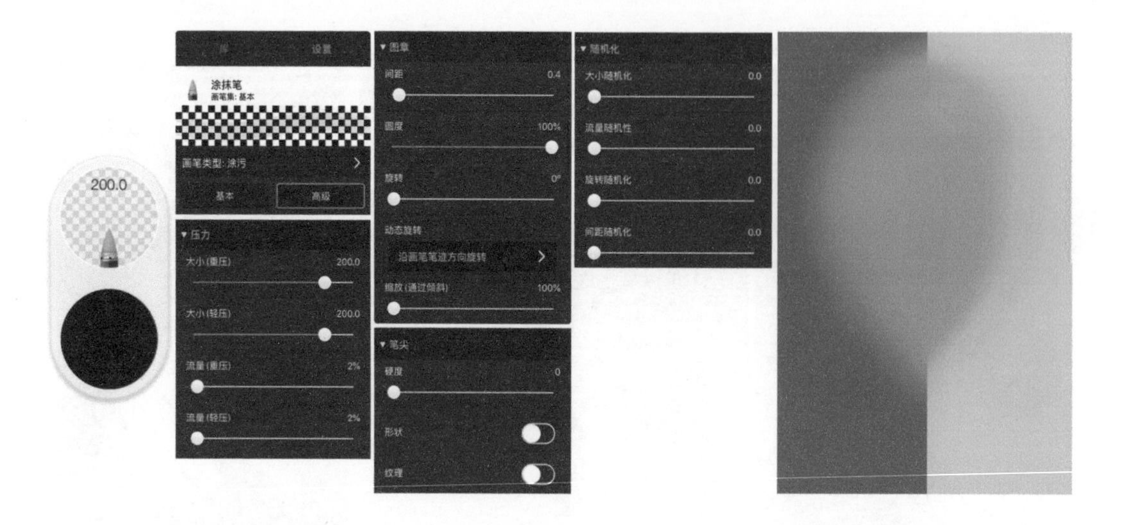


常用的涂抹笔设置参数

## 7. 拉丝画笔“图案填充 1”

拉丝画笔“图案填充 1”是针对珠宝设计中金属拉丝工艺表现而设置的画笔，可以得到大面积高质量涂刷的效果。在参数调整上，只要将图章参数中的“旋转”值调至 90° 就基本可以使用原始状态进行绘制了。

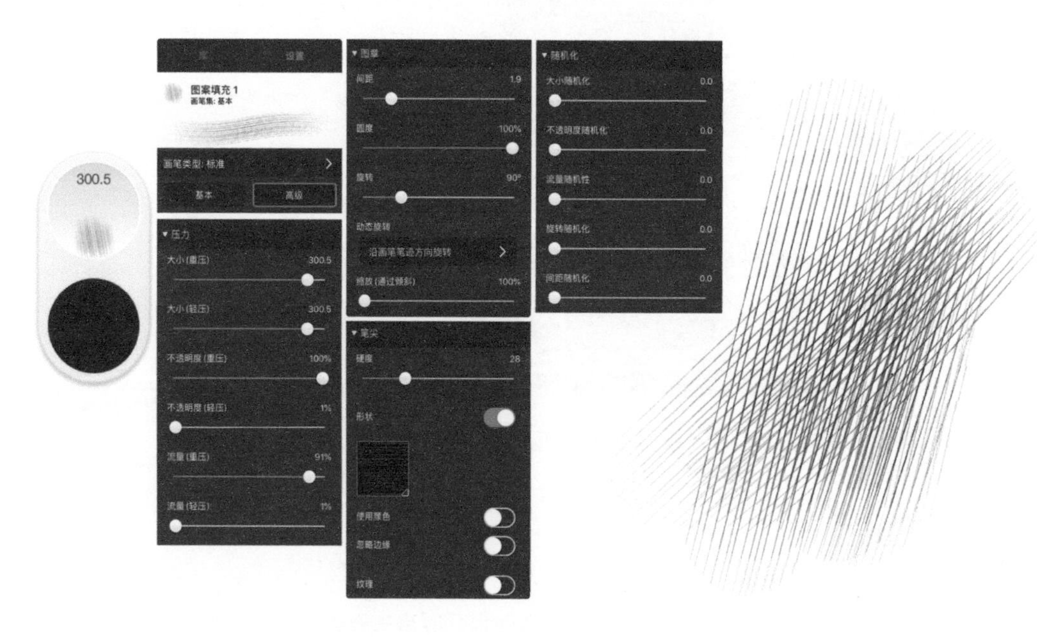


常用的拉丝画笔“图案填充 1”设置参数

### 8. 喷砂画笔“点 _2”

喷砂画笔“点 _2”是针对珠宝设计中金属喷砂工艺表现而调整的画笔，可以达到大面积高质量涂刷的效果，在参数上无须调整就基本可以使用原始状态进行绘制。

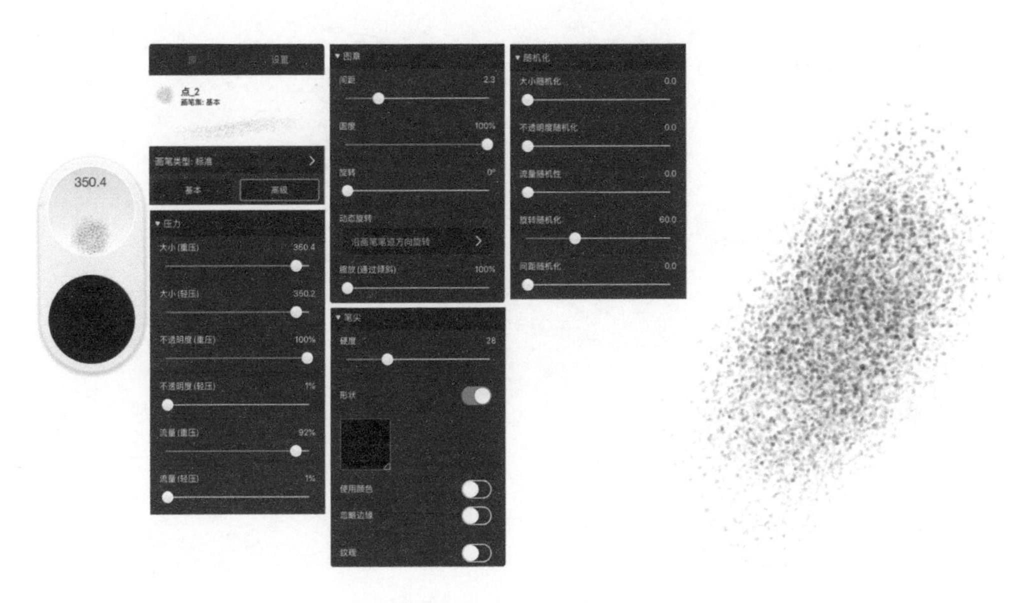


常用的喷砂画笔“点 _2”设置参数

以上就是我对该软件中常用的画笔工具的原理及参数设置的经验分享，虽然每个人画图的习惯不同，但参数调整的原理是大同小异的，希望大家可以掌握其中原理并结合自身操作习惯与特点调试出适合自己的画笔。在之后的基础绘画和案例讲述中，我也会根据不同的绘图要求对画笔进行特定的调节。多去绘制和尝试，慢慢和画笔进行磨合，终能调出最顺手的画笔。

## 4.1.4 调整不透明度

除了前文所述的画笔形态和样式的调整，在绘图过程中还会对画笔的不透明度进行调整，这个操作可以理解为在传统绘画中使用水彩颜料时，对加水比例的控制。在软件界面上有两种方式可以对画笔的不透明度进行控制：第一种方式是，将笔尖移至画笔栏右侧，靠近下方右侧的半隐藏小滑块就会显示出完整形态，只需用笔尖按住滑块上下拖曳就能对当前画笔的不透明度进行调节，往上拖曳，不透明度升高，笔触变得更实、更厚，向下拖曳，不透明度降低，笔触变得更薄、更虚；第二种方式是，将笔尖移至双圆盘的上盘处，按住之后进行上下拖曳，也可以对画笔的不透明度进行调整。

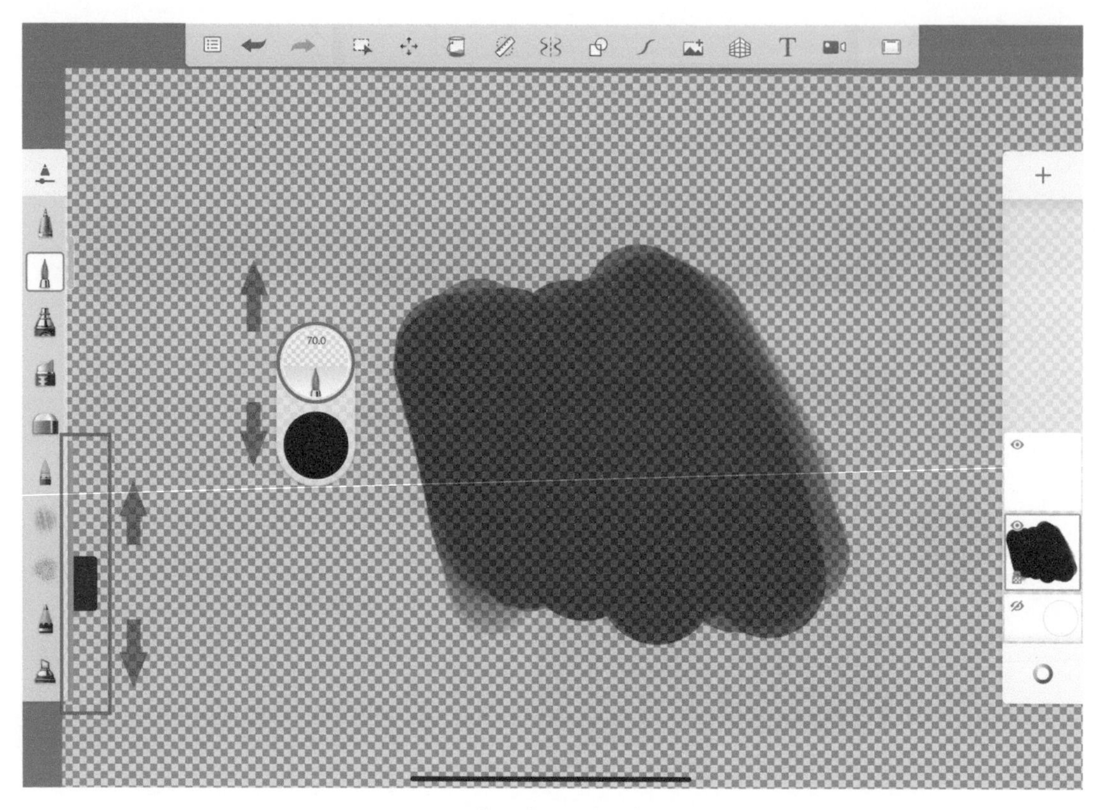


调整画笔的不透明度



## 4.2 图层

如果说画笔是设计工具，那么图层就是设计的载体，是现实绘图中的画纸。在 SketchBook 软件中有功能完善且强大的画纸，这就是图层工具。相较于现实世界的画纸，软件中的画纸（图层）除了承载绘图痕迹，还有很多现实纸张无法具备的功能。接下来的讲解，会从图层的功能及使用方法入手，让大家对于"画纸"的理解，从传统的单一平面、线性时间轴，向立体化、多时间轴转变。

传统绘画是在一个平面上，以绘画步骤的时间先后顺序为线，一步步进行绘制的。到了上色阶段，很多操作是不可逆甚至不可覆盖的，所以对绘画者的要求比较高，也就意味着上手的门槛不低。而作为数码时代的 iPad 绘画，可以在绘图过程中拆分、调节，操作后可撤回，从而降低了绘画的门槛。

传统绘画

我们来看一个分图层绘制的设计案例，这是一枚戒指的绘制图，如下图所示。右侧红框标记的部分称为“图层组”，是控制图层的组件，图层组中堆放着不同的图层，其中各图层的排列顺序有一定要求，后文会对这些知识进行讲解。下页上图所示把这几个图层拆分铺展开的样子，可以更细致地观察不同图层在完成图中起到的作用及呈现的状态。

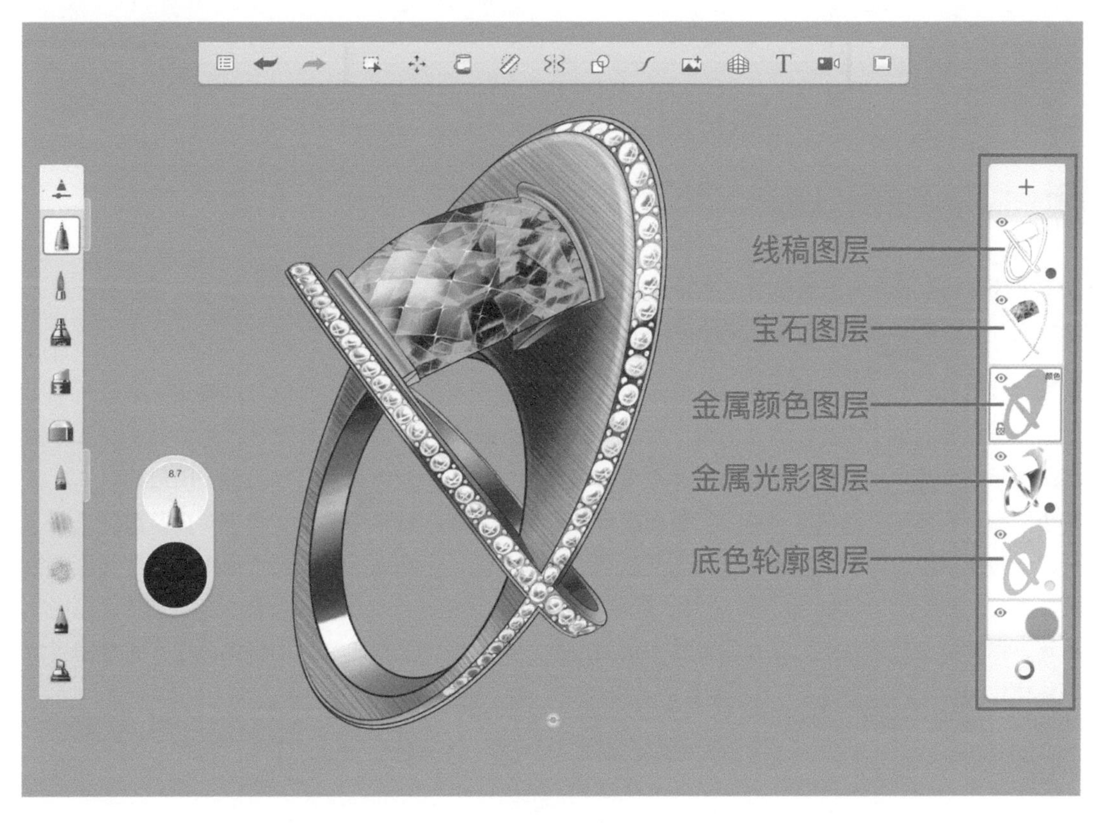


分图层设计案例

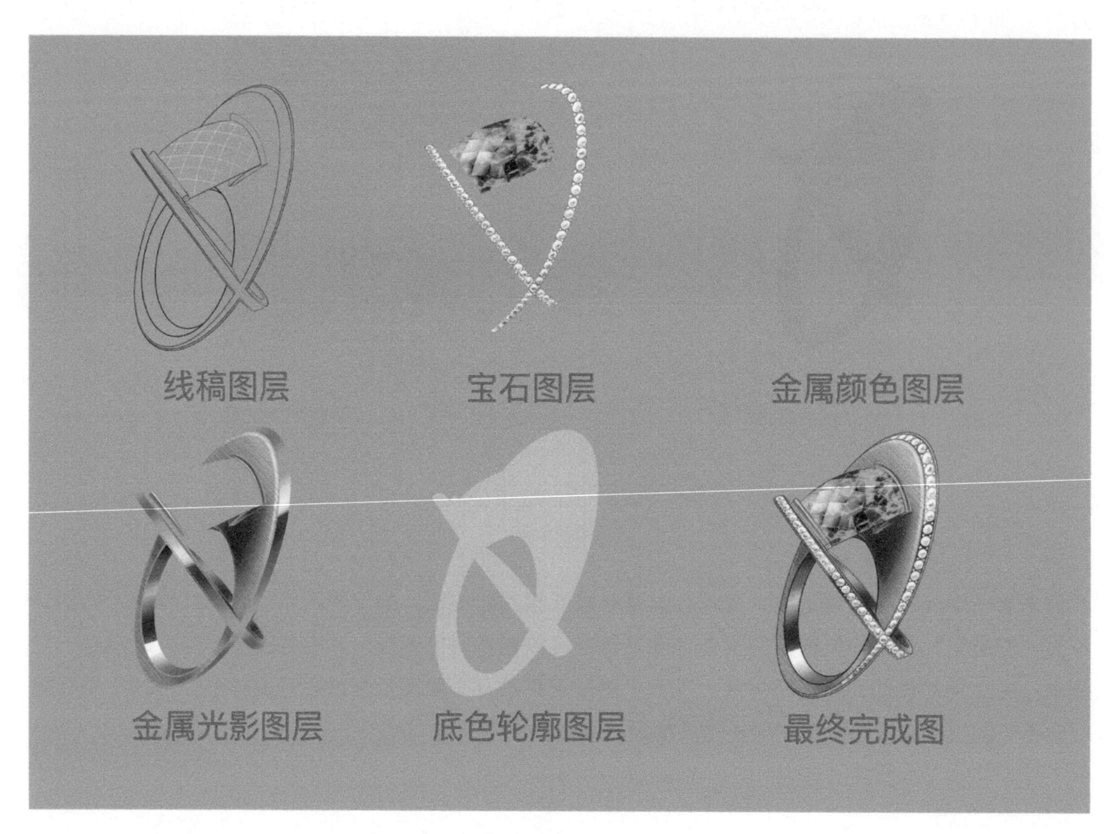


分图层展示效果



### 4.2.1 图层顺序与表现顺序

从上文的案例中我们可以感受到，在 iPad 绘画的作图过程中，有一种逻辑上很紧密且严谨的秩序，接下来，主要从图层顺序和表现顺序这两个方面讲解。

首先，我们看一个金属海螺切片挂坠的案例，如下页上图所示。从图中我们可以看到，这是一个立体的海螺挂坠，除了表面的凹凸质感产生的光影变化，还有自身形体在背景上产生的投影。从右侧的图层组放大图中可以看到，画面由 4 个图层堆叠而成。为了方便区分，我为每个图层标记了彩色的小圆点，分别是：线稿图层●、光影图层●、底色图层●、投影图层●。如果要调整图层顺序，只需长按图层组中该图层的图标，该图层就会“扩大悬浮”，然后用笔尖或者指尖拖至需要放置的位置即可。图层组顶部的“+”按钮为“新增图层”按钮，但在拖动图层的过程中会变成“垃圾桶”图标，如果要删除该图层，只需拖曳该图层到“垃圾桶”图标上抬起笔尖或指尖，即可完成图层的删除操作。

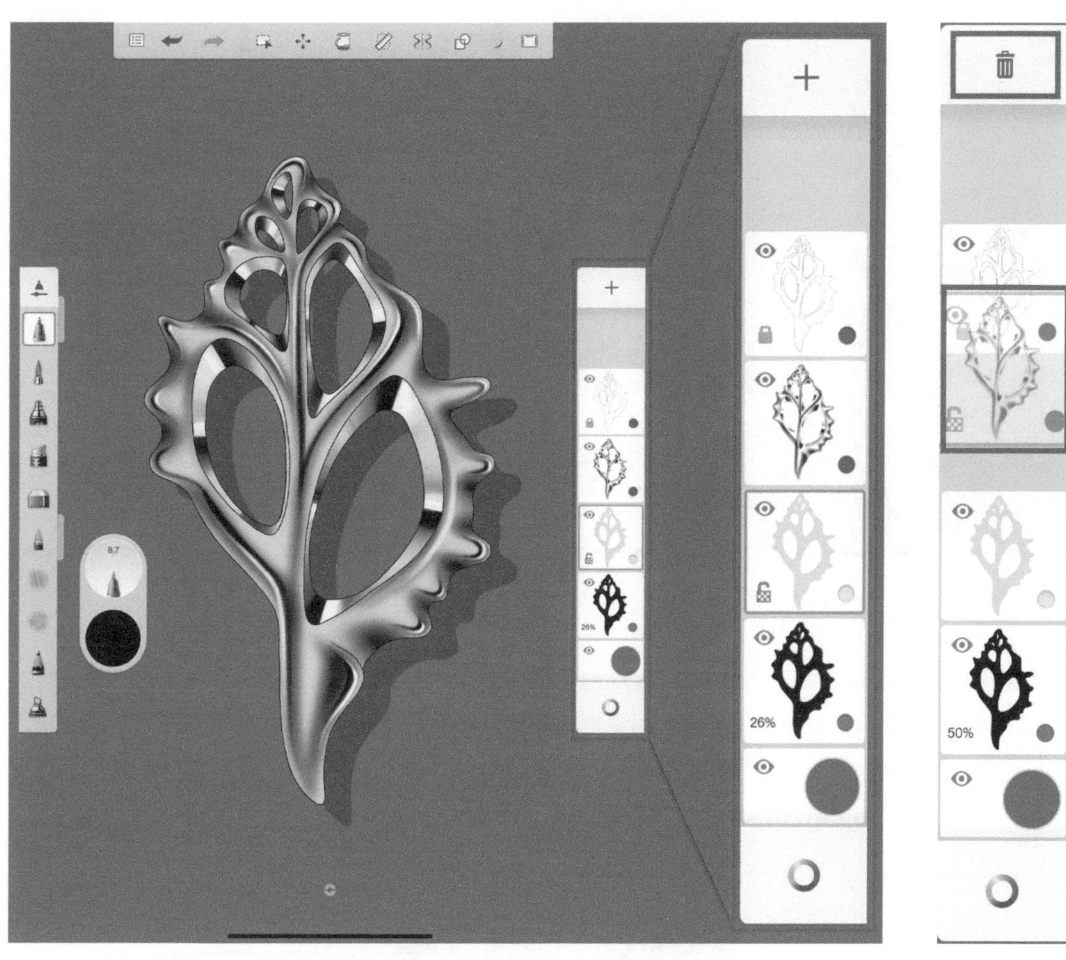


金属海螺切片挂坠案例

50%

删除图层

如果调整了图层顺序，可能会出现图像显示错误的现象，在此讲解几个图层堆叠顺序错误的案例，让大家在绘图前对这些问题有所了解。如下页图 A 所示，每个图层都是打开的，光影图层●被移至所有图层的底部，此时会发现，底色图层●、投影图层●由于相对位置在最上面，因此显示出来的只有这两个图层的内容。虽然屏幕上最终显示的只是一个平面图像，但由此大家可以理解，每个图层如千层饼一般，在空间中有大量的图层分布，且这些图层之间存在一定的影响和关联。接下来，把图层进行调整，如下页图 B 所示，把投影图层●移至光影图层●和底色图层●的上面，由于投影图层●的不透明度没有完全打开，这个图层属于半透明状态，使堆叠在其下面的图层也可以被观察到，这就是上面图层对下面图层的影响。在之后关于图层混合模式的内容中，会对这种影响做更加深入的讲解。

图 A

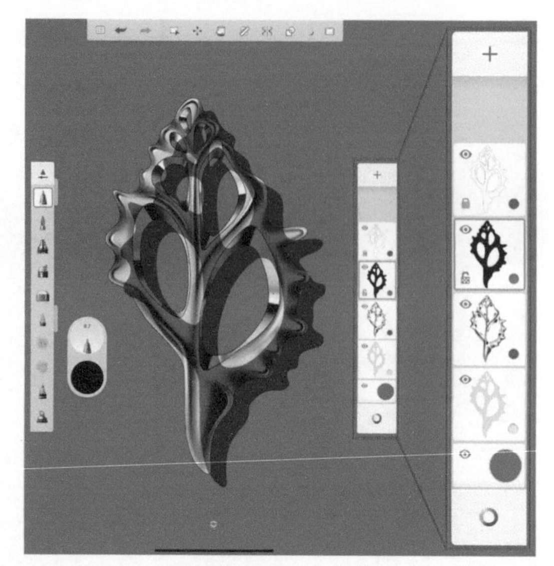
图 B

通过以上案例，大家对图层的顺序有了直观的感受，接下来就要对图层组操作进行更深入的讲解。图层组的界面除了显示各个图层的缩略图及堆叠顺序，还有很多可以对图层进行调整的工具按钮，我们按图上标注从上向下进行介绍。



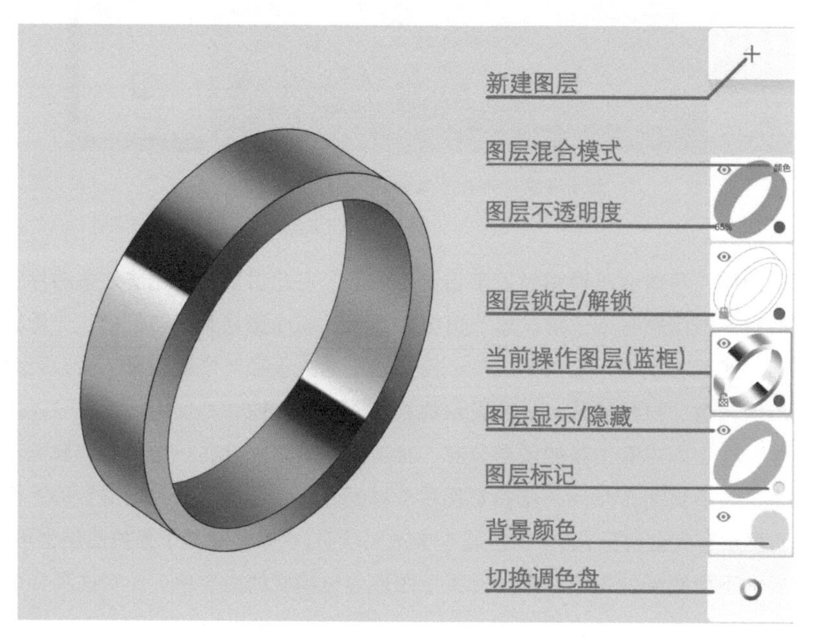

图层工具

**新建图层**：在当前图层之上新建一个空白图层。

**图层混合模式**：改变该图层的混合模式，让当前图层与下一个图层产生类似特效滤镜的效果，后文将详细介绍。

**图层不透明度：**改变当前图层的不透明度。

**图层锁定 / 解锁：**可以将该图层锁定，从而无法进行绘制操作，但删除图层的操作在锁定状态下也可以进行。

**当前操作图层（蓝框）：**蓝色方框显示的图层即为当前操作的图层，无论是参数设置还是绘制，都会在该图层中进行。

**图层显示 / 隐藏：**该按钮会根据图层状态进行不同的呈现，👁表示图层正常显示，⊘表示隐藏图层。

**图层标记：**使用不同的颜色为图层标记，避免绘图过程中因图层过多导致混乱。

**背景颜色：**点击这个圆形色块可以打开“调色盘”，对画纸的背景颜色进行调整。

**切换调色盘：**点击该按钮，让右侧的边栏在图层组和调色盘之间切换。

我们在图层组任意一个图层的缩略图上点击，可以弹出关于图层编辑和控制的菜单，下面对其中的几个按钮进行讲解。

控制菜单

**复制**：复制当前图层中的所有图像或选区中的图像，在需要时可以粘贴到新图层或新文件中。

**剪切**：剪切当前图层中的所有图像或选区中的图像，在需要时可以粘贴到新图层或新文件中。

**粘贴**：将之前复制或剪切的图层或局部图像粘贴到当前图层，在新图层对粘贴对象进行大小及位置调整，确认后完成粘贴材质。

**复制图层**：点击此按钮，将复制蓝框所在的图层，且新图层会堆放在原图层之上。

**清除**：将当前图层中的所有图像或选区中的图像删除，但保留该图层且图层堆叠顺序不变。

**合并**：将当前图层与下一个图层合并。

**合并所有图层**：将图层组中显示的所有图层合并为一个图层。

**删除**：将当前图层删除。

**锁定**：锁定当前图层，锁定后只有和按钮还能对该图层进行操作，其他操作无效。

**"HSL 调整"**与**"色彩平衡"**：采用 HSL 和色彩平衡的方式对图像颜色进行调整，具体方法后文详述。

**不透明度**：可以对当前图层的不透明度进行调节。

**混合**：调整图层的混合模式。

**颜色标签**：对当前图层进行颜色标记，有助于在图层较多的时候区分图层组中的不同图层。



### 4.2.2 图层混合模式

接下来将对图层的混合模式进行深入讲解，在讲解中会对一些常用的混合模式进行案例分析，其他在珠宝设计绘图中不常用的混合模式，因为内容不涉及过于复杂的操作和高深的理论，并且从设计绘图的经验与统计上来看，图层混合模式及其特殊效果的使用频率不高，所以可根据个人的兴趣自主尝试。

混合模式就是对相邻两个图层中顺序靠前的一个图层添加特效，同时让上面图层的特效对下面图层产生影响，从而使两个图层混合出一种新的效果，如下页上图所示，这个金色戒指的金黄色调是通过一个带有黄色调的图层，在没有色调的光影图层上叠加混合而产生的效果。

金色戒指

接下来，点开橙色图层的“混合”按钮，在其他图层没有任何变化的情况下，对该图层的混合模式进行调整。当选中不同的混合模式时，在下面图层不变的情况下，效果区别很大。一般在绘制有色金属时，比较常用的是“颜色”模式，这种混合模式可以很好地保留下面光影图层的明暗关系，且更好地彰显色彩的效果。用“颜色”模式表达这个黄金戒指就好像是在白金戒指上罩了一层黄色透明漆，二者相互混合，产生了黄金的效果，而这种给无色底图换色的方法称为“罩色”。

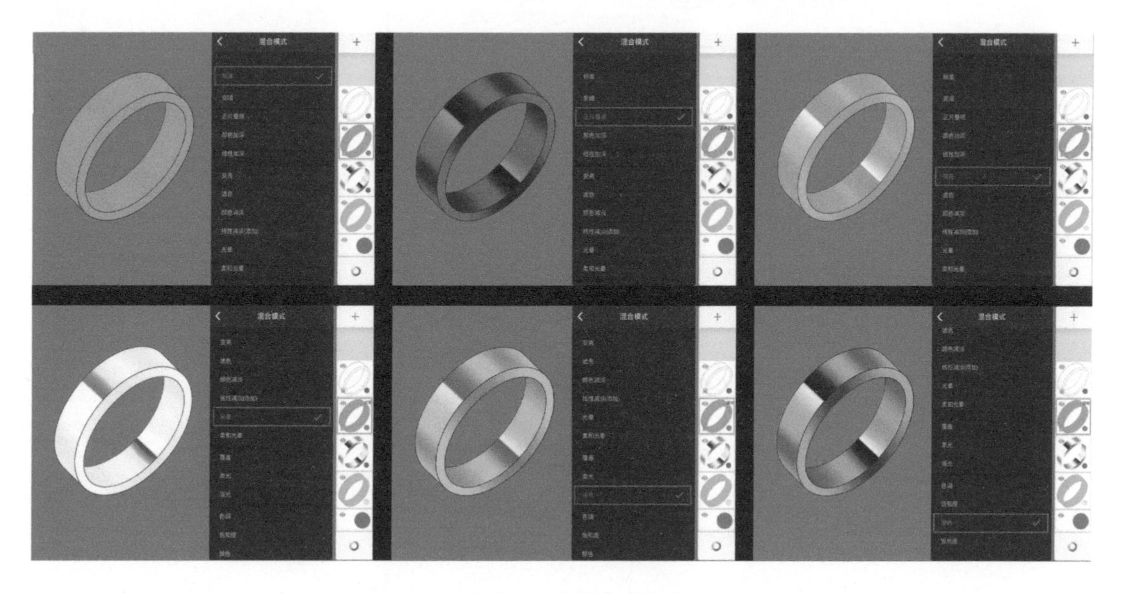

不同图层混合模式的效果

# 4.3 调色盘

本节所描述的“调色盘”，严格来讲，是 SketchBook 软件中关于颜色的两个系统：颜色选择系统和颜色调整系统。颜色选择系统就是对绘画所需的颜色进行选择的功能界面，与传统手绘中的颜料盒、彩色铅笔筒或者马克笔阵列有异曲同工之妙，是针对实时绘画任务中所需色彩进行选取的工具。而颜色调整系统，是针对图层及选取图像进行色彩调节的工具。前者是对绘画前笔触颜色进行预设，而后者是对已完成的笔触颜色进行调整。通过时间来界定，也可以帮助大家从本质上区分这两个颜色系统。

颜色选择系统

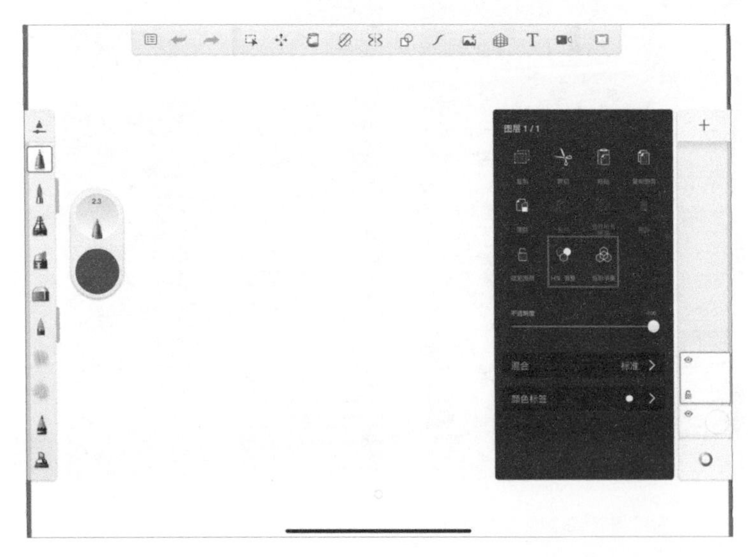


颜色调整系统

## 4.3.1 色彩选择

在绘图时，无论是画线条还是涂色，在确定笔刷工具之后，下一步就是选择颜色，点击双圆盘的下圆盘，就会展开颜色选择面板。该面板有两种色彩体系，一个是经典的门赛尔色彩模式，另一个是著名的马克笔品牌 Copic 的马克笔模式，该色彩体系很直观，是为有马克笔使用经验的设计师设置的，可以快速找到常用且适合的颜色。

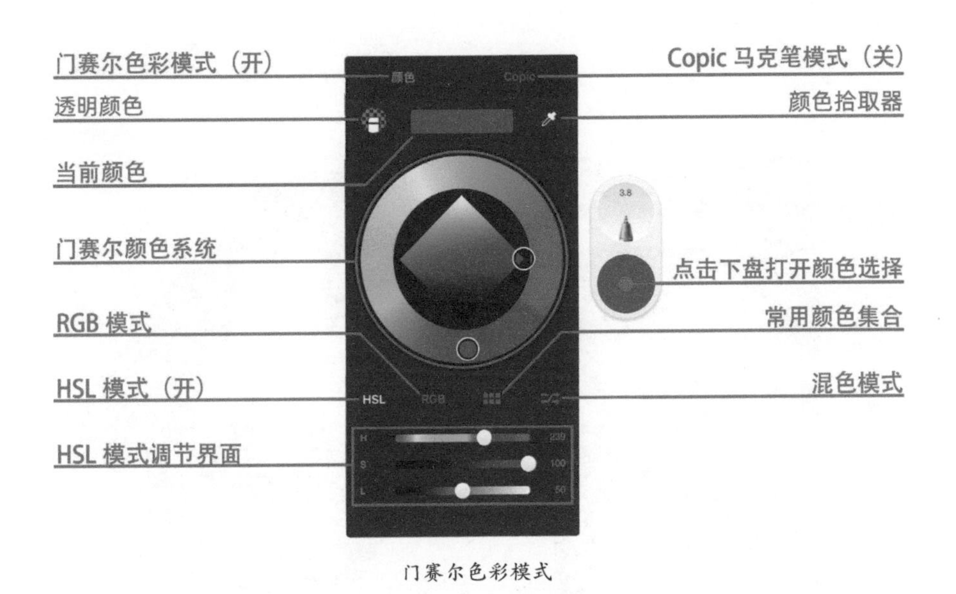


门赛尔色彩模式

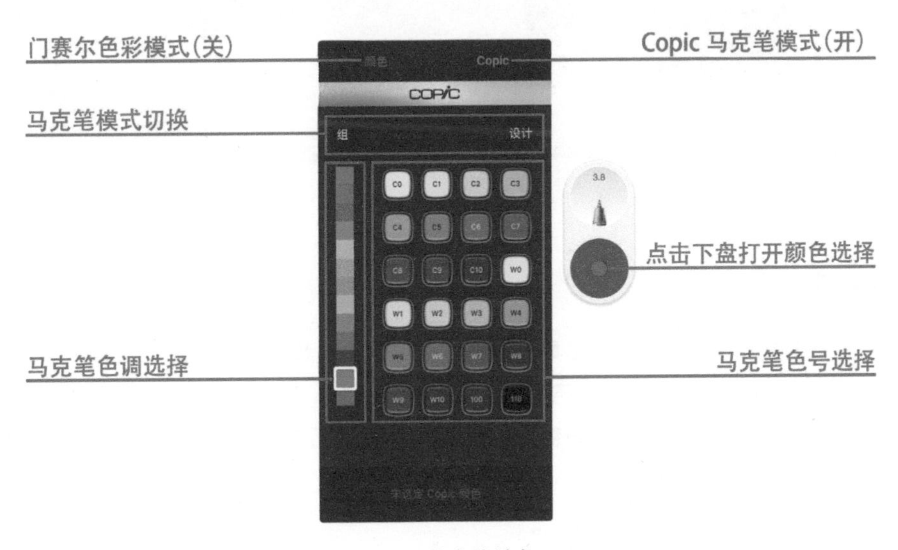


Copic 马克笔模式

门赛尔色彩模式是当今设计类软件中最常用的模式之一，无论是 Photoshop 还是 CorelDRAW 都以这种模式为主，按照其排色形式也称为“彩虹选色”模式。接下来将对门赛尔色彩模式面板中的按钮功能进行逐一讲解。

### 透明颜色

如下图所示，点击“透明颜色”按钮开启该功能，当前的所有笔刷都会从涂色模式变成反向的清除模式，即橡皮擦模式。如图中蓝色色块所展示的擦除痕迹，是一个有明显笔触的笔刷效果，当开启“透明颜色”模式后，这个笔刷变成了拥有相同笔触的橡皮擦工具，这个模式可以在需要表现特殊擦除效果时开启。

“透明颜色”模式

### 颜色拾取器

“颜色拾取器”工具也称为“吸管”工具，在绘图中可以帮助我们获取画面上任意一点的颜色以及详细参数，例如在绘图过程中，如果需要遮挡瑕疵，即可使用“颜色拾取器”工具吸取瑕疵周围图像的颜色，然后用这个颜色对瑕疵进行覆盖。选中该工具时，画面上会出现一个十字星图标，只要将十字星移到需要取色的位置点击，即可采集到的该区域的颜色及详细参数。

#### 门赛尔颜色系统及 HSL “HSL 选色模式”

这个由彩虹色圆环与中间菱形组成的门赛尔颜色系统，是由美国教育家、色彩学家、美术家门赛尔以色彩的三要素为基础创立的色彩表示法。他从心理学的角度，根据颜色的视知觉特点把色彩三属性加以尺度化，并形成等距离的配置。门赛尔色彩体系由色相（Hue）、饱和度(Saturation)、明度（Lightness）3 个概念组成，HSL 就是这 3 个要素英文首字母的缩写。

“颜色拾取器”工具吸色示意



在上图的颜色选择面板中，外圈的“彩虹环”就是调节色相的色相环，在其上可以找到光谱中所有的可见颜色，中间的菱形区域是用来调整所选颜色的明度和饱和度的。菱形的水平方向调节的是色彩的饱和度，从左向右饱和度从低到高变化；菱形的垂直方向调节的是色彩的明度，从上向下明度从高到低，所以我们可以看到无论何种色相，菱形的 4 个角依次是纯白（上）、纯黑（下）、绝对中灰（左）、纯彩色（右）。如我们想选择一种颜色，首先要在外圈的色相环上选取相应的色相，再到中间的菱形区域调节其饱和度和明度。

当颜色选择面板下方的 HSL 文字为白色时，这一系列的调节在上方的门赛尔系统和下方的滑块是联动的，右图中两个红框区域都是用于调节色相的，而图中两个蓝框区域都是用于调节饱和度与明度的。

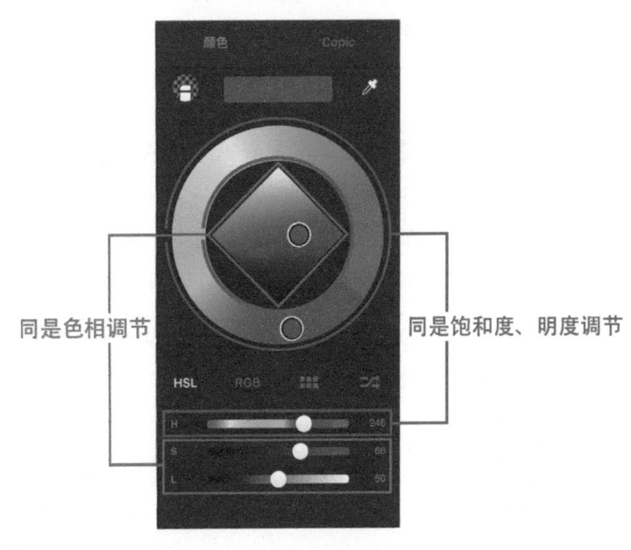


联动调整颜色

### RGB RGB 选色模式

RGB 选色模式是基于显示器显示原理的一种色彩模式，RGB 是光的三原色——红色（Red）、绿色（Green）、蓝色（Blue）的英文首字母，这 3 种颜色是彩色电视的显示技术中显像管发出的 3 种原始彩色光的颜色，通过这 3 种光束在每个像素点上不同强弱的配合，就可以显示出不同色彩的光点，因为显示器技术伴随了图形图像软件的发展，用 RGB 来标定色彩也就成了一种行业习惯。点击 RGB 文字，可以看到控制三原色的滑块，但是从颜色选择这一操作来讲，通过 3 个滑块选取颜色并不容易，所以常规的操作还是通过上方的门赛尔系统选取颜色，再在下方的滑块处读出该色彩的 RGB 数值。这一模式的意义在于，颜色的精准调校与参数确认，为设计图输出提供准确的色彩标定。

RGB 选色模式



### 常用色集合

常用色集合是建立在前文的选色基础上的，属于常用色的集合模组。在一般情况下，每位设计师都会在长期实践中积累出自己常用的颜色组合，这个功能就是将设计师常用的颜色放入格子区域中，方便绘图时快速调取。这个集合首先是在上部的门赛尔颜色系统中选出常用色，然后通过在“当前颜色”方框中长按，并拖至常用色集合方块中，从而完成常用色集合的设置。

### 混色模式

混色模式使用概率非常低，是在常规单一颜色笔刷之外，为笔刷的颜色增加一定的变化因素。进入该模式，界面的下方也会出现 H、S、L 滑块，与前面 HSL 选色模式的滑块不同，这 3 个滑块调节的是，在该模式下，3 个数值变化的幅度，所以这 3 个滑条从左向右呈现的是从“无”到“满”的状态。同时，我们也观察到上方的门赛尔颜色系统的圆环和菱形上出现了与下面滑块呼应的变化范围标记。

调整完成后，只需在每次笔触结束时提起笔尖，下一笔就会出现和前一笔不同的色彩变化，这是在先前设置的范围之内变化的。

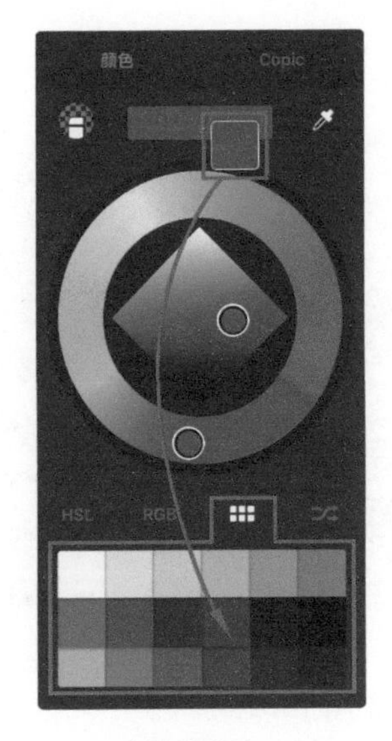


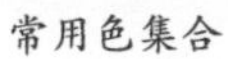

常用色集合

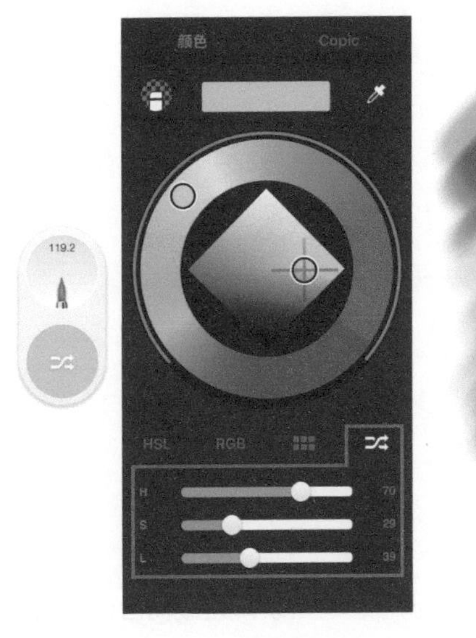


混色模式

## 4.3.2 色彩调整

上一节我们讲解了色彩选择的相关操作，其针对的是未画笔触的颜色，而本节的色彩调整是对已经绘制的图层或局部图像进行的调色操作，主要应用图层组中的“HSL 调整”和“色彩平衡”两个功能，接下来，将对这两个功能进行详细讲解。

“HSL 调整”和“色彩平衡”

## HSL 调整

我们用一个单图层图像为例，对 HSL 调整功能进行讲解，点击“HSL 调整”按钮进入 HSL 调整界面，界面中的 3 个滑块分别控制图像的色相（Hue）、饱和度 (Saturation) 和明度（Lightness）数值。

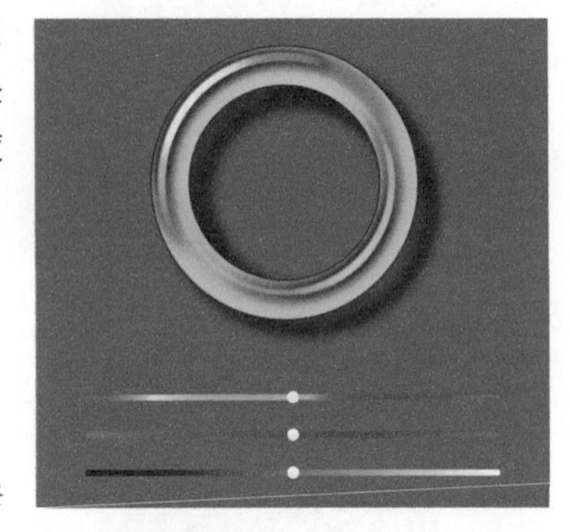

HSL 调整

单独对色相（Hue）进行调节，将滑块向左或向右调到相应数值，如下图所示。

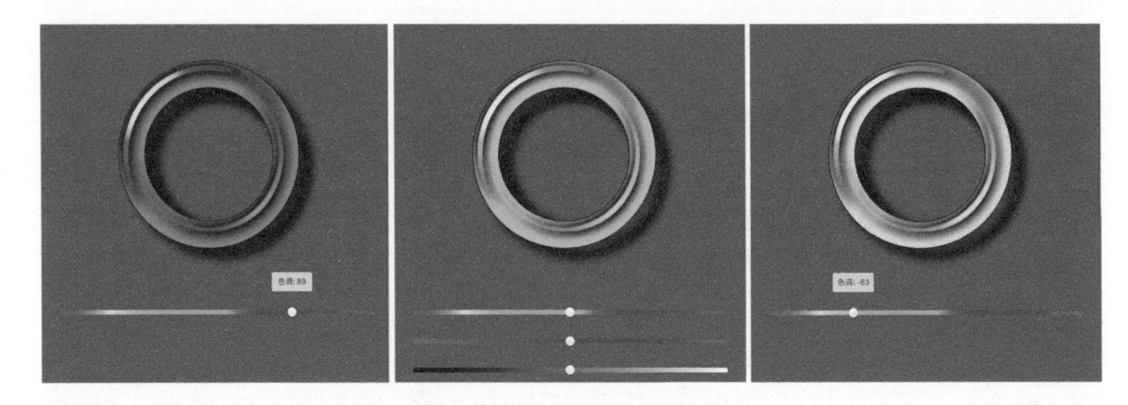


单独调节色相（Hue）的效果

单独对饱和度 (Saturation) 进行调节，将滑块向左或向右调到一定数值，如下图所示。

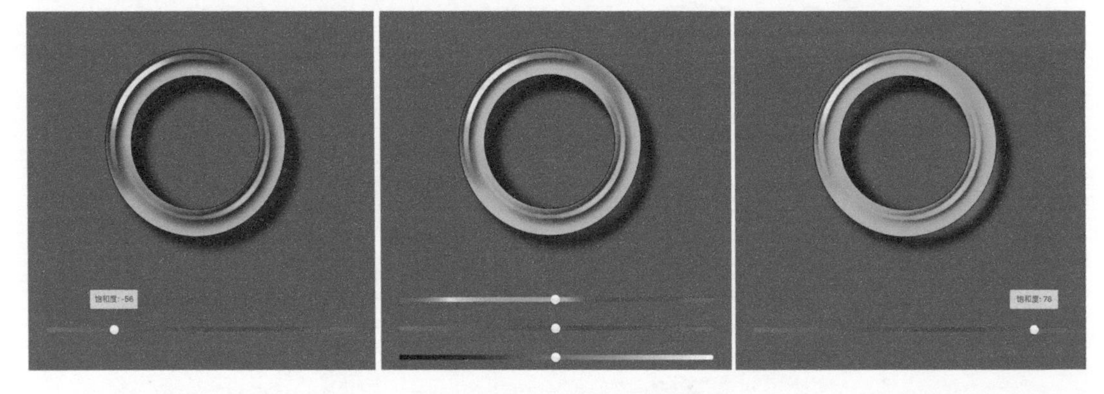


单独调节饱和度 (Saturation) 的效果

单独对明度（Lightness）进行调节，将滑块向左或向右调到一定数值，如下图所示。

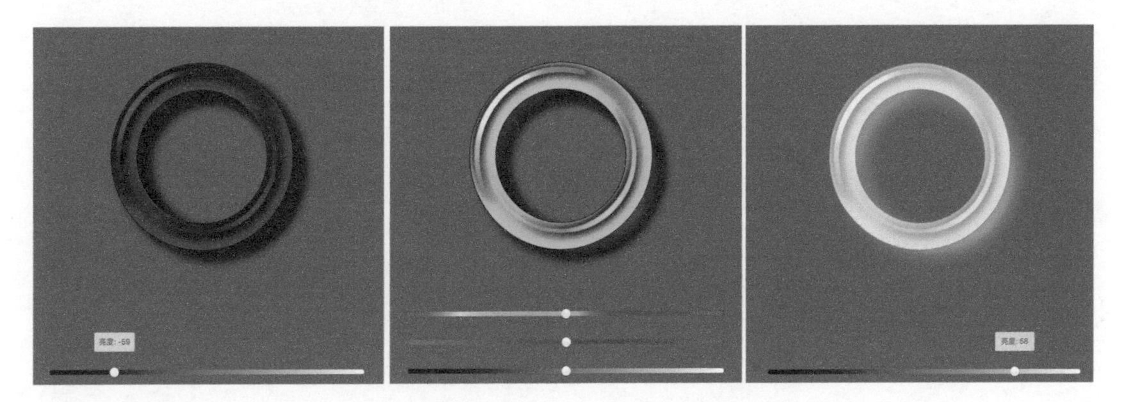


单独调节明度（Lightness）的效果

### 色彩平衡

“色彩平衡”功能也是对图层或局部图像进行色彩调节的，与“HSL 调整”功能不同，“色彩平衡”是将颜色向某个色调偏移，只对图层的不同局部产生作用，具体是以该图层图像的阴影、中间调、高光这 3 个区域进行单独调整，下图是对同一图层的不同区域向同一个色调偏移的效果。

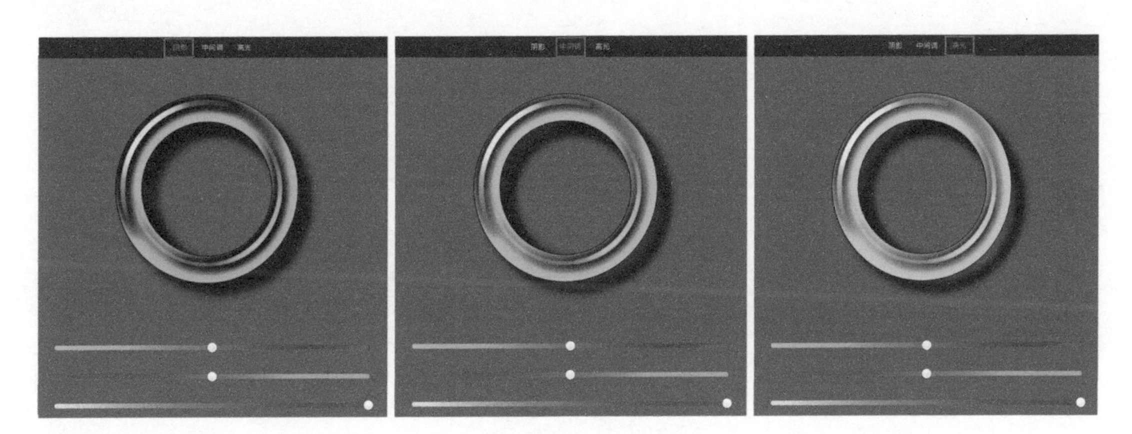

“色彩平衡”功能示意

Chapter 05

# 金属绘制及表现技法

本章会从最基础的素描知识切入，重点讲述与金属的形态、光影、材质、肌理以及镶嵌工艺相关的iPad 数字绘画基础知识，通过大量的案例分析与临摹练习，希望你能掌握基础的金属镶嵌工艺的绘制技巧，结合相关的工艺与材质知识，融入个人的设计与创造力，做出有价值的珠宝设计作品。

珠宝设计不同于珠宝绘图，设计是一个充满创意但又务实的智力输出活动，如果只是天马行空地堆砌材质与造型元素，绘制一些不讲工艺，不讲制造原理，有悖于商业常识的图案以博人眼球，对推进行业进步或实现设计师的价值毫无作用，所以接下来的内容实用但稍显枯燥。

## 5.1 金属形态与光影

在开始本节的讲述前，大家可以思考一个问题：我们是如何感知形态的？或许问题很抽象，那么请观察右图，我们看到两个正方形，用直觉判断，大部分人的感受是：左侧是一块平的正方形，右侧是弧形鼓起的正方形。是什么支撑了我们的判断呢？这和我们对世界认知的常规判断有关，而这些判断是有规律的，我们只要掌握了这些规律，就可以反向输出，从而对观者产生不同的形态反馈。因此，接下来要讲述的就是这些规律——“金属形态”与“光影规律”。

对于一个物体的感知，我们的观察顺序通常是轮廓（线）—平面（面）—立体形态（体）—材质（表面肌理）。在软件绘图中，我们可以把这 4 个步骤转换为不同的图层及其绘制顺序。

如下页上图所示，我们看到长方形、圆形、三角形，没有光影，没有强弱，我们能看到的只是不同形状的轮廓线条。

长方形、圆形、三角形轮廓线

在轮廓线条的基础上，在这 3 个形状的内部增加从左上到右下，由浅到深的灰度变化。此时，我们感受到的是长方面、圆面、三角面，假设这 3 个形状背后有被遮挡的厚度，那么这 3 个形状可以被理解为长方块、圆饼、三角块。同上一张图对比，这 3 个形状上出现了光影的明暗变化，让我们有了形体、体块的感受，此时的光影变化是线性的，所以我们对这 3 个形状的感受还是平面化的。

长方面、圆面、三角面

接下来，我们继续改变这 3 个形状表面的光影分布，如下页上图所示，让图形中的光影分布出现非线性且与轮廓有一定关联的变化，通俗地说，就是光影随着轮廓造型流动。此时，我们感受到的是圆柱体、球体、圆锥体 3 个立体形态。这个步骤呈现出来的光影分布规律，就是在传统美术的基础性素描中，对这 3 种形体的光影绘制方法。虽然此时我们还看不出金属材质的感觉，但形态已经非常明确了。

圆柱体、球体、圆锥体

在上图中，我们能够找到光影从明到暗的变化区域，这就是我们常说的明暗交界线。当然，上图中的明暗交界线是柔和且不明确的，接下来，我们画出明确的明暗交界线，如下图所示。对于这3个物体，你脑海中呈现的是亮面金属材质的圆柱体、球体及圆锥体。

我们发现，柔和的光影变化已经可以描述物体的形态特征了，金属材质只是在柔和的光影变化的基础上把明暗过渡的交界线明确了。其实剧烈变化的明暗交界线，更多的是交代了物体表面的光滑金属材质，物体的表现形态还是通过柔和的光影变化呈现的。这就是为什么我们在接受传统素描教育时，无论是简单的圆柱体，还是复杂的大卫头像，都要进行很多石膏形体的绘制，因为石膏质地均匀且表面的磨砂、细腻，能最直接地把不同形体表面的光影变化及其规律展现出来，可以最大限度地帮助我们了解光影规律。

亮面金属材质的圆柱体、球体、圆锥体

在本节中，我们会把金属形态与光影的讲述重点放在磨砂金属材质上，在掌握了基础的光影规律之后，再把明暗交界线处剧烈的光影变化以及色彩、质感纹理等内容加上。通过案例，对珠宝设计中的一些基础金属形态进行分析、展示，让你在从简到繁的过程中，逐步掌握不同形态的金属材质的表现方法。

## 5.1.1 方形截面戒指

方形截面戒指由内外曲面和两个侧面组成，之所以把这个案例放在前面讲解，是因为这个戒指都是由单曲面组成的，能最直观地表现光影明暗变化的规律。在本章的数个案例中，第一个案例会详述步骤、工具、图层等，在之后的案例中，将只对关键的图层及其涂刷步骤进行详解，希望大家理解，并且认真跟随每个案例进行练习。

### 绘图步骤

**步骤1** 选中“针笔”工具①，设置大小为2.0，选择“导向”工具组中的“椭圆”工具，线稿颜色为黑色，色值为H0 S0 L0②，在空白图层上绘制出戒指的线稿，图层名称为“线稿图层”③。

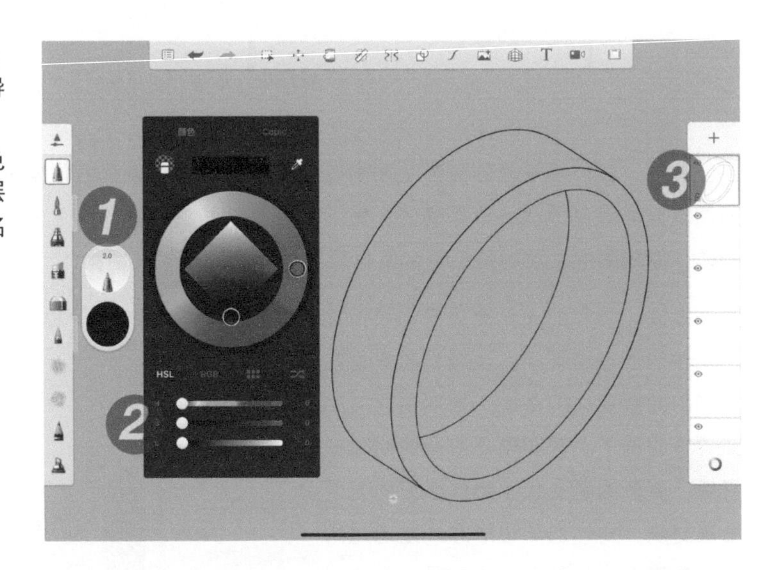

**步骤2** 选中“套索”工具，将线稿所在区域选出来①，确认选区将整个戒指的线稿全部选中后②，将当前图层切换至“线稿图层”下方的空图层③。

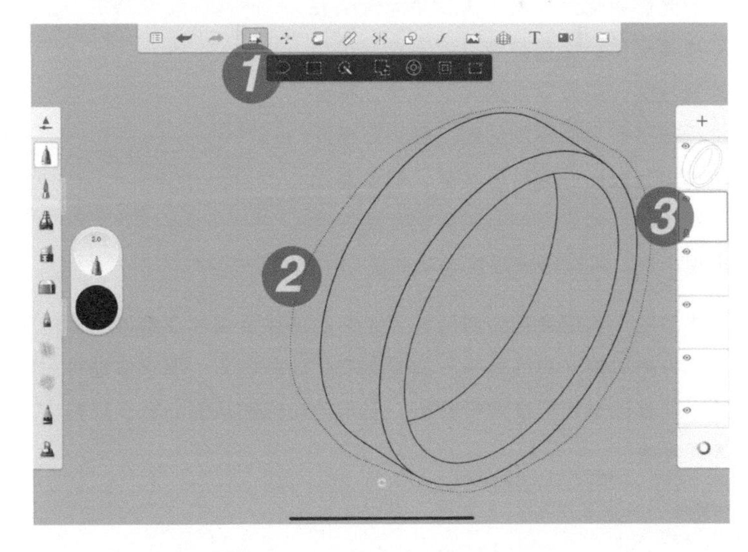

步骤③选中“填色”工具，采用“单色填充”模式对上一步勾选出的区域进行填充①，填充色值为H0 S0 L85②。需要特别注意的是，填充颜色的“底色图层”要置于“线稿图层”之下③。

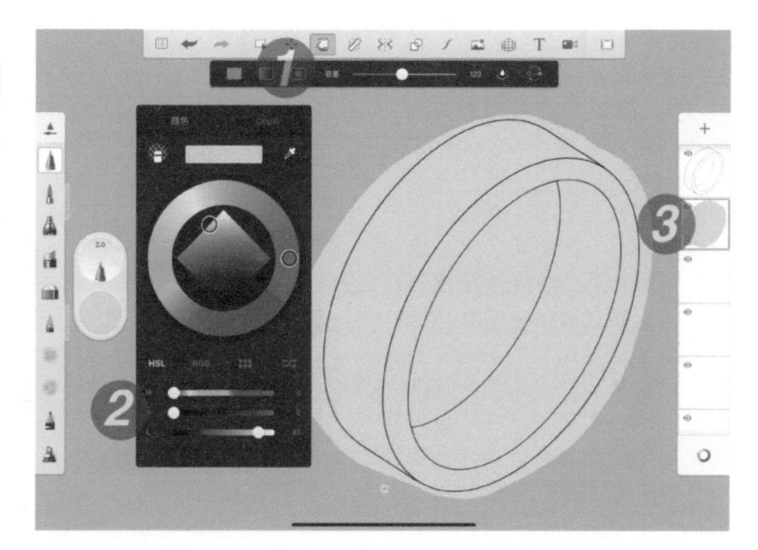

步骤④选中“选择”工具组中的“魔棒”工具，点选“线稿图层”中戒指区域外侧①，并将工作图层下移到“底色图层”③。点击“底色图层”，弹出控制菜单，点击“清除”按钮清除“底色图层”上轮廓区域以外的多余颜色②。

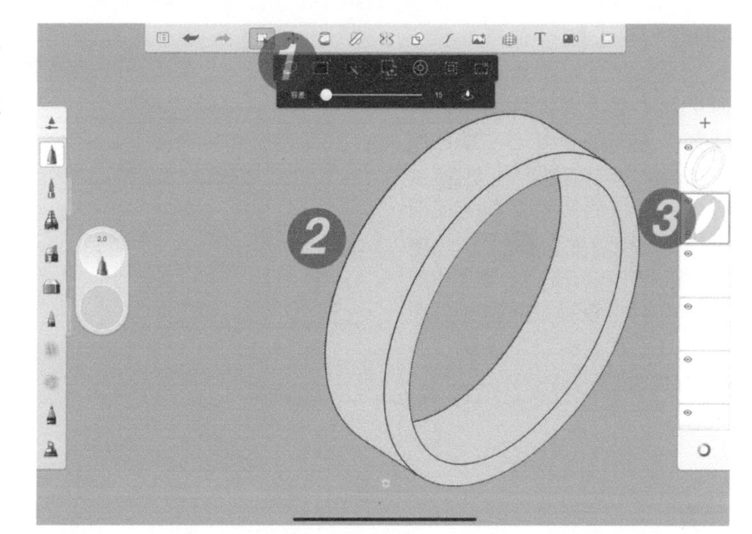

步骤⑤选中“流量喷笔”工具，绘制拥有金属质感的“光影图层1”①，调整双圆盘颜色为黑色，色值为H0 S0 L0②，将“不透明度”值调为20%。选中“选择”工具组中的“魔棒”工具，将戒指的内外表面及侧面单独选中，每次选出一个面的区域都新建一个图层③，金属的第一层光影效果参照右图④。要特别说明的是，此时的光影效果可以描述物体形态上的凹凸状态和曲面走向，但金属镜面材质的肌理还需要进一步处理。

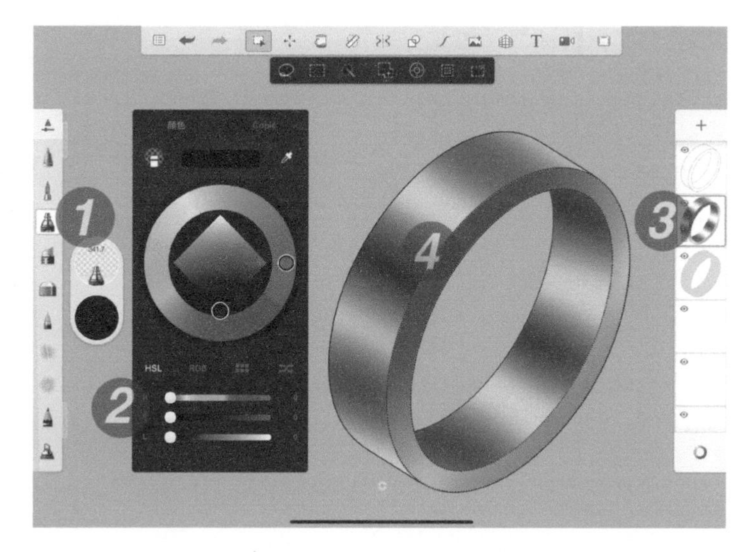

**步骤6** 选中“笔刷”工具 绘制表现金属质感的“光影图层2”①，调整双圆盘颜色为黑色和白色，色值为H0 S0 L0和H0 S0 L100 ②，将“不透明度”值调为35%。新建“光影图层2”，并拖至“光影图层1”之上③，最终效果是在第一层柔和过渡的明暗转折之上，增加剧烈反转的明暗交界线④。这其实就是镜面金属质感表现中的重要技巧——剧烈变化的明暗交界线，即黑色和白色的交会处边界清晰。

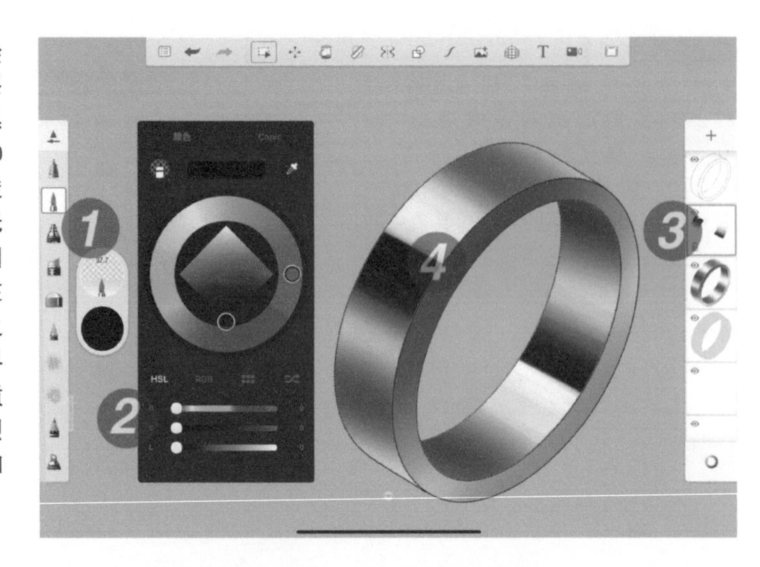

**步骤7** 如果金属是有颜色的，如18K金，可以不重新绘制，而是在之前绘制的基础上进行调整。首先将原有的“底色图层”用“复制图层”工具 进行复制①，然后对复制的图层进行“单色填充” ③，色值为H44 S100 L50，这是常用的黄金色④，最后把复制并填充颜色的“罩色图层”移至“线稿图层”之下。②

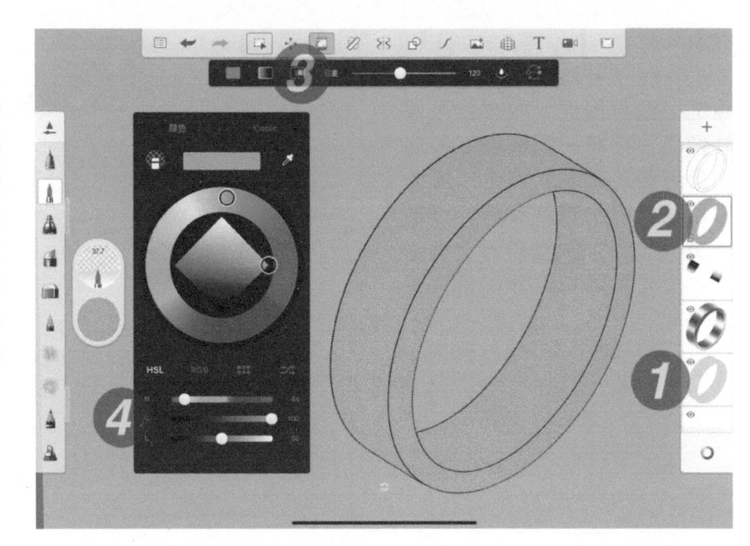

**步骤8** 将“罩色图层”的混合模式调整为“颜色”模式①，图层的“不透明度”值调为45%②。至此，金色镜面戒指圈的绘制完成。

## 5.1.2 莫比乌斯环

莫比乌斯环从面的属性来讲，仍然是单曲面，只是多样性加强了，曲面的方向与角度更多变。本节主要讲解每个图层的绘制步骤，关于按钮及相关笔刷的参数设置，可以参考前文的讲解。

### 绘图步骤

步骤 1 新建“线稿图层”①，用“针笔”工具绘制金属部件的轮廓，笔刷大小设置为2.0②，一般勾线选用黑色，色值为H0 S0 L0③。

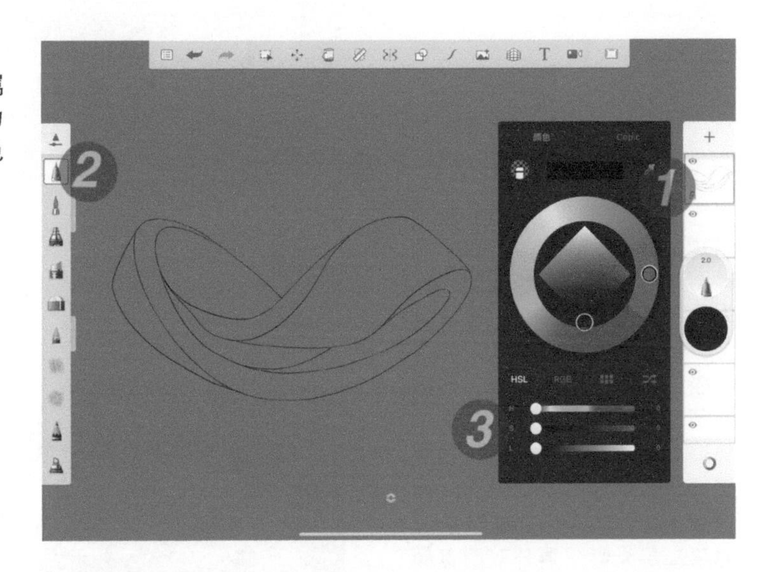


步骤 2 在“线稿图层”的下面新建图层①，在新图层中用“单色填充”工具将线稿物体所占的区域用浅灰色填充，作为“底色图层”②，填充色值为H0 S0 L73 ③。

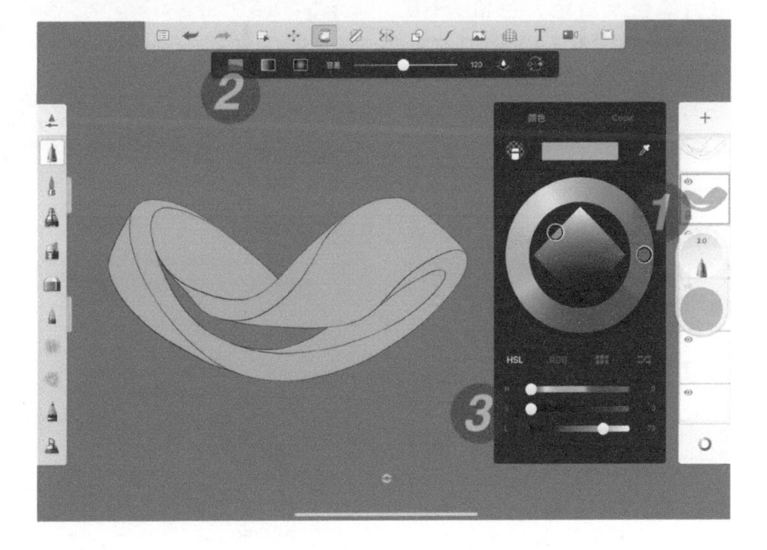

步骤3 在“线稿图层”和“底色图层”之间新建“光影图层1”①，用“流量喷笔”工具 绘制金属的光影效果②，调整双圆盘颜色为黑色，色值为H0 S0 L0 ③，将“流量喷笔”的“不透明度”值调为20%。完成此步后，莫比乌斯环的形体凹凸状态及造型特征就能比较准确地呈现了。

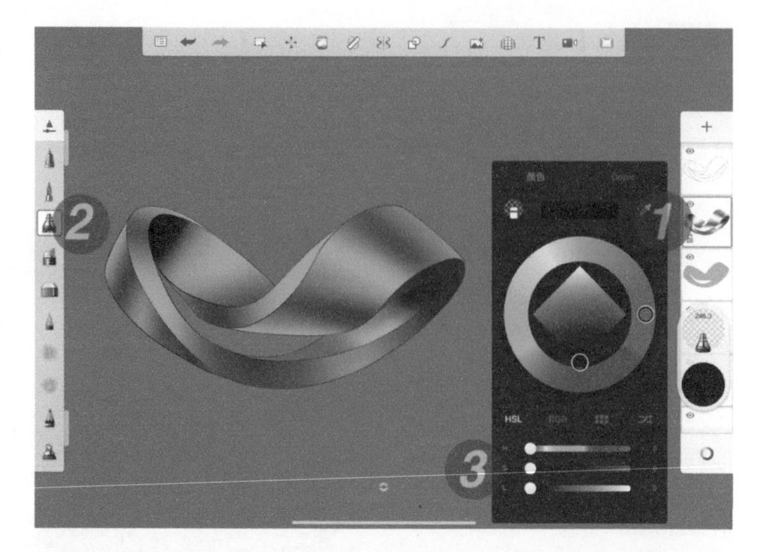

步骤4 在“线稿图层”和“光影图层1”之间新建图层，作为绘制“光影图层2”的准备①。绘制“光影图层1”是为了描绘物体的造型形态，而绘制“光影图层2”，就是在明确造型的基础上，画出一些能描述材质肌理的特征光影。用“笔刷”工具 ②绘制金属的第二层光影，调整双圆盘颜色为黑色及白色，色值为H0 S0 L0及H0 S0 L100③。此时将笔刷的“不透明度”值调为35%，绘制出黑色和白色剧烈跳跃的明暗交界线。

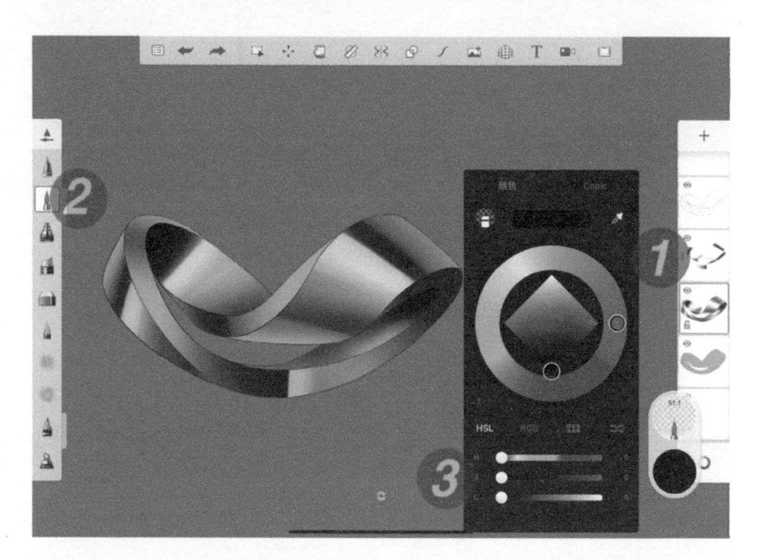

步骤5 复制“底色图层”，对复制图层进行“单色填充”，填充色值为H44 S100 L50，这是常用的黄金色。将新图层“罩色图层”上移至“线稿图层”和“光影图层2”之间①，把“罩色图层”的混合模式调整为“颜色”模式②，将图层的“不透明度”值调为45%③，此时金色莫比乌斯环绘制完成。

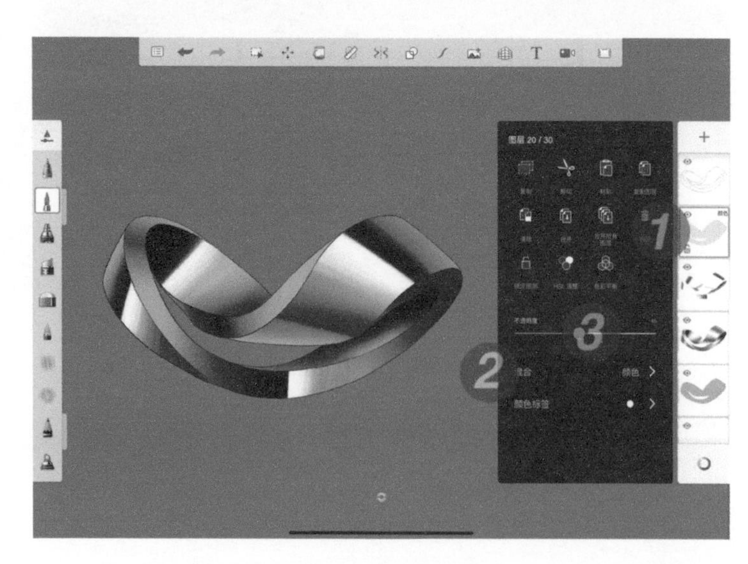

## 5.1.3 金属海螺切片

本节重点讲解的是金属海螺切片中有机曲面及非规则柔和弧面的绘制方法，将根据绘图步骤和光影表现的逻辑顺序进行讲解。

步骤1 新建“线稿图层”，用“针笔”工具绘制轮廓，笔刷大小设置为2.0左右，一般勾线选用黑色。

步骤2 选中“选择”工具组中的“魔棒”工具，点选出线稿勾勒的所有海螺区域，生成选区。新建“底色图层”并置于“线稿图层”之下，用“填色”工具组中的“单色填充”工具，对选区中所有海螺部分填充颜色，填充色值为H0 S0 L85。注意，填充是在“线稿图层”下面的“底色图层”上进行的，切不可填充在“线稿图层”中。

步骤3 取消上一步的所有选区，用“选择”工具组中的“魔棒”工具选取线稿勾勒的海螺外层区域，生成选区。新建图层，并置于“线稿图层”和“底色图层”之间，命名为“光影图层1”。选择“流量喷笔”工具，调整双圆盘颜色为黑色，色值为H0 S0 L0，调整流量喷笔的“不透明度”值为20%，绘制金属的第一层光影。此时海螺变得立体、有厚度，但是边缘薄且锐利，缺乏圆润感。

步骤4 保持选区和图层不变，将“流量喷笔”工具调小，参照上图中海螺外端的凸起部位绘制圆弧的阴影，让海螺的边缘呈现厚度和圆润感。

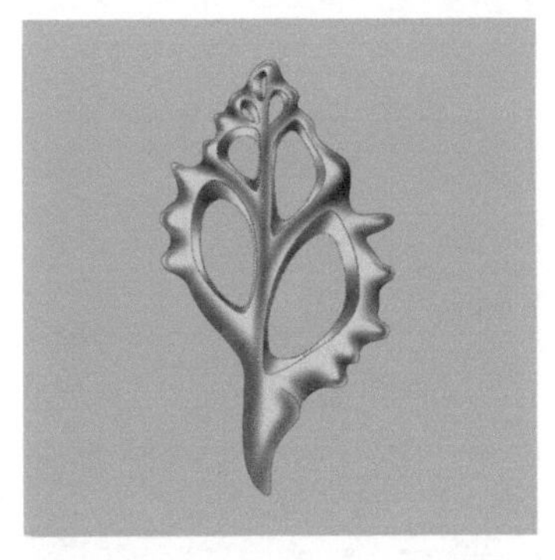

步骤5 取消上一步的所有选区，用“选择”工具组中的“魔棒”工具，选取线稿勾勒的海螺内层环形区域，生成选区。返回“光影图层1”，将“流量喷笔”工具调大，颜色和不透明度与上一步的设置相同，绘制环形面的光影效果，呈现出内倾下凹的造型走势。

步骤6 新建图层，并置于“光影图层1”和“线稿图层”之间，作为绘制明暗交界的“光影图层2”。与步骤3中生成的选区相同（海螺的外圈）。选中“笔刷”工具，调整双圆盘颜色为黑色和白色，笔刷的“不透明度”值为35%，在新建的图层上，绘制出黑色和白色剧烈跳跃的明暗交界线。黑白跳跃出现的地方为形态和曲面上转折最强烈的位置。

步骤7 设置海螺的内圆环为选区，在“光影图层2”上，使用上一步设置的“笔刷”工具，将内环的明暗交界黑白跳跃效果绘制出来。

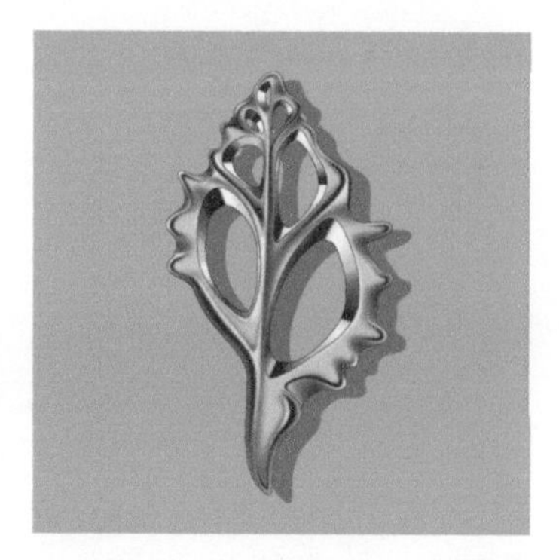

步骤8 为了增加真实感，制作投影效果。点击图层组中的“底色图层”出现控制菜单，点击“复制图层”按钮，复制一个新图层。展开复制的“底色图层”控制菜单，点击“HSL调整”按钮，将“亮度”值调为-100，“不透明度”值调为50%，即可得到“投影图层”。用“变换”工具将“投影图层”向右下方拖曳，得到如上图所示的投影效果。



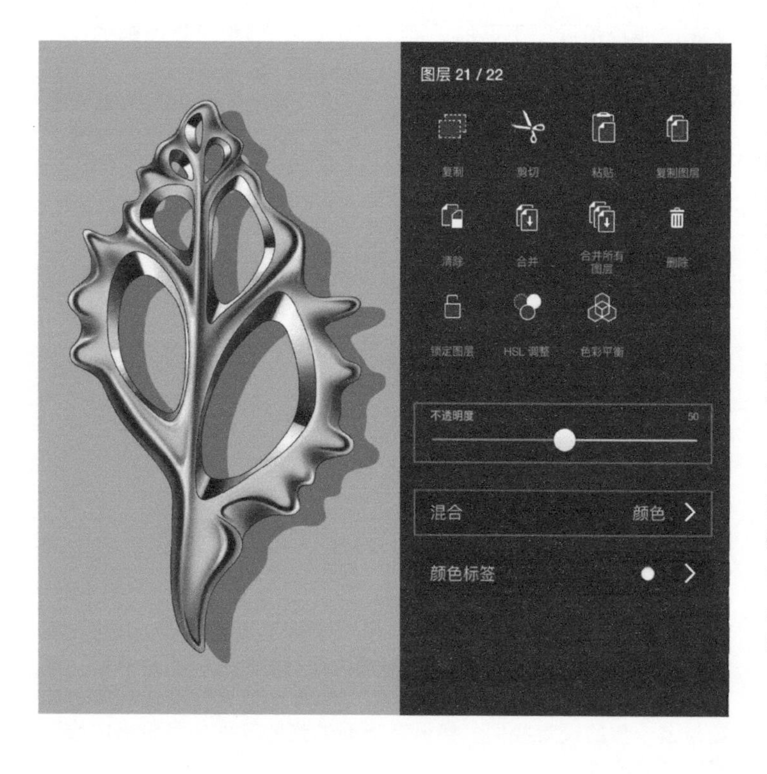


步骤9 如果需要改变金属的颜色，如变成18K金色，首先将原有的“底色图层”用“复制图层”工具复制，并对新图层进行“单色填充”，填充色值为H44 S100 L50，此色值是常用的黄金色。将填充改色的“罩色图层”向上移动并置于“线稿图层”之下。最后，将图层的“不透明度”值调为50%，混合模式调为“颜色”，这个方法称为“罩色”。可以理解为在原有无色的金属图层之上，罩一个有特殊混合效果的彩色图层，用颜色图层去调整金属的彩色效果，且不影响金属原有的光影表现。

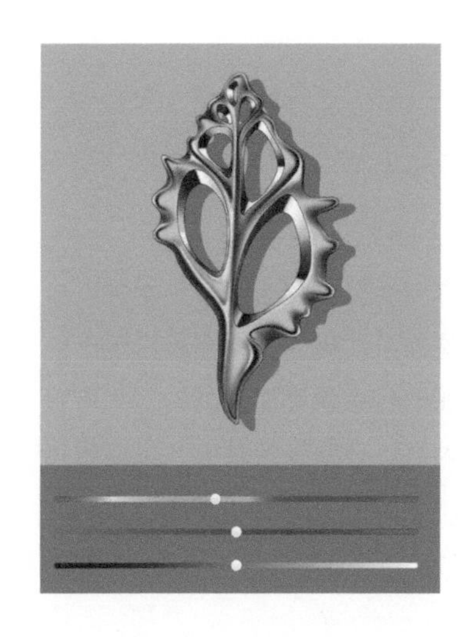

步骤10 罩色可以方便地改变金属颜色，如果需要玫瑰金色，可对“罩色图层”进行“HSL调整”。进入调整界面后，将第一个色调参数向左调至-20，即可得到玫瑰金色。

完成这样一个金属部件的绘制后，图层的前后位置关系，以及每个图层的功能依次是：

**线稿图层**：负责交代物体外部造型轮廓及内部形态的分割状态。在绘图过程中，用“魔棒”工具选择生成选区的操作大多都需要在“线稿图层”中完成，可以说，线稿是绘图中最重要的基础图层。

**罩色图层**：需要绘制彩色金属效果时，罩色图层要独立于光影图层，通过对其颜色的调整，快速得到金属的色彩，此图层要置于除轮线稿图层外的所有图层之上，才能对其下面的图层产生影响。

**光影图层 2**：此图层主要通过对明暗交界线的表现，体现材质本身的肌理特征。

**光影图层 1**：此图层表现柔和且半透明的阴影，通过阴影的位置来表现物体最基本的形态走势与曲面起伏。

**底色图层**：此图层的作用类似底漆，是整个物体绘制中颜色的基础，由于此图层完全不透明，能完全隔绝背景，使上面的光影及罩色图层有很好的表现效果。

**投影图层**：此图层的效果可以增加物体的真实性，让物体与背景产生呼应与联系。

## 5.2 金属材质与肌理

在珠宝首饰的制作中，由于制作工艺和成本等因素的影响，会使用不同的金属材质，因此在珠宝设计绘图中对不同材质的准确表达是非常重要的。下图展示的是珠宝首饰中常用的几种金属呈现出的视觉效果，也是我根据不同材质的样品及特点，用同一张照片素材在软件中调整而得到的。之所以用“加工过”的图片来讲述案例，其实是想通过这个案例逆向引导大家，在数字绘画中，可以根据材质的基础属性，如金属、塑料、玻璃、皮革等，在基础属性之上进行变量的调整，如颜色、光泽、不透明度等附加属性。

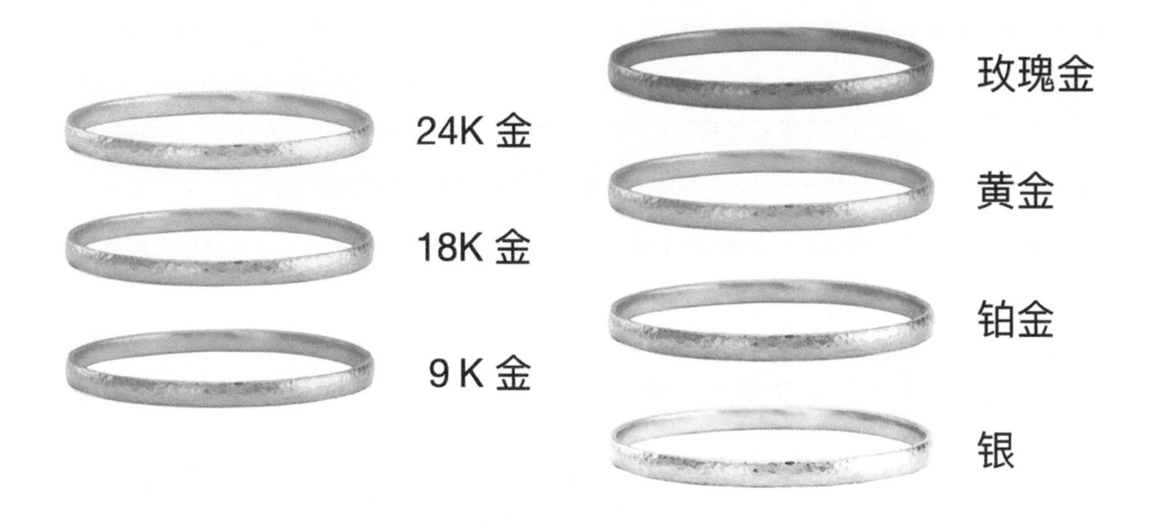


上面的表述已经逐步将材质表达的本质揭示出来了，对于大类别的材质，绘画设计表达上是有固定属性的，我们只需要在固定属性之上对一些细分属性进行有针对性的调整、表达，即可绘制出不同的金属材质效果。结合前文的金属海螺案例绘制过程，我们发现，案例中的不同图层的本质其实就是固定或变化的量。

### 5.2.1 不同材质的海螺切片

接下来我们继续以金属海螺切片为例，对应上图的表现效果，通过对一些图层的调整，为大家展示绘制不同材质效果的操作方法。

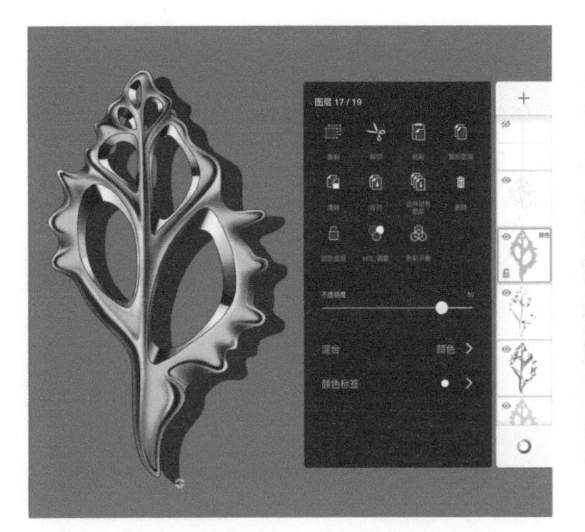

**绘制24K金的海螺切片：**在图层组中展开第2个图层——“罩色图层”，确认该图层填充的黄色的色值为H48 S100 L50，图层混合模式为“颜色”，将“不透明度”值调至80%，即可得到如上图所示的24K金海螺切片。24K金的含金量很高，因此要用饱和度较高的黄色来表现。

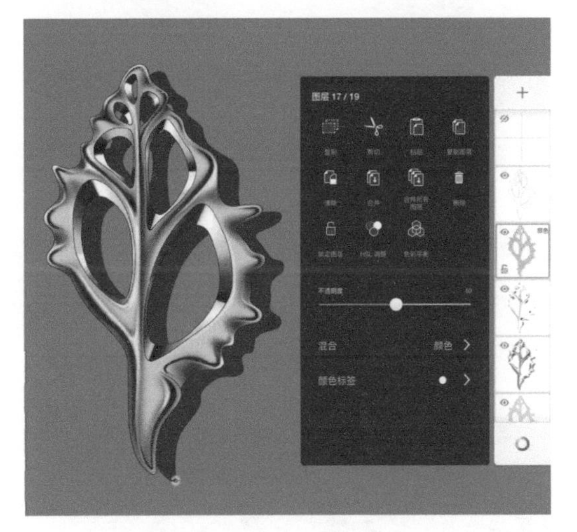

**绘制18K金的海螺切片：**在24K金海螺切片的基础上，将“罩色图层”的“不透明度”值降到50%，此时得到一个18K金的海螺切片。相较于24K金，18K金的含金量相对较低，所以降低“不透明度”值即可得到相应的颜色。

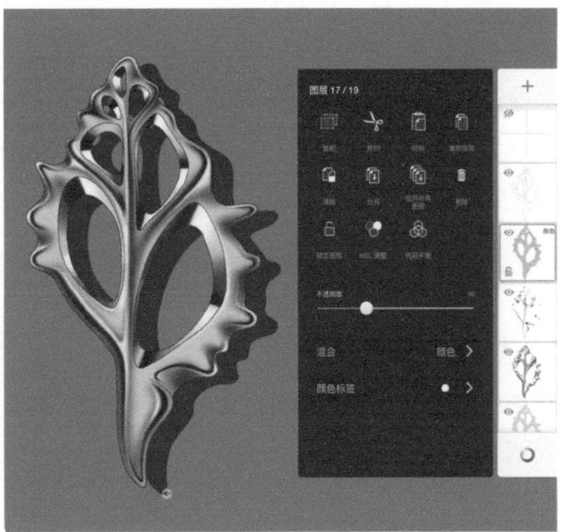

**绘制9K金的海螺切片：**在18K金海螺切片的基础上，将“罩色图层”的“不透明度”值降到30%，即可得到9K金的海螺切片。大家会发现，“罩色图层”的不透明度控制的就是材质的含金量，在图层混合模式的作用下，这个图层能够在保证黄颜色的同时，不遮蔽下面图层的光影明暗效果。所以，无论其不透明度如何变化，都不会影响下面的光影明暗效果，也就是前文所说的“基础属性”，变化的只是表达含金量的色彩饱和度。

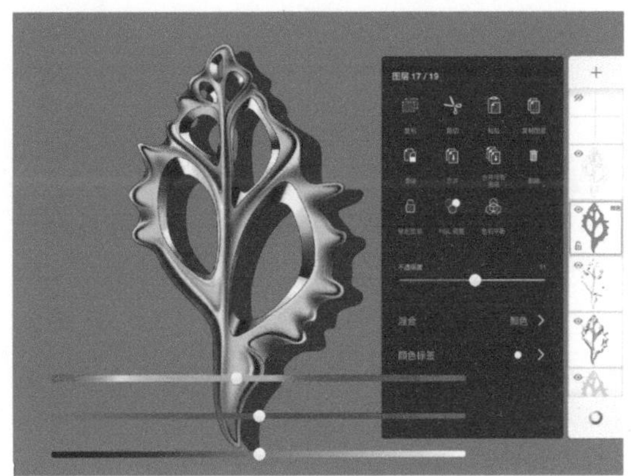

**绘制18K玫瑰金的海螺切片：**玫瑰金呈现一种偏红的颜色，如果金含量都是18K，那么“罩色图层”的“不透明度”值就是50%，只需要调整“罩色图层”的色相即可。点击该图层的“HSL调整”按钮，将“色调”值调为-20偏红的状态，即可得到18K玫瑰金的海螺切片。

## 5.2.2 金属材质肌理介绍

前文针对材质表现的内容，详细讲述了罩色的原理和操作方法，让大家对数字绘画分图层表现材质特征有了更深入的理解。由此延伸，如果变量图层不是颜色，而是关于材质肌理的变化，该如何表现呢？

如下图所示，这是一组造型相同的戒指，在同样的造型下，不同的材质肌理会给人不同的视觉感受。这 4 枚戒指从左至右分别是由抛光（High Polish）、细拉丝（Satin）、粗拉丝（Brush）和喷砂（Sandblast）工艺制成的。通过观察发现，4 枚戒指圈的基础光影，也就是前文所说的“光影图层 1”基本一致。所以，让材质出现区别的就是“光影图层 2”以及后续增加的图层。下面将在软件中重现这 4 枚戒指的绘图方法。

## 5.2.3 抛光戒指

选中图层组中蓝框的图层，在戒指内外表面形成选区，用“笔刷”工具选择黑色和白色画出剧烈的明暗交界，交界线向外的两侧逐渐降低运笔力道，让黑色和白色逐步减淡，并将明暗交界的图层置于“光影图层 1”之上。对于大多数珠宝设计师来说，光面金属材质是最常用的，所以在前文把这个图层叫作“光影图层 2”。其实，从本质上来说，黑白跳跃剧烈的“光影图层 2”只是表现高光镜面金属材质的形式之一。

### 5.2.4 细拉丝戒指

在抛光戒指的基础上，在“光影图层 2”上再新建一个图层，选中戒指内外圈，得到选区，用“图案填充 1”笔刷，选择白色，设置“不透明度”值为 50%，顺着曲面走向，轻轻刷出纤细的拉丝线条，得到细拉丝肌理。在英文释义上，Satin（细拉丝）一词有绸缎的意思，所以，我们用纤细的白色笔触，就是要表现那种绸缎般的细腻光泽。

### 5.2.5 粗拉丝戒指

与细拉丝效果类似，在绘制肌理图层时，用有拉丝笔触的“合成平头刚毛画笔”，选择黑色，设置“不透明度”值为 50%，顺着曲面走向，刷出拉丝线条，即可得到粗拉丝肌理。值得注意的是，因为粗拉丝肌理破坏了材质的镜面效应，所以需要将绘制镜面戒指时的“光影图层 2”隐藏或者删除。

### 5.2.6 喷砂戒指

与粗拉丝效果类似，喷砂肌理也没有镜面效应，因此，直接在“光影图层 1”的基础上新建一个图层，在需要做喷砂材质的区域设置选区，用“点 -2”笔刷，交替选择黑色和白色，设置“不透明度”值为 50%，对相关区域进行涂刷。喷砂的颗粒是凸起的，就每个颗粒而言，有受光面也有背光面，因此用黑白两色交替涂刷，可以从视觉感上模拟喷砂的肌理效果。

# 5.3 金属表现实战

前文我们用几个有代表性的案例，讲述了金属光影的原理及光影绘制的基础方法。在本节中，我们会通过珠宝设计中常用的基础元素形态，进一步讲述与金属光影相关的内容，将侧重对绘图的顺序、逻辑与方法进行讲解。我们将从单一形体、单一曲面开始，逐步增加难度，通过 4 个案例展示本节的内容。

## 5.3.1 单曲面金属圆管

如下图所示，本案例绘制了圆弧管、直线弯角管、分岔直线管以及有粗细变化的直线管。

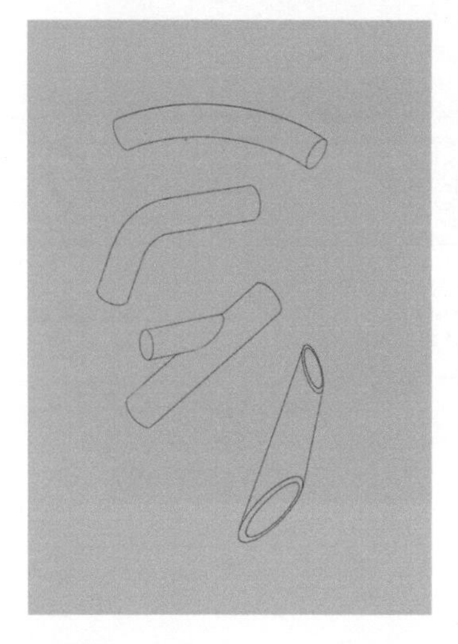

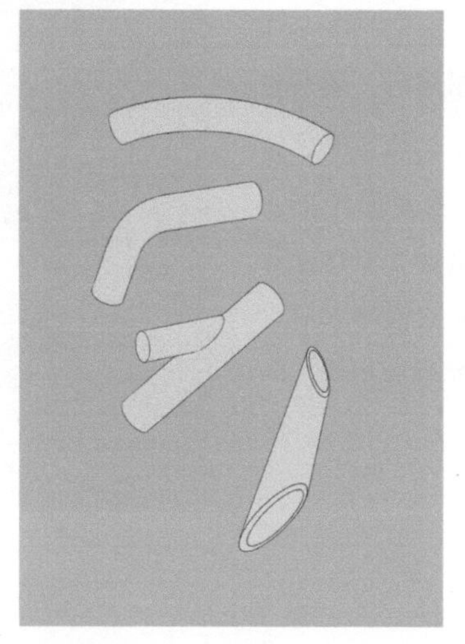

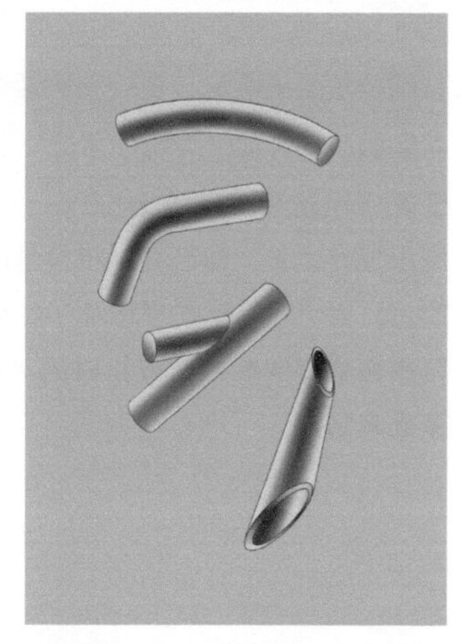

步骤 1 新建图层，用“针笔”工具将 4 个圆管的轮廓线勾勒出来，勾线时保证线条的封闭性。如果控笔有困难，可借助“导向”工具组中的“标尺”工具和“曲线标尺”工具辅助完成，最终形成“线稿图层”。

步骤 2 在“线稿图层”的下面新建图层，借助上一步绘制的轮廓，用“魔棒”工具点选 4 个圆管轮廓外的区域，用“反向”工具将选区反转，生成线稿轮廓内的选区，用“单色填充”工具填充颜色，色值为H0 S0 L85，完成“底色图层”的绘制。

步骤 3 在“底色图层”之上新建图层，再次借助“线稿图层”，在相应区域生成选区，用“流量喷笔”工具将圆管的暗部分别绘制出来，达到上图所示的效果，将笔刷的“不透明度”值调为 20%，少量且多次地喷出柔和的效果，完成“光影图层 1”的绘制。

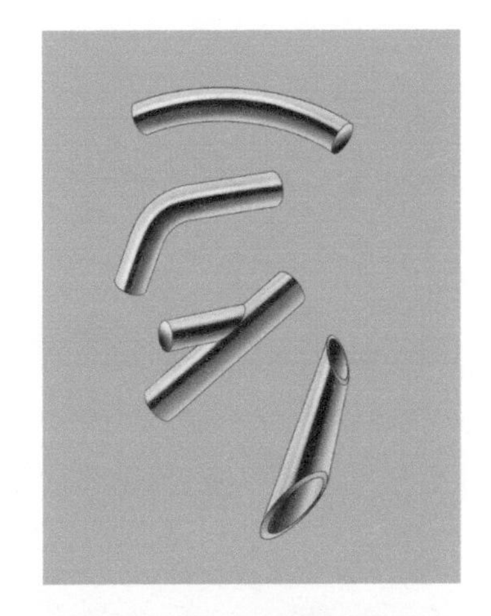

步骤4 在“光影图层”之上新建图层，沿用上一步的选区，用“笔刷”工具 在阴影的中间位置绘制镜面金属特有的明暗交界线。笔刷宽度大约为阴影宽度的 1/4，“不透明度”值为 50%，颜色为黑色和白色，具体效果如右图所示。“光影图层 2”绘制完成，整体的金属圆管也绘制完成。

因为前面的步骤是逐步叠加的，虽然能看到绘制的过程及画面产生的过程，但为了让大家能直观地看到每个步骤到底产生了什么，用下图展示每个图层的独立效果，并且以从左至右的顺序，展示了实际绘制中图层从上至下的堆叠顺序，最右侧是最终效果图。

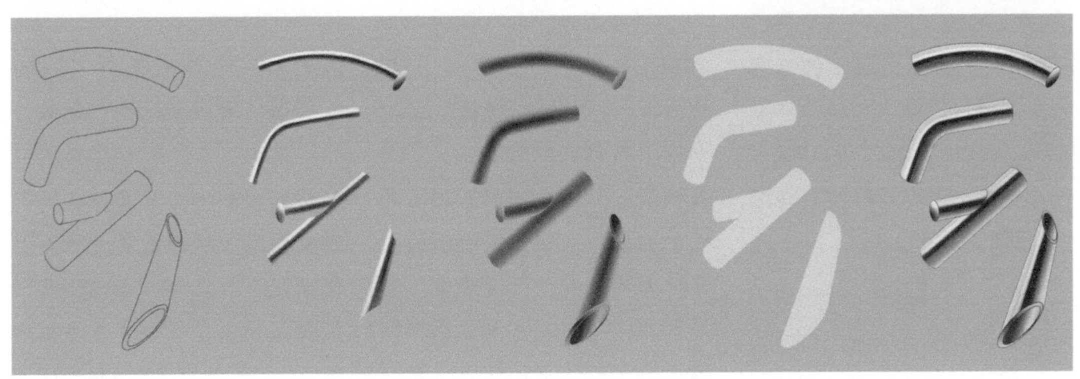



## 5.3.2 不同形态的圆柱体金属

本例为大家展示光影与物体形态之间的微妙关系，所以案例中的几个形态从上到下分别是平头圆柱变成圆头纺锤、圆头纺锤变成水滴、水滴变成扭曲的水滴，再有就是饱满的球体与凹陷的扁球。

通过观察这几个形态，我们会发现，光影就像河流中的水一样，在物体这个“河流”表面流动，“河流”的宽窄、方向、张弛都会对流动的光影产生影响。从案例中可以看到光影与轮廓之间的微妙联系，如平头部位光影的戛然而止和圆头部位光影的回流转向等。

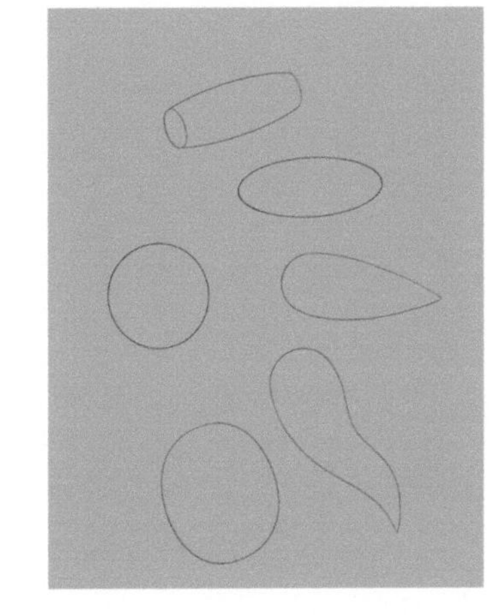

步骤1 新建图层，用“针笔”工具 将6个物体的轮廓线勾勒出来，在勾线时保证线条的封闭性，如果控笔有困难，可借助“预测笔迹”工具 进行抖动修正，软件会自动平滑曲线，最终完成“线稿图层”的绘制。

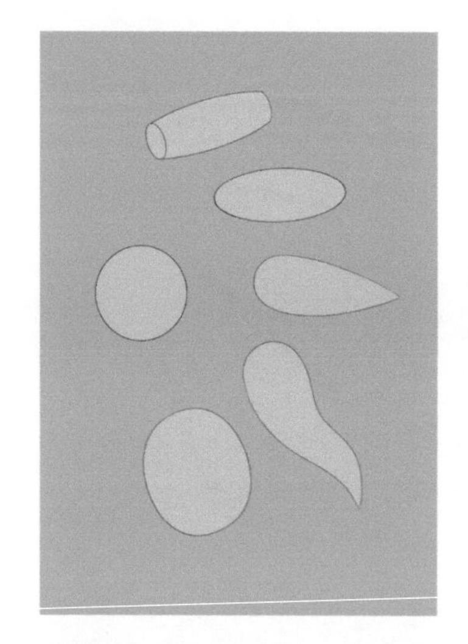

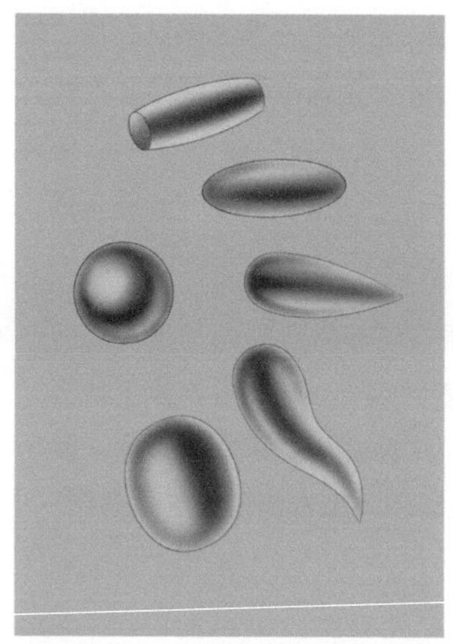

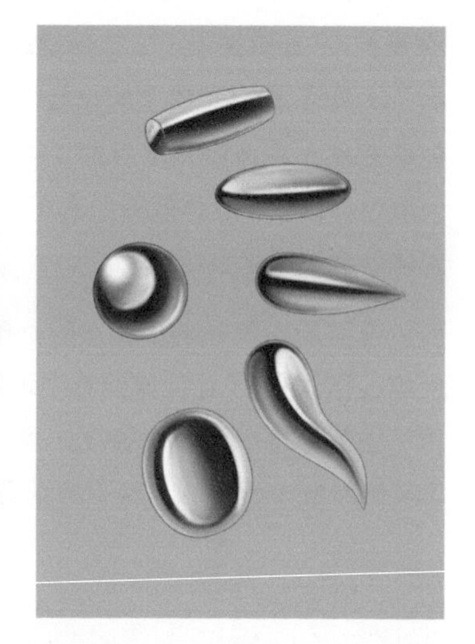

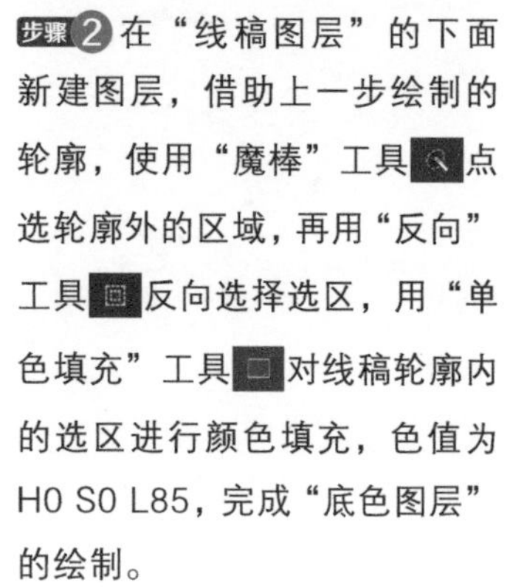

步骤 2 在“线稿图层”的下面新建图层，借助上一步绘制的轮廓，使用“魔棒”工具点选轮廓外的区域，再用“反向”工具反向选择选区，用“单色填充”工具对线稿轮廓内的选区进行颜色填充，色值为H0 S0 L85，完成“底色图层”的绘制。

步骤 3 在“底色图层”之上新建图层，再次借助“线稿图层”，在相应区域生成选区，用“流量喷笔”工具将圆管的暗部绘制完成，达到上图所示的效果。将笔刷的“不透明度”值调至20%左右，少量且多次地喷出柔和的效果，完成“光影图层1”的绘制，此时物体的立体感逐步呈现出来。

步骤 4 在“光影图层1”之上新建图层，沿用上一步的选区，用“笔刷”工具在阴影的中间位置绘制镜面金属特有的明暗交界线。笔刷宽度大约为阴影宽度的1/4，将“不透明度”值设为50%，颜色为黑色和白色，“光影图层2”绘制完成。到此全部绘制完成。

与上一个案例相同，下图是每个图层分别展示的效果图，并且以从左至右的顺序，展示了在实际绘制中图层从上至下的堆叠顺序，最右侧是最终完成的效果图。

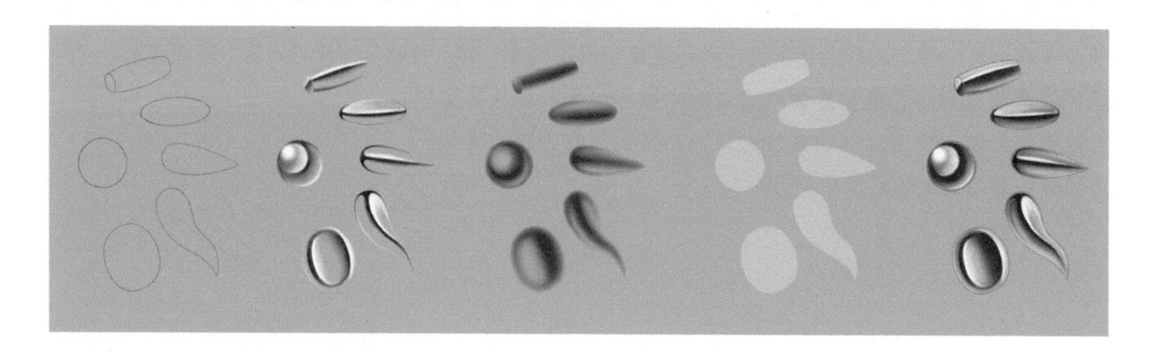

## 5.3.3 金属麻花辫

金属麻花辫看上去很复杂，但拆解来看，无非是多个叶子形的重复排列，所以绘图重点是单个图形的绘制，之后使用复制粘贴功能，完成整体的绘制即可。

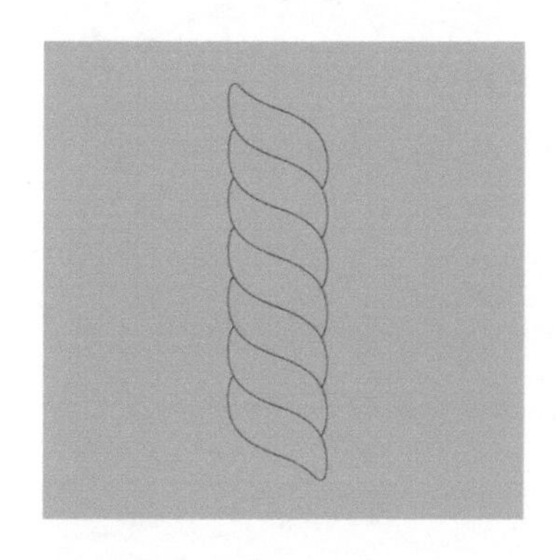

步骤 1 新建“线稿图层”，用“针笔”工具将麻花辫的轮廓绘制出来。如果控笔有困难，可借助“预测笔迹”工具进行抖动修正，但是一定要保证线条的封闭性。也可以画一个单元素的轮廓，通过复制粘贴功能排列组合，绘制完整的麻花辫轮廓。

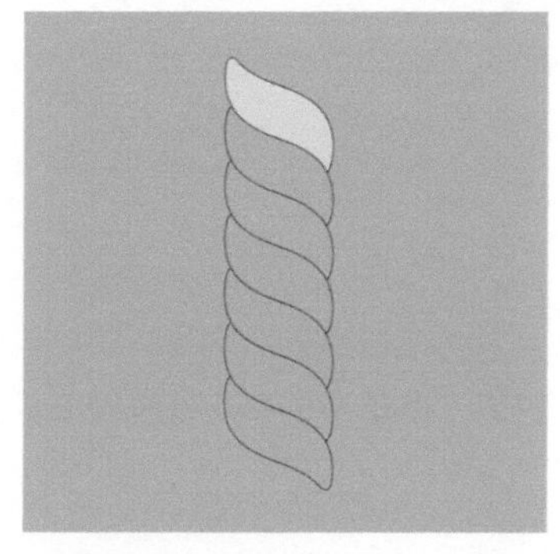

步骤 2 在“线稿图层”的下面新建图层，借助上一步绘制的轮廓，使用“魔棒”工具点选其中一个麻花辫单元的区域，对生成的选区用“单色填充”工具填充颜色，色值为 H0 S0 L85，完成“底色图层”的绘制。

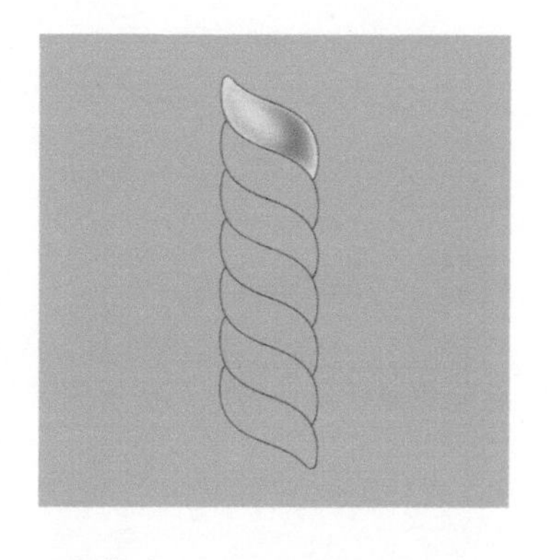

步骤 3 在“底色图层”之上新建图层，再次借助“线稿图层”，在相应区域生成选区，用“流量喷笔”工具将圆管的暗部绘制出来，达到上图所示的效果。将笔刷的“不透明度”值调至 20% 左右，少量且多次地喷出柔和的效果，完成“光影图层 1”的绘制。

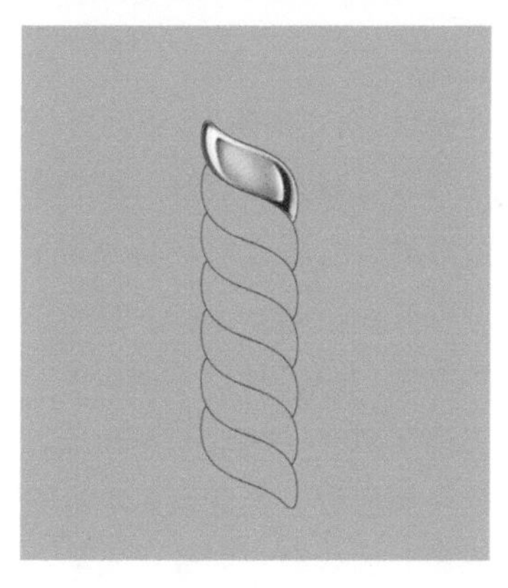

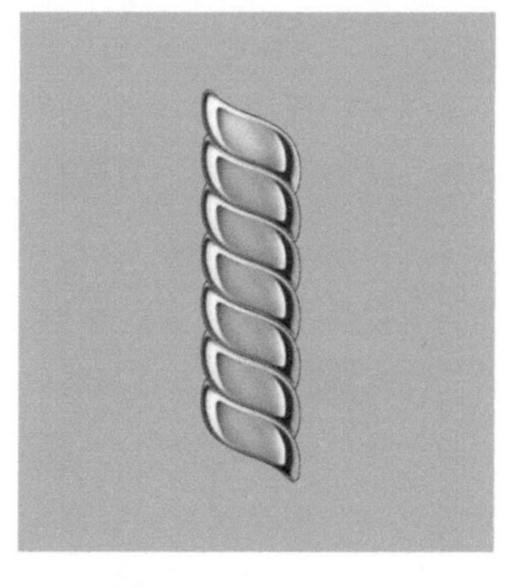

步骤 4 在“光影图层 1”之上新建图层，沿用上一步的选区，用“笔刷”工具在阴影的中间位置绘制镜面金属特有的明暗交界线。笔刷宽度大约为阴影宽度的 1/3，“不透明度”值为 50%，颜色为黑色和白色，具体效果如上左图所示。

步骤 5 将绘制完成的“底色图层”“光影图层 1”“光影图层 2”合并，将合并后的图层进行多次复制粘贴并排列，得到最终的效果。

下图是麻花辫中的单位元素在绘制过程中每个图层的效果图，并且以从左至右的顺序，展示了实际绘制中图层从上至下的堆叠顺序，最右侧是最终完成的效果图。

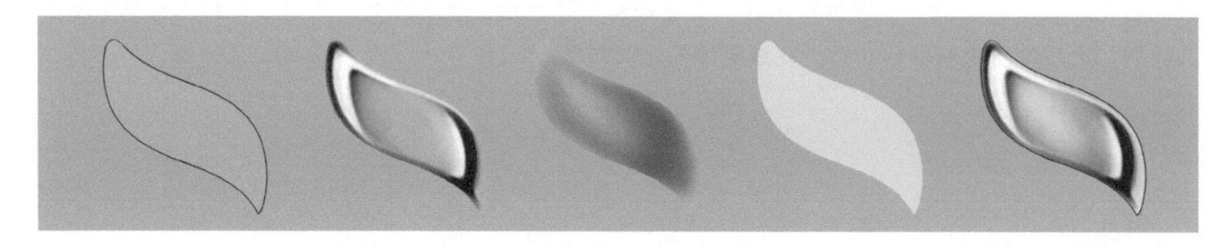

## 5.3.4 金属链子

绘制金属链子，仍然用拆解的方法进行，由单个链扣反复排列而成，操作步骤如下。

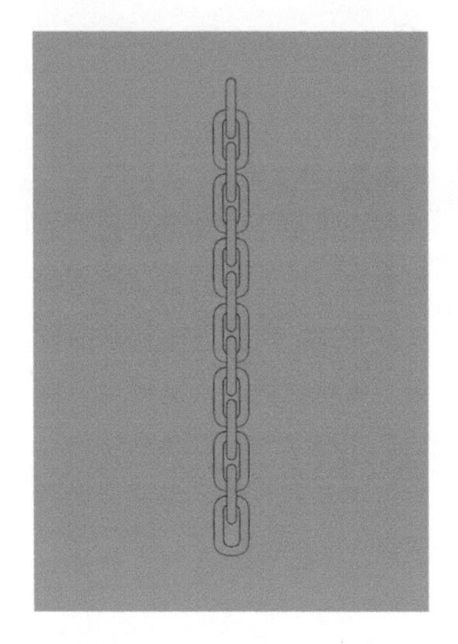

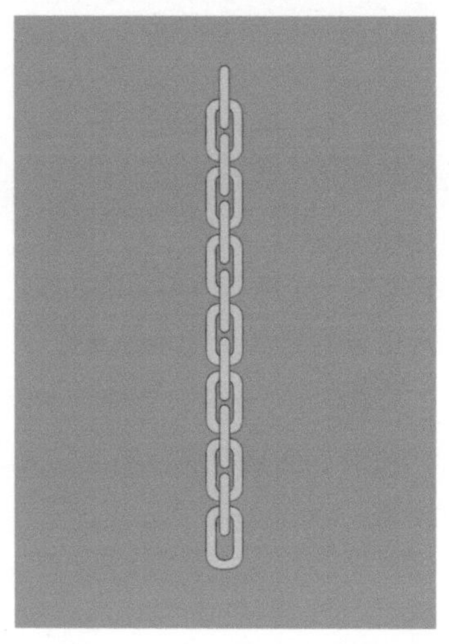

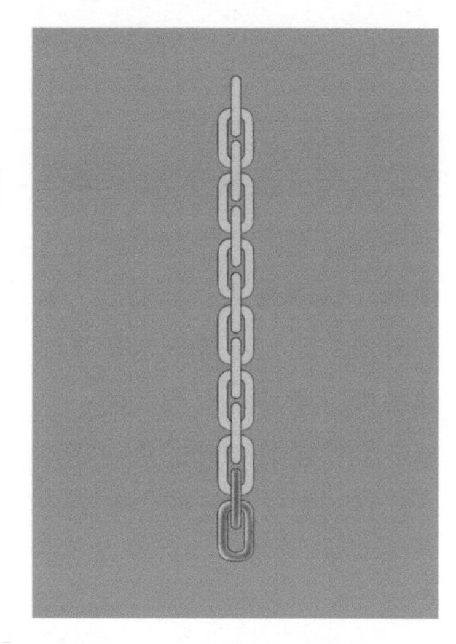

步骤 1 新建“线稿图层”，用“针笔”工具将链扣轮廓绘制出来，也可以画一个单位元素的轮廓，通过复制粘贴功能组合出完整的链子轮廓。

步骤 2 在“线稿图层”的下面新建图层，借助上一步绘制的轮廓，使用“魔棒”工具并点击“添加”按钮，点选所有链子以外的区域，并点击“反向”工具反选，形成最终的选区，用“单色填充”工具对选区进行颜色填充，色值为H0 S0 L85，完成“底色图层”的绘制。

步骤 3 在“底色图层”之上新建图层，再次借助“线稿图层”，在相应区域生成选区，用“流量喷笔”工具将圆管的暗部分别绘制出来，达到上图所示的效果。将笔刷的“不透明度”值调至 20% 左右，沿链扣走向的中线区域，少量且多次地喷出柔和的效果，完成“光影图层 1”的绘制。

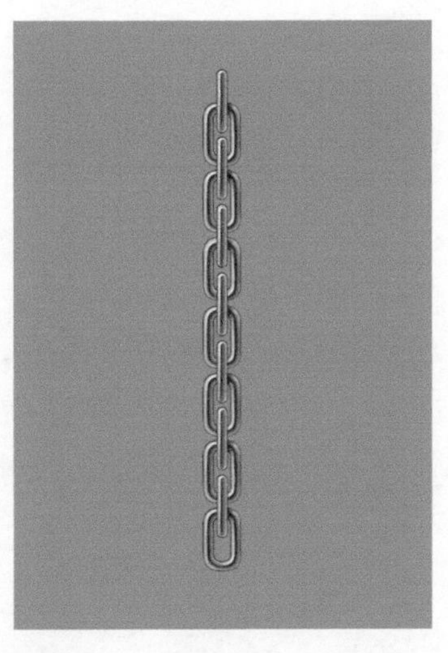

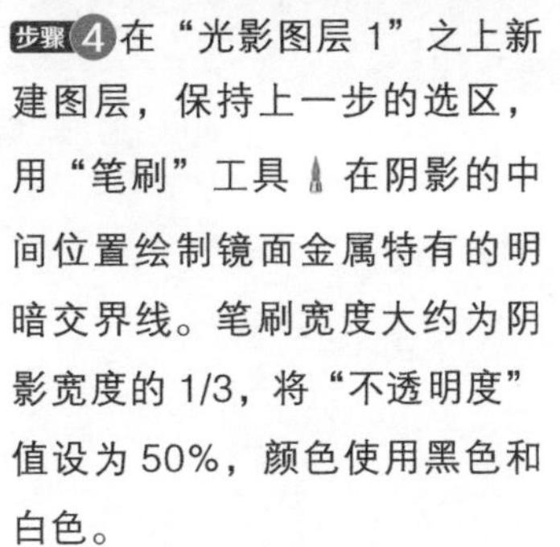

步骤④在“光影图层 1”之上新建图层，保持上一步的选区，用“笔刷”工具 在阴影的中间位置绘制镜面金属特有的明暗交界线。笔刷宽度大约为阴影宽度的 1/3，将“不透明度”值设为 50%，颜色使用黑色和白色。

步骤⑤将“光影图层 1”和“光影图层 2”合并，将合并后的图层复制粘贴，最终效果如上图所示。到此全部绘制完成。

下图是绘制链扣中的一组单位元素的图层效果图，并且以从左至右的顺序，展示了在实际绘制中图层从上至下的堆叠顺序，最右侧是最终完成效果图。

Chapter 06

# 宝石绘制及表现技法

#  6.1 不透明素面宝石绘制与表现技法

不透明( Opaque )宝石是指，磨成极薄的片也不透光的一类宝石，如绿松石、青金石、孔雀石等。

素面型（Cabochon Cut）也称为凸面型或弧面型，是指宝石的顶部为弧面。

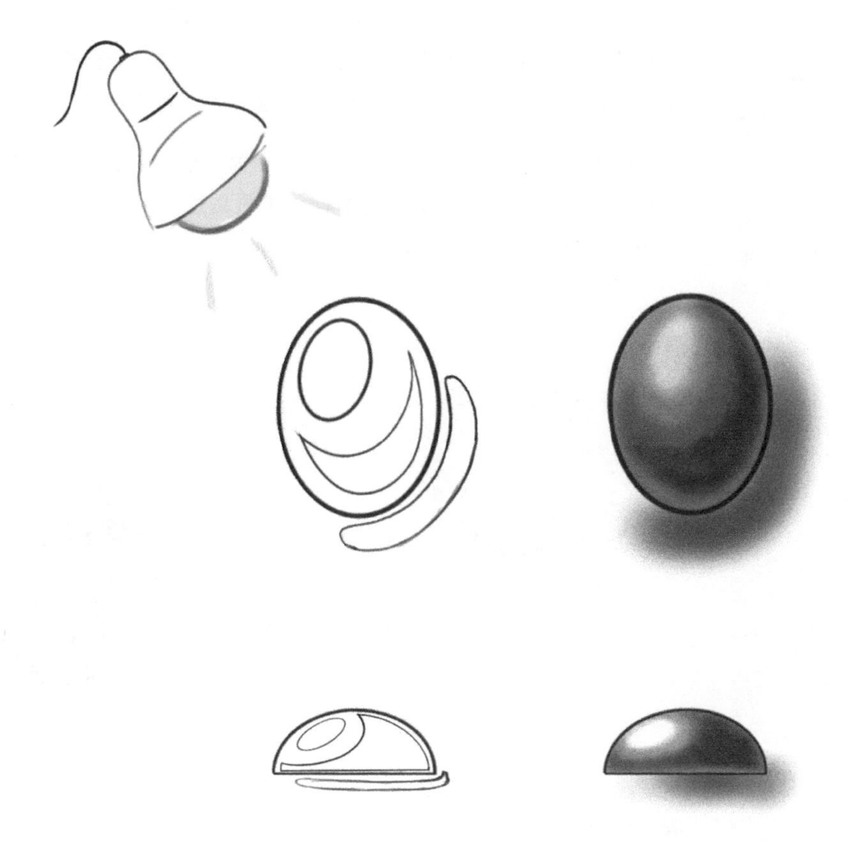

上图是不透明素面宝石的素描关系分析图。光线从左上 45° 方向投射在不透明宝石上，左上角受光面为亮面，右下角背光面为暗面。

# 绿松石

# Turquoise

硬　度：5~6
折射率：1.61~1.65
比　重：2.31~2.84
颜　色：黄绿色、蓝绿色、天蓝色等
分　布：伊朗、埃及、美国、中国等
光　泽：蜡光泽、油脂光泽、玻璃光泽
透明度：不透明

**常见琢形**

异形雕件

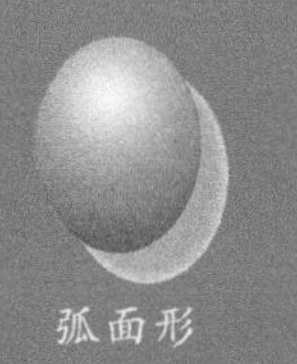

弧面形

珠形



绿松石是一种不透明宝石，因其“形似松球，色近松绿”而得名。英文名为 Turquoise，意为“土耳其石”，但土耳其并不产绿松石，传说古波斯产的绿松石是通过土耳其输入欧洲各国的，所以得名“土耳其石”，也称为“土耳其玉”或“突厥玉”。

如下图所示，绿松石上伴有的褐色网脉称为“铁线”。通常，颜色均一、光泽柔和、无褐色铁线者质量最佳。优质品经抛光后好似上了釉的瓷器，故称为“瓷松石”。

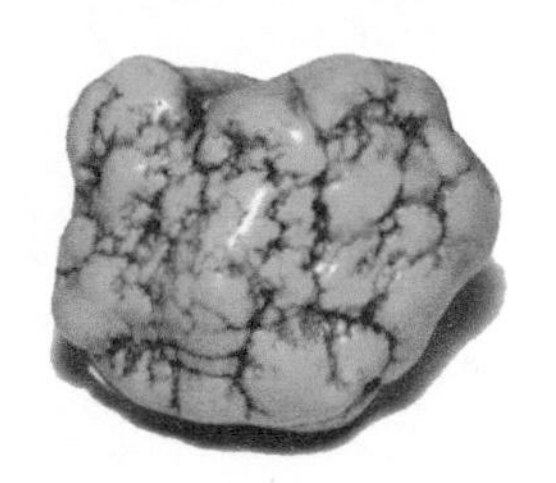

Capu · 貔貅，天然绿松吊坠

## ● 绘图颜色色阶

因为所含元素不同，绿松石的颜色也存在差异，氧化物中含铜多时呈蓝色，含铁多时呈绿色。

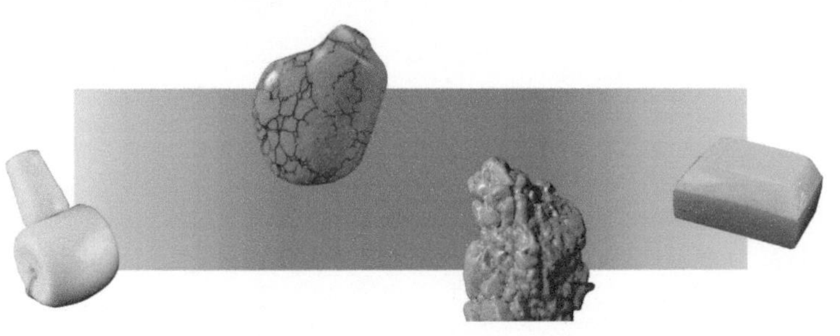

## 绘图步骤

步骤1 选择“针笔”工具，设置“大小”值为1.5，选择“导向”工具组中的“椭圆”工具或“绘制样式”工具组中的“椭圆”工具，画出黑色椭圆形宝石轮廓。

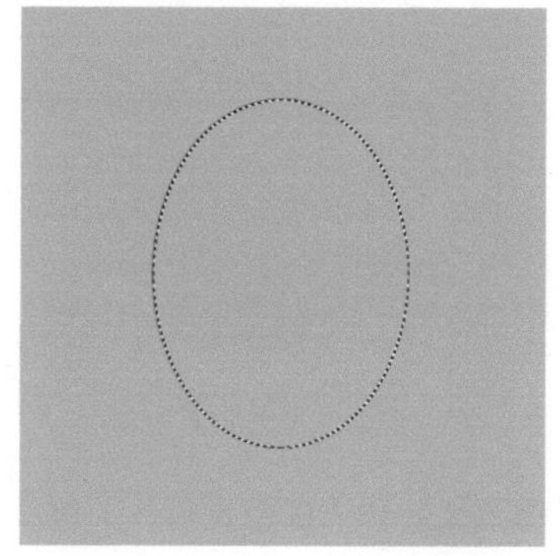

步骤2 用“魔棒”工具，点击在椭圆形区域内形成选区。保持当前选区进行绘图，可以避免画出线框。

步骤3 新建“底色图层”，选择“单色填充”工具，调整双圆盘颜色，色值为H191 S97 L39，在画布内任意位置点击自动填充颜色。再次点击“填色”图标退出“单色填充”工具。

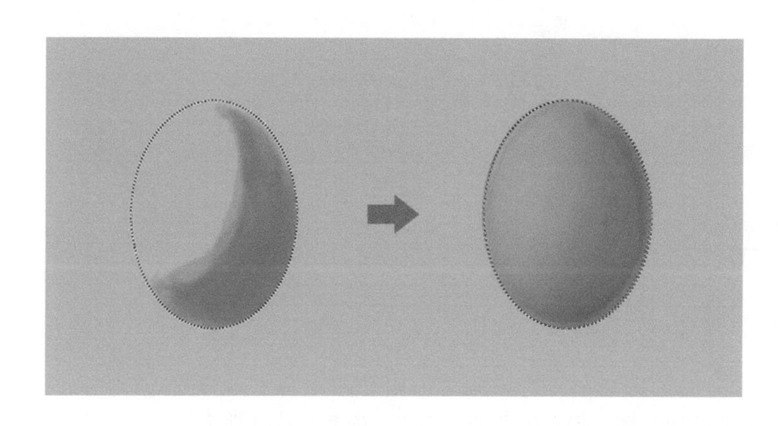

步骤4 新建“光影图层”，选中“流量喷笔”工具，调整双圆盘颜色，色值为H192 S79 L34。画出如左图所示的暗部（涂于宝石右下角弧面）。再用“涂抹笔”工具晕染，使其过渡自然，与周围的颜色相融合。

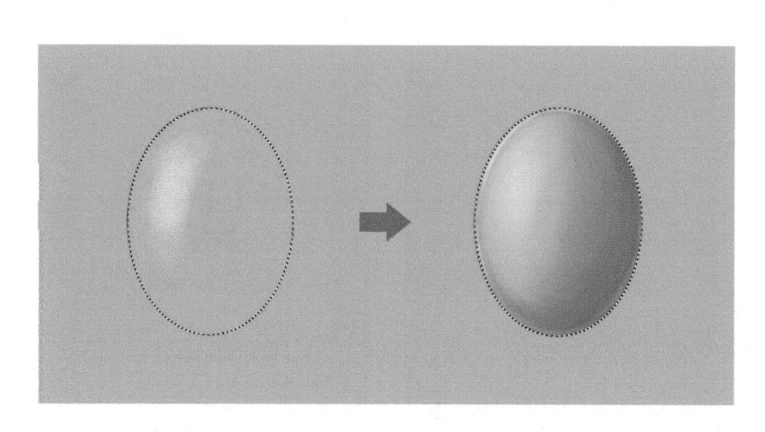

步骤5 选择“流量喷笔”工具，调整双圆盘颜色，色值为H188 S97 L72。画出如左图所示的亮部（涂于宝石左上角弧面）。再用“涂抹笔”工具晕染，使其过渡自然，与周围的颜色相融合。

步骤6 选择“笔刷”工具，调整双圆盘颜色为白色，调小画笔大小，降低“不透明度”值，画出位于宝石左上角边缘的高光和右下角边缘的反光效果。

步骤7 点击“底色图层”，弹出控制菜单，点击“复制图层”按钮复制一个“底色图层”。展开下面的“底色图层”的控制菜单，点击“HSL 调整”按钮，将底部的“亮度”值调至 -100，变成全黑色的图层。将“不透明度”值调至 30%，成为“投影图层”。用“变换”工具向右下方拖曳，形成投影效果。到此全部绘制完成。

图层内容展示如下图所示，建议画不同内容时分别新建图层，方便后期修改。

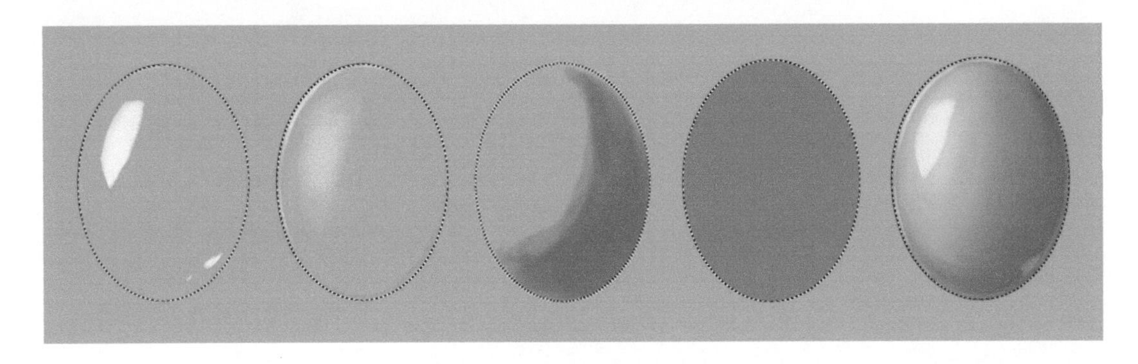

## ● 延展运用

iPad 绘图有很多快捷的方法，可提高绘图效率。如对颜色进行修改，使其变成其他宝石。

步骤1 点击任意图层，弹出控制菜单，点击“合并所有图层”按钮，合并后仅剩一个图层。

步骤2 点击“HSL 调整”按钮并调节参数，可变为偏绿色的绿松石或红色珊瑚等，如右图所示。

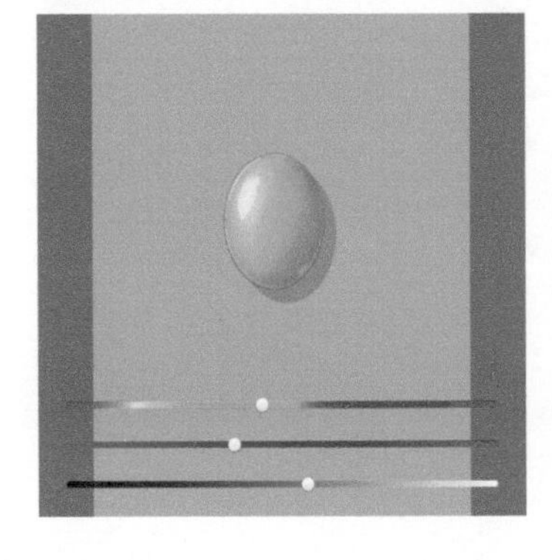

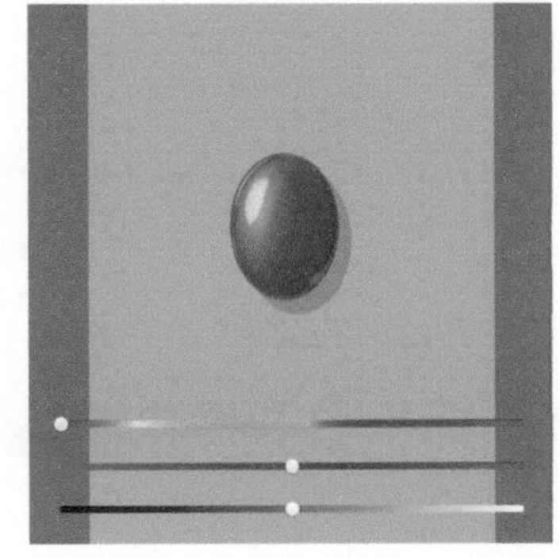

除此之外，还可以改变形状，用一颗宝石变成多种不同形态的宝石。

点击“变化”工作组中的“扭曲”工具。如右图所示，向箭头所指方向拖曳红色圆圈内的控制柄，可以变化出各种形态。

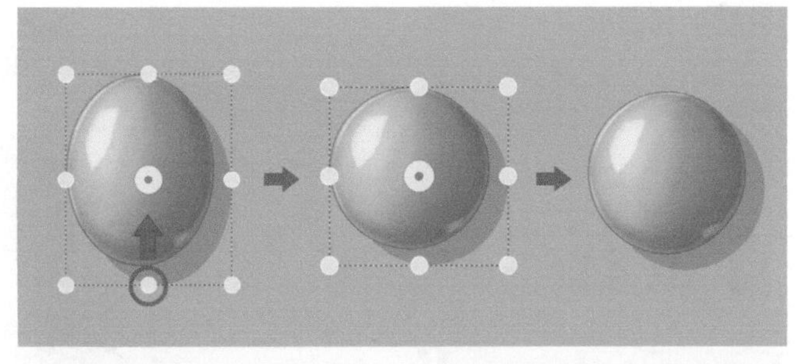

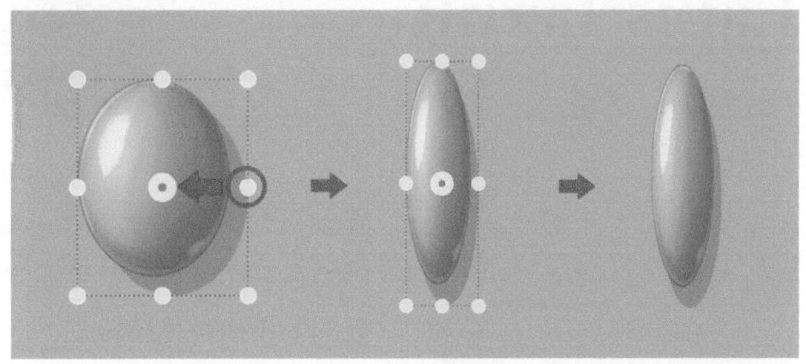

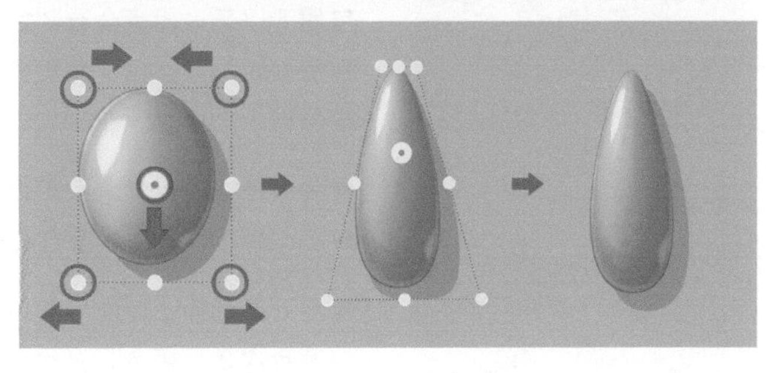

● 其他绿松石绘图示例（乌兰花）

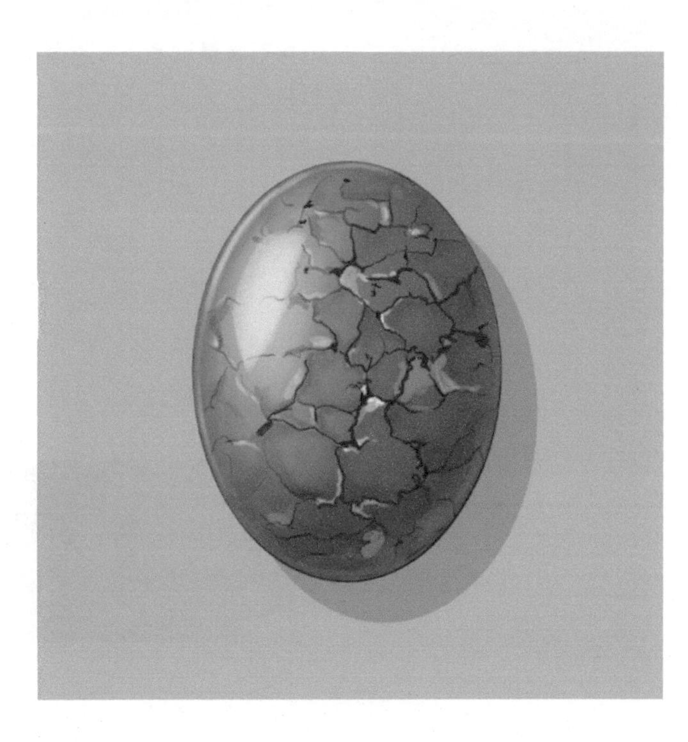

# 青金石

# Lapis lazuli

硬　度：5~6

折射率：1.5

比　重：2.5~3.0

颜　色：青蓝色、蓝紫色、深蓝色

分　布：阿富汗、俄罗斯、智利等

光　泽：玻璃光泽、蜡光泽

透明度：不透明

**常见琢形**

异形雕件

弧面形

珠形

青金石的英文名为 Lapis Lazuli，来源于拉丁语 Lapis（宝石）和 Lazuli（蓝色）。青金石早在 6000 年前就被开发使用，青金石在我国的使用则始于西汉，当时的名称为“兰赤”“金青”“点黛”等。自明清以来，因青金石“色相如天”，所以深得帝王青睐。青金石拥有独特的青蓝色、蓝紫色、深蓝色等，还是“群青色”颜料的主要原料。

青金石是指，以青金石矿物为主的岩石，还含有少量的黄铁矿、方解石、辉石、云母、蓝方石等矿物质。

青金石在选择上以色泽均匀、无裂纹、质地细腻、无金星为佳，无白洒金次之。洒金指金星分布均匀，如果黄铁矿含量较少，表面不出现金星不影响质量，但是如果金星色泽发黑、发暗，或者方解石含量过多，在表面形成大面积的白斑，价值就会大打折扣。

● 绘图颜色色阶

## ● 绘图步骤

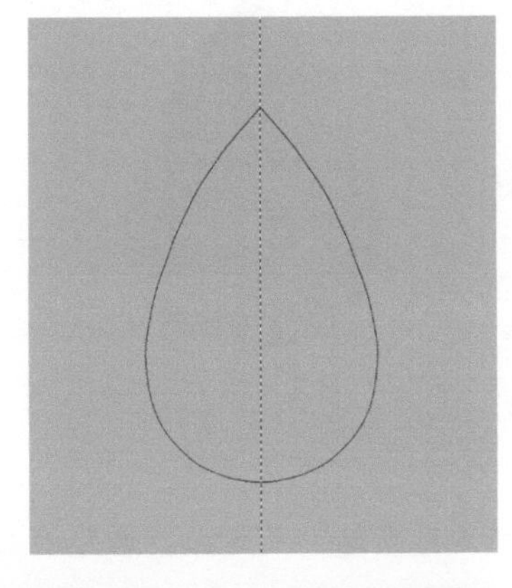

步骤1 选择“对称”工具组中的“Y 轴对称”工具。

步骤2 用“大小”值为 1.5 的“针笔”工具，画出左半部分水滴形弧面。因为对称的原因，弧线会镜像到右侧，形成完整的水滴形。再次点击“对称”图标，退出“Y 轴对称”工具。

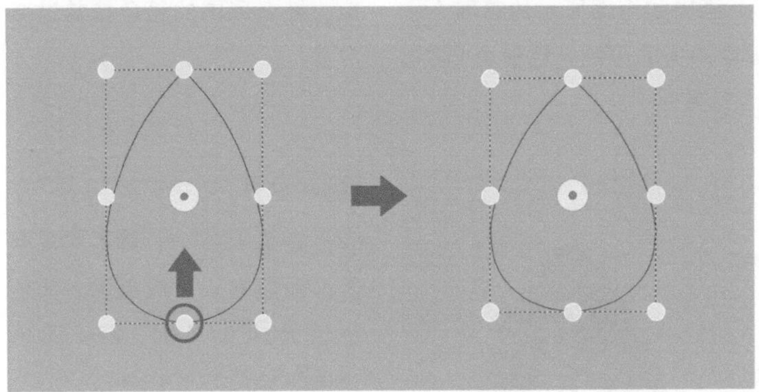

步骤3 点击“变化”工具组中的“扭曲”工具。如左图所示，向箭头所指方向拖曳红色圆圈内的控制柄，改变水滴形的宽度，并调整到合适的大小。

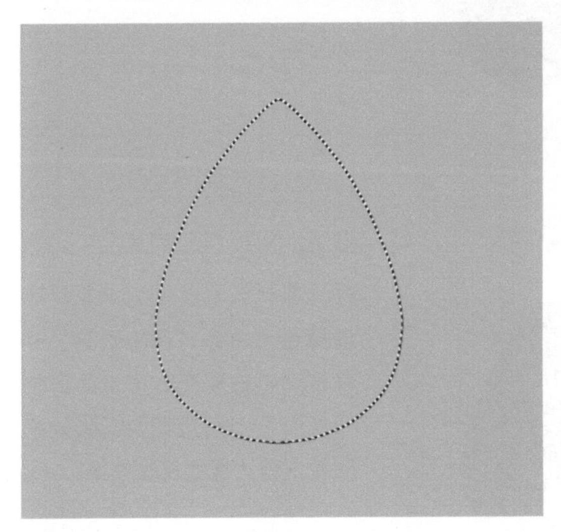

步骤4 用“魔棒”工具在水滴形区域内点击，以形成选区。保持当前选区进行绘制，可以避免画出线框。

步骤5 新建“底色图层”，选择“单色填充”工具，调整双圆盘颜色，色值为 H238 S72 L36，在画布内任意位置点击自动填充颜色。再次点击“填色”图标，退出“单色填充”工具。

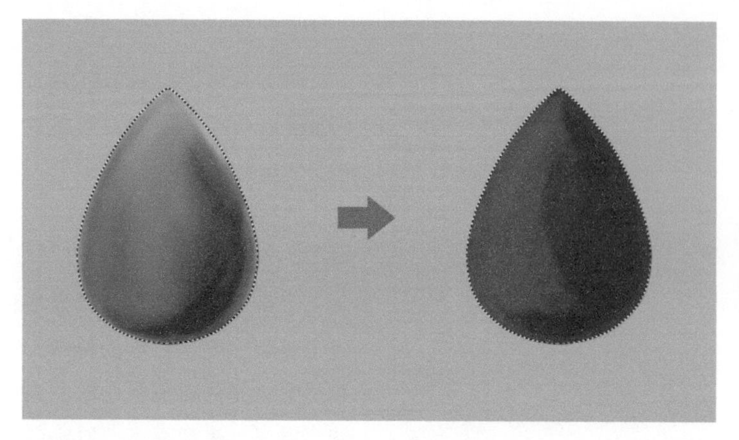

步骤 6 新建“光影图层”，选择“流量喷笔”工具，调整双圆盘颜色，色值为H234 S81 L27，画出如上图所示的暗部（涂于宝石右下角的弧面）。调整双圆盘的亮部颜色，色值为H235 S40 L59，画出亮部（涂于宝石左上角弧面）。

步骤 7 用“涂抹笔”工具晕染，融合周围的颜色使其过渡自然。

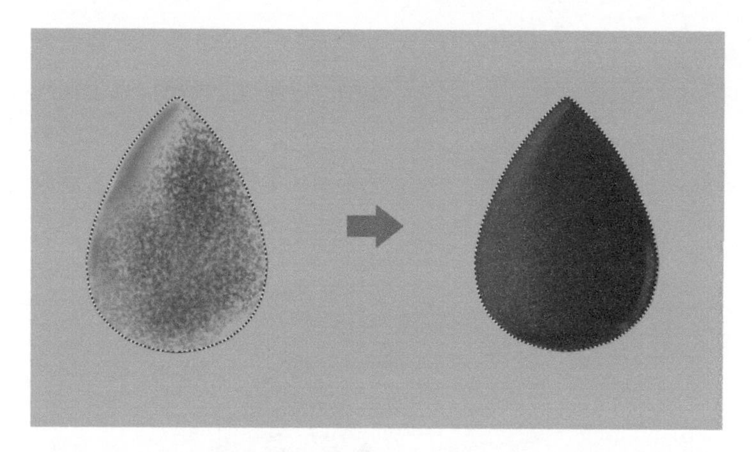

步骤 8 新建“肌理图层”。用“点_2”画笔工具，画出青金石表面的肌理，自然铺满。蓝色色值为H234 S81 L27，黄色色值为H60 S54 L54。

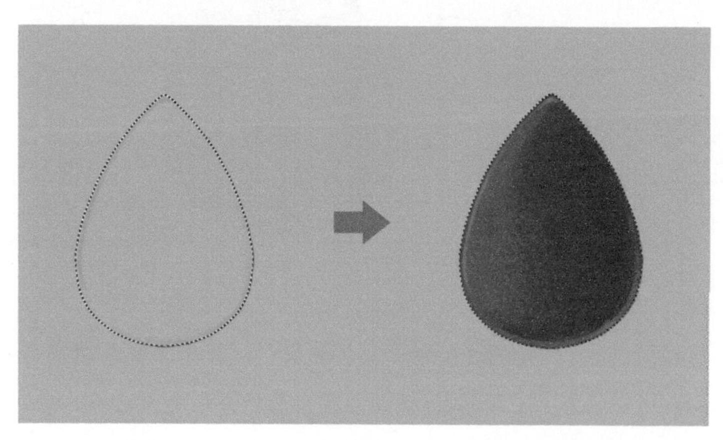

步骤 9 回到“光影图层”，选择“笔刷”工具，调整双圆盘颜色为白色，调小画笔，并降低“不透明度”值，画出位于宝石左上角边缘的高光效果和右下角边缘的反光效果。

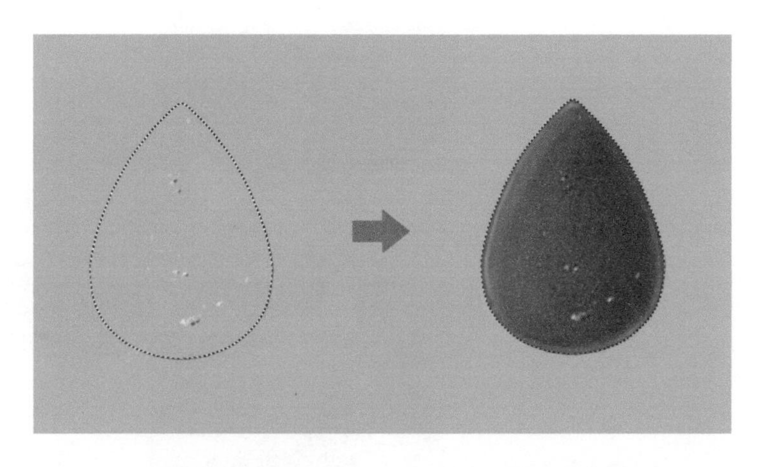

步骤10 回到"肌理图层",用"针笔"工具(调大笔刷),随意、自然地点出较大的黄铁矿(色值为H62 S53 L67)。

步骤11 回到"光影图层",选择"笔刷"工具,调整双圆盘颜色为白色,降低"不透明度"值,画出高光。

步骤12 点击"底色图层",弹出控制菜单,点击"复制图层"按钮复制"底色图层",使其成为投影图层。展开靠下的"底色图层"控制菜单,点击"HSL调整"按钮,将底部一栏的"亮度"值调至-100,变成全黑色的图层,将"不透明度"值调至30%。用"变换"工具向右下方拖曳,形成投影效果。到此全部绘制完成。

图层内容展示如下图所示,建议画不同内容时都单独新建图层,方便修改。

# 孔雀石

# Malachite

硬　度：3.5~4
折射率：1.66~1.91
比　重：3.54~4.1
颜　色：青绿色、绿色、深绿色等
分　布：赞比亚、澳大利亚、俄罗斯、中国等
光　泽：蜡状光泽、玻璃光泽
透明度：半透明至不透明

**常见琢形**

异形雕件

弧面形

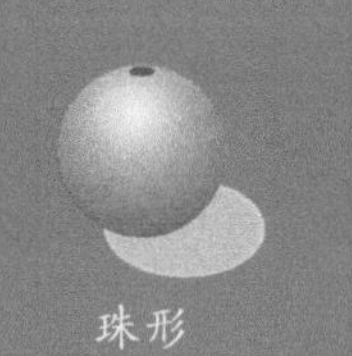

珠形

薄片型

孔雀石是一种古老的玉料，主要成分为碱式碳酸铜。中国古代称孔雀石为“绿青”、“石绿”或“青琅玕”。由于其颜色酷似孔雀羽毛上的绿色而获得如此美丽的名字。品质好的孔雀石颜色鲜艳、纯正，色带、纹带清晰，块体致密无洞。

孔雀石产于铜的硫化物矿床氧化带，常与其他含铜矿物共生（蓝铜矿、辉铜矿、赤铜矿、自然铜等）。

## 绘图颜色色阶

## ● 制作材质贴图

为了后文实例可以更快速地画出表面纹理的材质，所以采用材质贴图的做法，运用数字绘画的巧妙技法，做到画一颗宝石可以“终身”使用的效果。所以在此先介绍如何绘制材质贴图，以及贴图的使用方法。

步骤1 选择大小为1.5的“针笔”工具，选择“绘制样式”工具组中的“矩形”工具，画出黑色矩形轮廓。再次点击“绘制样式”图标，即可退出“矩形”工具。

**注意**：矩形大小与纸张大小相似，这样在放大时才不会影响画面的清晰度。

步骤2 使用“魔棒”工具，在矩形区域内点击，以形成选区。保持当前选区进行绘制，可以避免画出线框。新建“底色图层”，选择“单色填充”工具，调整双圆盘颜色，色值为H152 S97 L19，在画布内任意位置点击自动填充颜色。再次点击“填色”图标，即可退出“单色填充”工具。

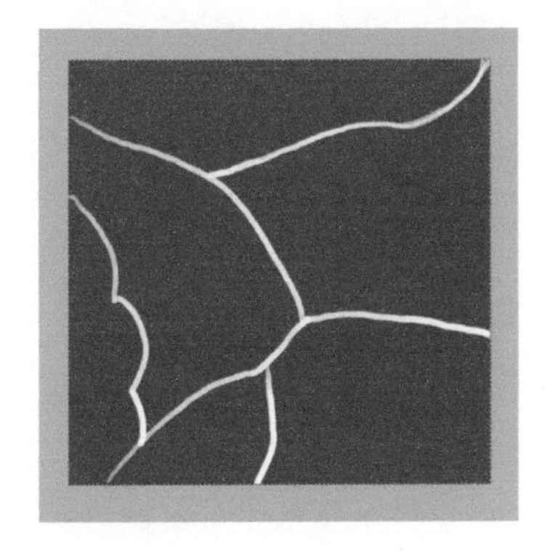

步骤3 新建“辅助线图层”，选择“笔刷”工具，调整双圆盘颜色为白色，画出孔雀石的纹理脉络。

步骤4 新建“颜色1图层”，选择“笔刷”工具，调整双圆盘颜色，色值为H150 S92 L10，画出孔雀石的深色条带，画条带时可根据白色辅助线的脉络下笔。注意条带的粗细变化，粗条带可适当降低“不透明度”值，用“软橡皮擦”工具擦出渐变效果。

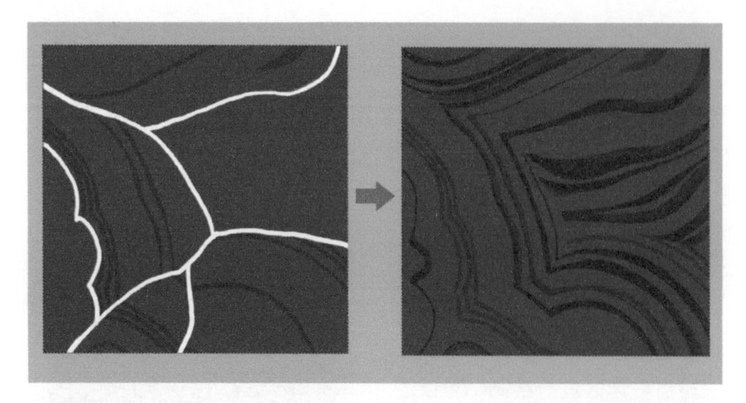

步骤5 新建“颜色2图层”，选择“笔刷”工具，调整双圆盘颜色，色值为H154 S97 L14，并画出条带。左图为隐藏“辅助线图层”、“颜色1图层”和“颜色2图层”后的叠加效果。

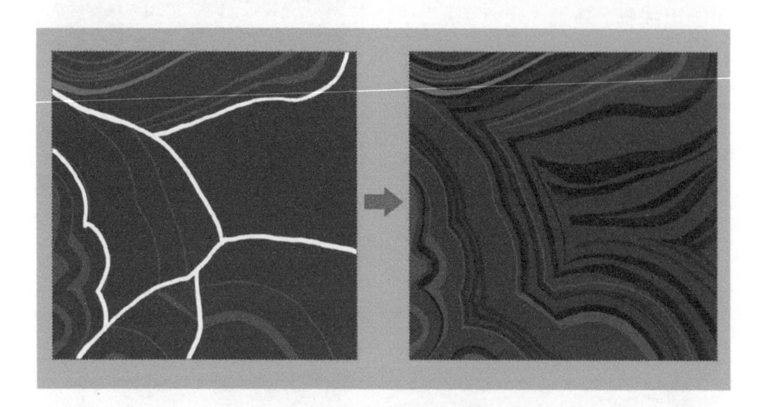

步骤6 新建“颜色3图层”，选择“笔刷”工具，调整双圆盘颜色，色值为H157 S96 L23，并画出条带。左图为隐藏“辅助线图层”、“颜色1图层”、“颜色2图层”和“颜色3图层”后的叠加效果。

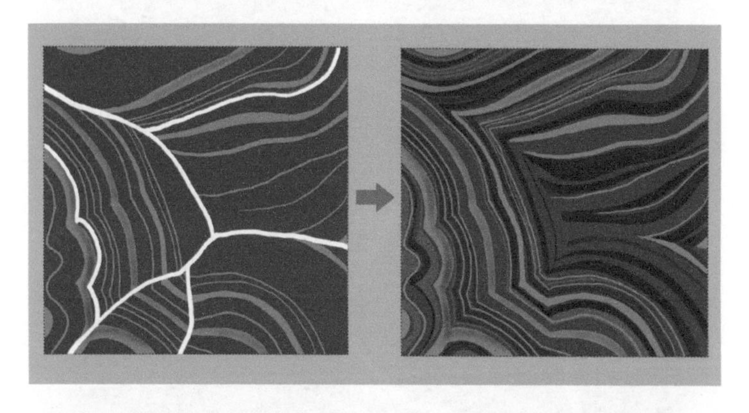

步骤7 新建“颜色4图层”，选择“笔刷”工具，调整双圆盘颜色，色值为H157 S85 L32，并画出条带。左图为隐藏“辅助线图层”、“颜色1图层”、“颜色2图层”、“颜色3图层”和“颜色4图层”后的叠加效果。

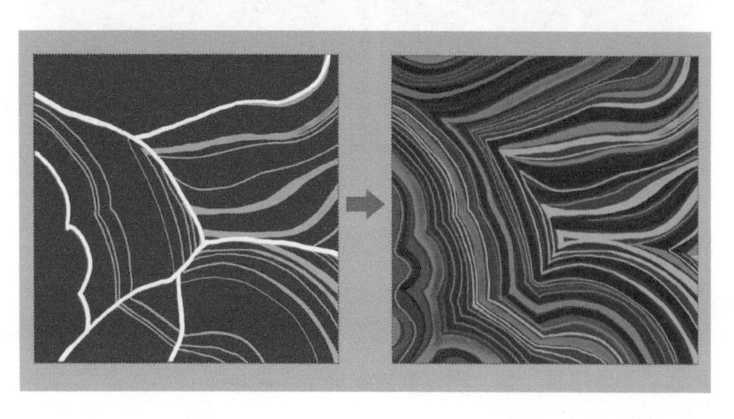

步骤8 新建“颜色5图层”，选择“笔刷”工具，调整双圆盘颜色，色值为H165 S95 L44，并画出条带。左图为隐藏“辅助线图层”、“颜色1图层”、“颜色2图层”、“颜色3图层”、“颜色4图层”和“颜色5图层”后的叠加效果。

步骤9 新建“肌理图层”，选择“笔刷”工具，调整双圆盘颜色，色值为H152 S97 L29，点出孔雀石条带上的颜色斑点。删除白色的“辅助线图层”，点击图层弹出控制菜单，点击“合并所有图层”按钮，完成材质贴图的绘制。到此全部绘制完成。

**注意：**不要在材质文件中直接使用材质贴图，可以在图库中将材质贴图复制到新文件中使用，避免材质贴图损坏不可复原，具体的操作方法将在绘图步骤中讲解。

## 绘图步骤

步骤1 选择大小为1.5为“针笔”工具，选择“绘制样式”工具组中的“矩形”工具，画出黑色长方形轮廓。点击“绘制样式”图标，即可退出“矩形”工具。

步骤2 返回绘制完成的素材贴图文件，点击图层弹出控制菜单，点击“复制”按钮，退出素材文件回到绘图文件。

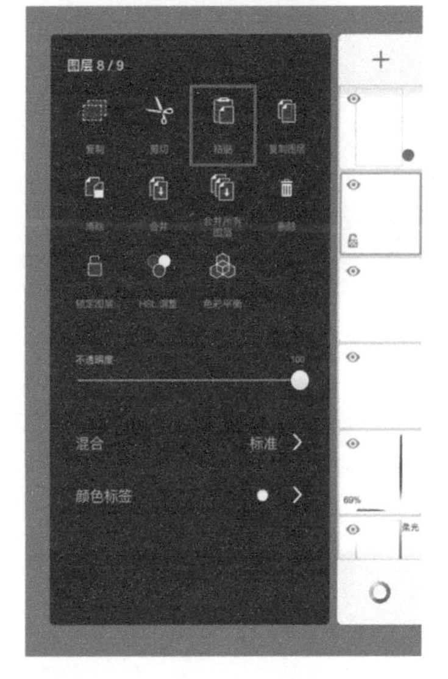


步骤3 在绘图文件中新建“底色图层”，点击图层弹出控制菜单，点击“粘贴”按钮，即可将素材贴入图层中。

步骤4 旋转或改变贴图大小，找到需要贴图的内容，并放置在长方形内。返回线稿图层，选择“魔棒”工具，在长方形以外的区域点击，以形成选区。

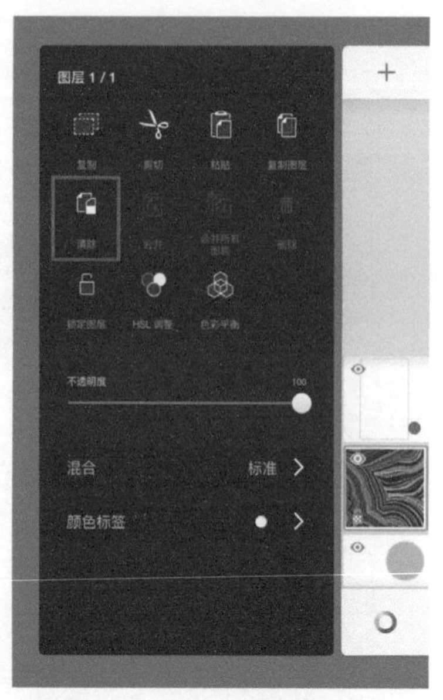


步骤5 返回“底色图层”并点击，弹出控制菜单，点击“清除”按钮。

步骤6 选择“选择”工具组中的“方向选择”工具，将长方形变为选区。

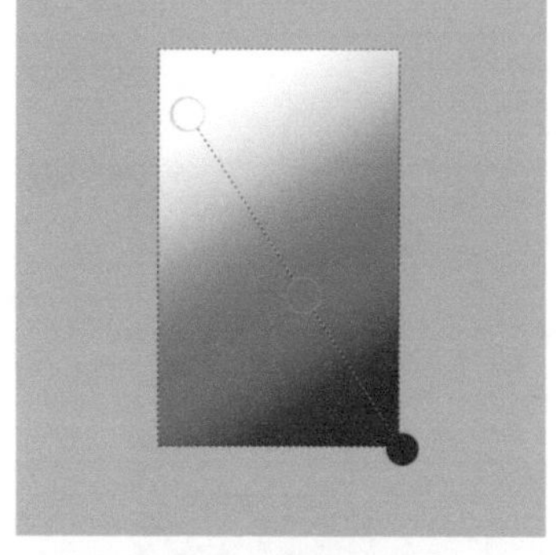

步骤7 新建“光影图层 1”，选择“线性填充”工具，在画布内任意位置点击自动填充颜色，拖曳控制柄调整渐变颜色分布。再次点击“填色”图标，即可退出“线性填充”工具。

步骤8 点击“光影图层 1”，弹出控制菜单，选择“混合模式”菜单中“柔光”选项，也可以选择其他的“混合模式”，找到最好的表现效果即可。

步骤9 新建“线稿图层 2”，选择大小为 1.5 的“针笔”工具，并在“绘制样式”工具组中选择“矩形”工具，画出白色长方形轮廓。此处不必担心长方形的大小和居中问题，将在下一步中调整。

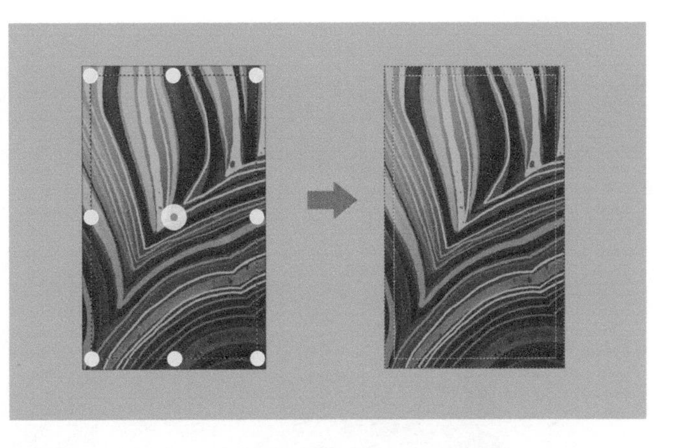

步骤10 选择“变化”工具组中的“扭曲”工具。拖曳控制柄，调整到四边与大长方形轮廓等距的位置，合并大长方形和小长方形的线稿图层。

步骤11 用“魔棒”工具点击大长方形和小长方形之间的区域。新建“光影图层 2”，选择“笔刷”工具，调整双圆盘暗部颜色，色值为 H135 S11 L20，画出位于宝石右下角的暗部。选中“笔刷”工具，调整双圆盘亮部为白色，画出位于宝石左上角的亮部。

步骤12 调整双圆盘颜色为白色，用“笔刷”工具画出高光效果，如左图所示。

步骤13 回到“线稿图层”，使用“魔棒”工具，在小长方形区域内点击，以形成选区。回到“光影图层 2”，选择“流量喷笔”工具，调整双圆盘为白色，降低“不透明度”值，可借助“标尺”工具绘制出左上角的高光。

步骤14 点击“底色图层”弹出控制菜单，点击“复制图层”按钮复制一个“底色图层”。展开靠下的“底色图层”的控制菜单，点击“HSL 调整”按钮，将底部一栏的亮度参数调至 -100，使其变成全黑色的图层，将“不透明度”值调至 30%，使其成为“投影图层”。用“变换”工具向右下方拖曳，形成投影效果。到此全部绘制完成。



图层内容展示如下图所示，建议画不同内容时分别新建图层，方便修改。

6.1.4 黑玛瑙

# 黑玛瑙（缟玛瑙）

## Onyx

硬　度：7
折射率：1.54
比　重：2.65
颜　色：黑色
分　布：巴西、乌拉圭、中国等
光　泽：玻璃光泽
透明度：不透明、半透明

### 常见琢形

异形雕件

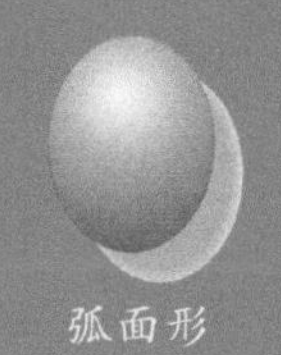

弧面形

珠形

自古以来黑玛瑙就是被广泛应用的材料，古人常以“珍珠玛瑙”来形容财富。黑玛瑙象征坚毅、爱心和希望。此外，黑玛瑙还有个别名——“黑力士”，看起来有点像黑曜石，却比较有光泽，常被刻成雕件或者手镯等饰品。

黑玛瑙是自然界中非常常见的一种玛瑙，是一种胶体矿物。在矿物学中，它属于玉髓类，石英家族。黑玛瑙一般呈半透明到不透明状，硬度为7，具有玻璃光泽。其花纹条带的颜色多种多样，有白色、灰色、黄褐色、黑色等。其中黑白相间的条带者称为“缟玛瑙”，红白相间的条带者称为“缠丝黑玛瑙”，如果缟玛瑙中的黑条带很宽，可单独切割加工成黑玛瑙珠子。

● 绘图颜色色阶

● 绘图步骤

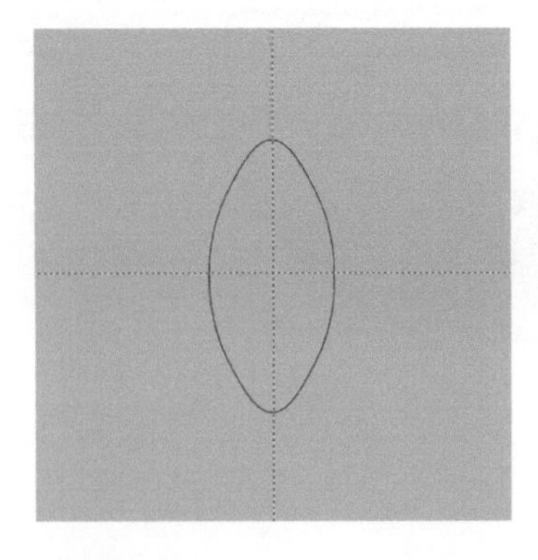

步骤1 选择“对称”工具组中的“Y 轴对称” 和“X 轴对称”工具 。用大小为 1.5 的“针笔”工具 画出马眼形弧线的 1/4 局部，使用对称工具使弧线镜像对称形成完整的马眼形。再次点击“对称”图标，即可退出“X 轴对称”和“Y 轴对称”工具。

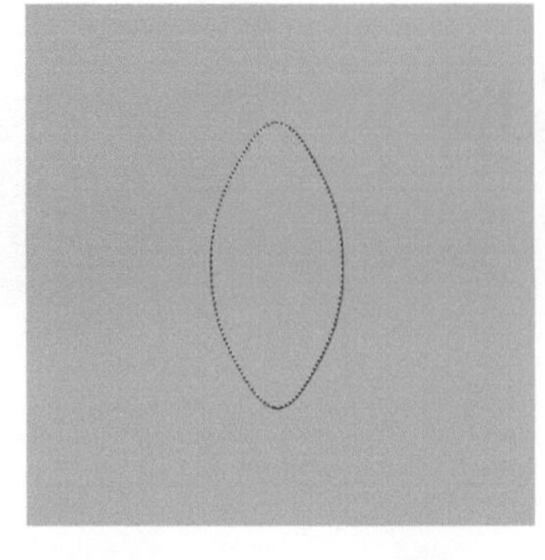

步骤2 用“魔棒”工具 ，在马眼形区域内点击，以形成选区。

步骤3 新建“底色图层”，选择“单色填充”工具 ，调整双圆盘颜色为黑色，色值为 H0 S0 L0，在画布内任意位置点击即可自动填充颜色。再次点击“填色”图标，退出“单色填色”工具。

步骤4 新建“光影图层”，选择“流量喷笔”工具 ，调整双圆盘的亮部颜色为白色，色值为 H0 S0 L100，在宝石左上角弧面处画出如上图所示的亮部效果。

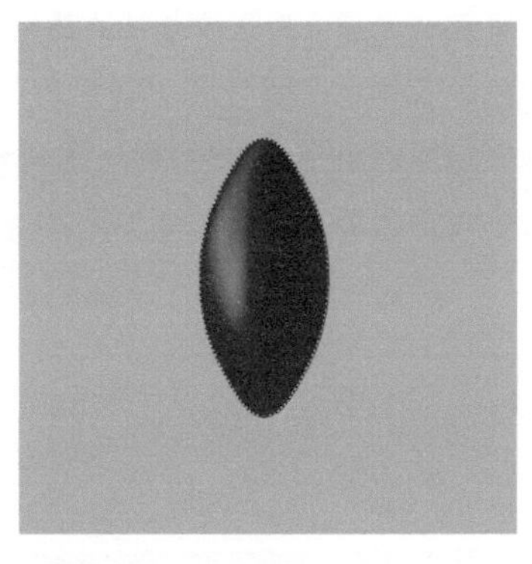

步骤5 用“涂抹笔”工具 晕染，使其自然过渡，亮部与周围的颜色自然融合。

步骤6 选择“笔刷”工具 ，双圆盘颜色保持白色，调小画笔大小，降低“不透明度”值，在宝石左上角边缘处和右下角边缘处画出高光和反光效果。

步骤 7 选择“笔刷”工具，调大画笔大小，增加“不透明度”值，画出高光效果。

步骤 8 点击“底色图层”，弹出控制菜单，点击“复制图层”按钮复制一个“底色图层”。在复制的“底色图层”控制菜单中点击“HSL 调整”按钮，将底部一栏的亮度参数调至 -100，使该图层变成黑色，将“不透明度”值调至 40%，使其成为“投影图层”。用“变换”工具，向右下方拖曳，得到投影效果。到此全部绘制完成。

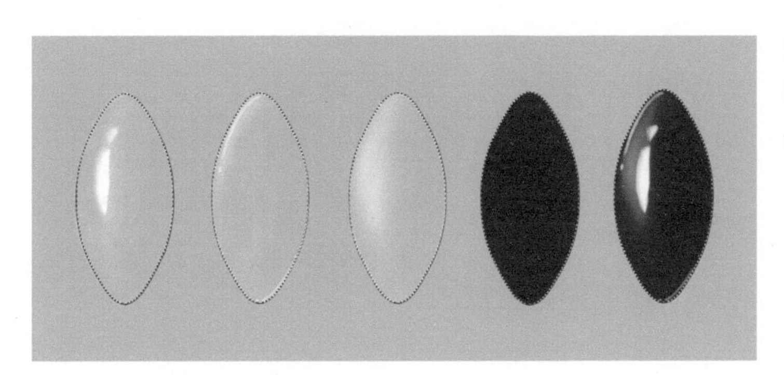

图层内容展示如左图所示，建议画不同内容时分别新建图层，方便修改。



## 其他黑玛瑙绘图示例

**小提示：**

与黑玛瑙绘图效果类似的宝石包括黑曜石、墨翠、黑珊瑚、赤铁矿、陨石、煤玉及黑珐琅等。

黑玛瑙通常作为配石使用，莫氏硬度为 7，可以根据设计图雕刻出所需的形状。

## 6.2 透明宝石

透明宝石是指，宝石可充分透过光线，通过宝石可看到对面的物体，如翡翠、钻石、水晶、坦桑石等。

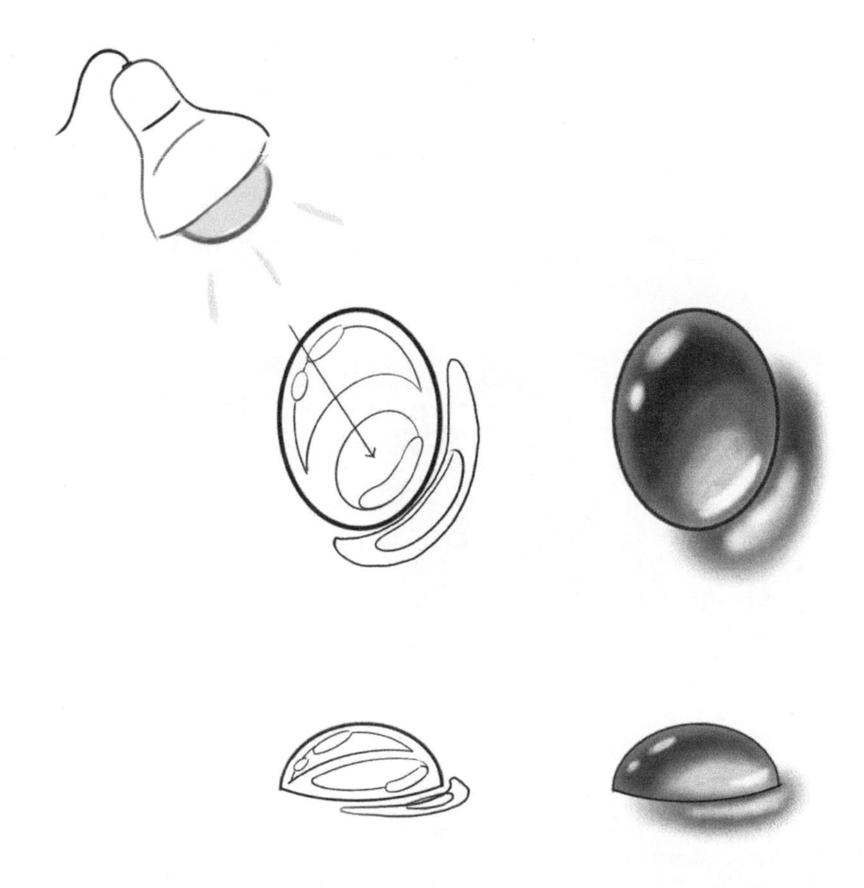

上图是透明宝石的素描关系分析图，光线从左上 45° 方向投射在透明宝石上，左上角为暗面，光线穿透宝石形成右下角的亮面。

# 翡翠

# Jadeite

硬　度：6.5~7.5
折射率：1.65~1.67
比　重：3.30~3.36
颜　色：各色均有
分　布：缅甸、危地马拉、俄罗斯、日本等
光　泽：玻璃光泽、油脂光泽
透明度：半透明、不透明（极少数透明）

**常见琢形**

异形雕件

弧面形

珠形

翡翠也称翡翠玉、翠玉、缅甸玉，是玉的一种。翡翠是以硬玉矿物为主的辉石类矿物组成的纤维状集合体，但是翡翠并不等于硬玉。翡翠是在地质作用下形成的，达到玉级的石质多晶集合体，主要由硬玉或硬玉及钠质和钠钙质辉石组成。

翡翠名称的来源有几种说法，其中一种说法是来自鸟名，这种鸟的羽毛颜色非常鲜艳，雄性的羽毛呈红色，名翡鸟，雌性羽毛呈绿色，名翠鸟，合称翡翠。所以，行业内有翡为公、翠为母的说法。在明朝，缅甸玉传入我国，被冠以“翡翠”之名。

**翡翠的优化处理**

翡翠的优化处理方法分为不同的级别，具体如下。

**A 货：**没有经过任何加工处理的天然翡翠。

**B 货：**经过漂白填充处理的翡翠。

**C 货：**经过染色处理的翡翠。

**B+C 货：**经过漂白、填充、染色的翡翠。既经过酸洗、漂白、灌胶，又经过人工染色的翡翠，从外观看，无论是颜色还是水头都很漂亮，可作为物美价廉的饰品，但没有收藏价值。

● 绘图颜色色阶

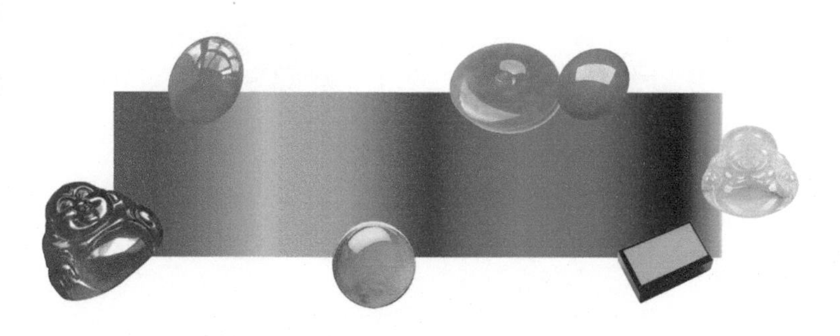

## ● 绘图步骤

**案例一：玻璃种蛋面翡翠**

步骤1 选择大小为1.5的“针笔”工具，并在“导向”工具组中选择“椭圆”工具或在“绘制样式”工具组中选择“椭圆”工具，画出黑色椭圆形宝石轮廓。

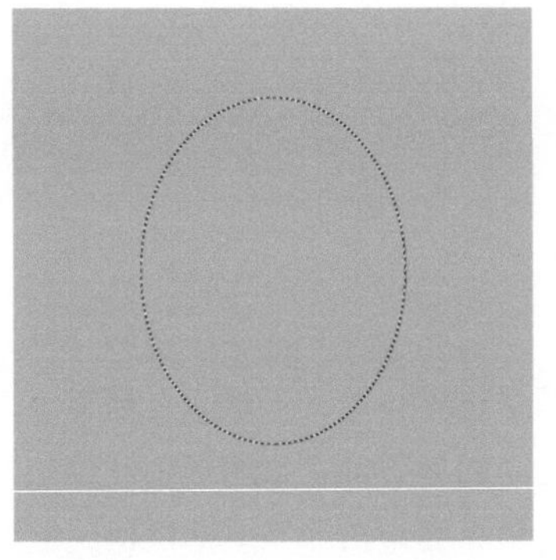

步骤2 用“魔棒”工具，在椭圆形区域内点击，以形成选区。

步骤3 新建“底色图层”，选择“单色填充”工具，调整双圆盘颜色，色值为H119 S0 L25。在画布内点击任意位置自动填充颜色。再次点击“填色”图标，退出“单色填充”工具。



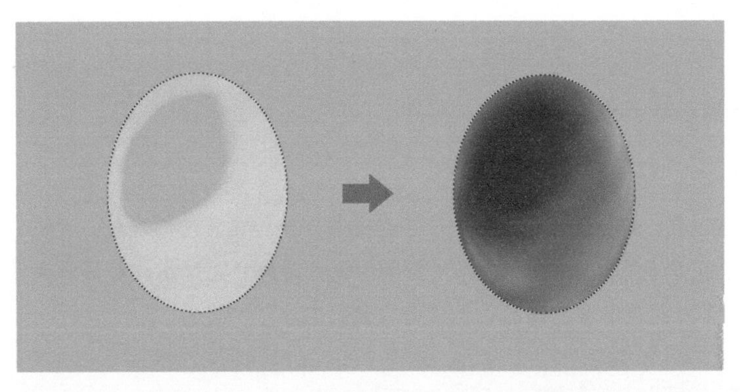

步骤4 新建“亮部图层”，选择“流量喷笔”工具，调整双圆盘颜色为白色，将“不透明度”值调为50%，画出如左图所示的亮部（涂于宝石右下角弧面）。再用“涂抹笔”工具晕染，使其过渡自然，与周围的颜色相融合。

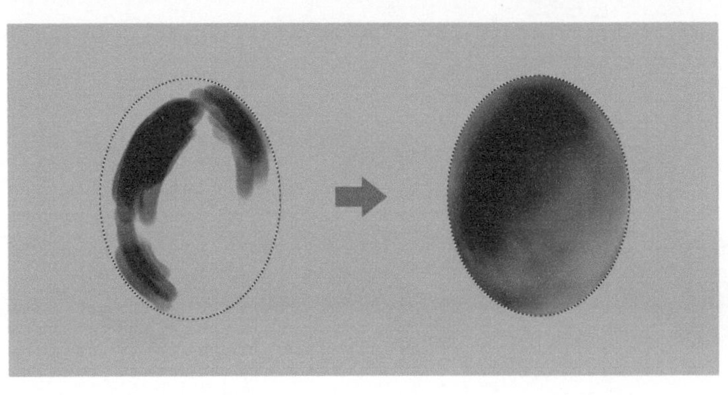

步骤5 新建“暗部图层”，选择“流量喷笔”工具，调整双圆盘颜色为黑色，“不透明度”值为50%，画出如左图所示的暗部（涂于宝石左上角弧面）。再用“涂抹笔”工具晕染，使其过渡自然，与周围的颜色相融合。

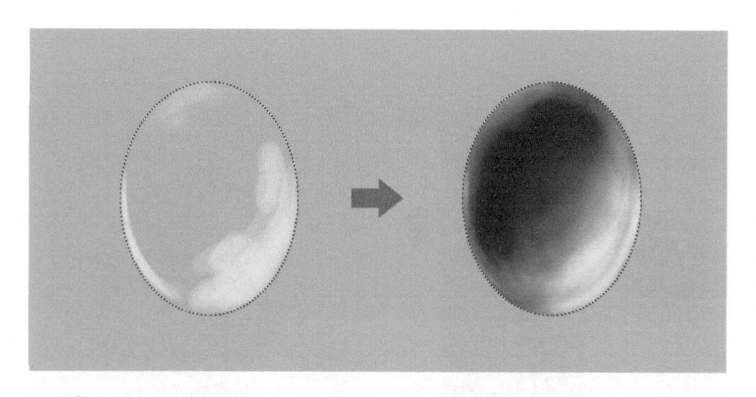

步骤6 回到“亮部图层”，选择“流量喷笔”工具，调整双圆盘颜色为白色，并加强亮部颜色（涂于宝石右下角弧面）。再用“涂抹笔”工具晕染，使其过渡自然，与周围的颜色相融合。

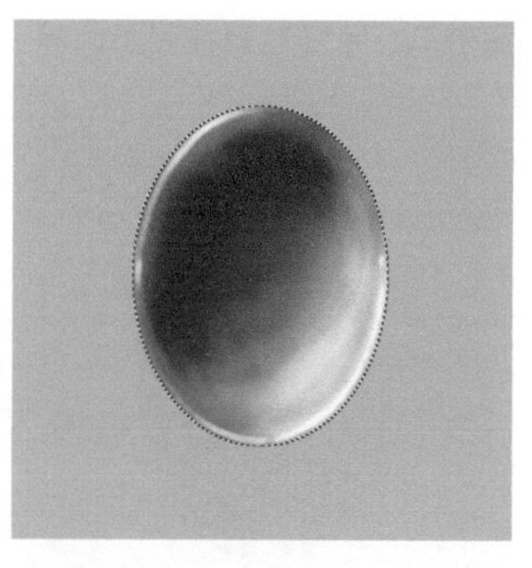

步骤7 新建“高光图层”，选择“笔刷”工具，调整双圆盘颜色为白色，调小画笔大小，降低“不透明度”值，画出位于宝石左上角边缘的高光效果和右下角边缘的反光效果。

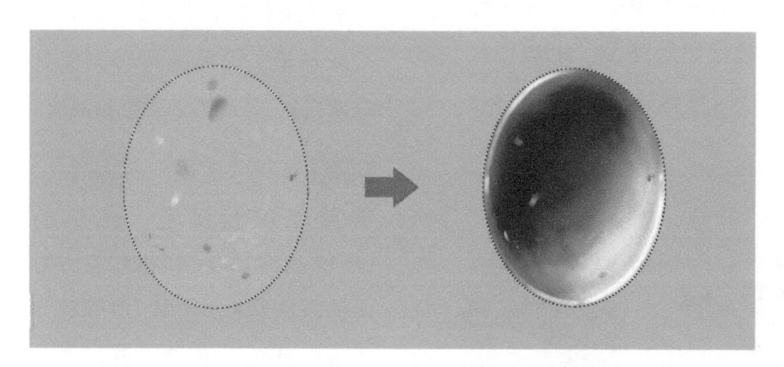

步骤8 新建“肌理图层”，选择“针笔”工具，设置颜色为白色和黑色，降低“不透明度”值，随意地点出翡翠中的“棉”。

步骤9 回到“高光图层”，选择“笔刷”工具，调整双圆盘颜色为白色，画出高光。再用“锥形硬橡皮擦”工具，将高光擦成两段。到此全部绘制完成。

图层内容展示如下图所示，建议画不同内容时分别新建图层，方便修改。

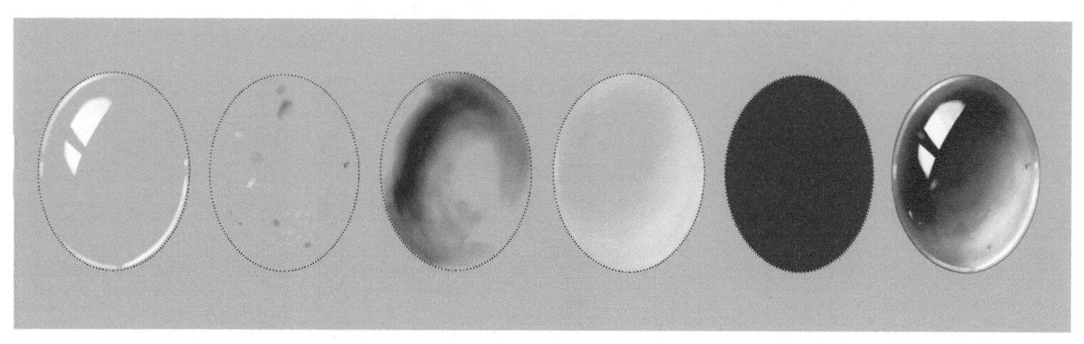

**案例二：老坑玻璃种蛋面翡翠**

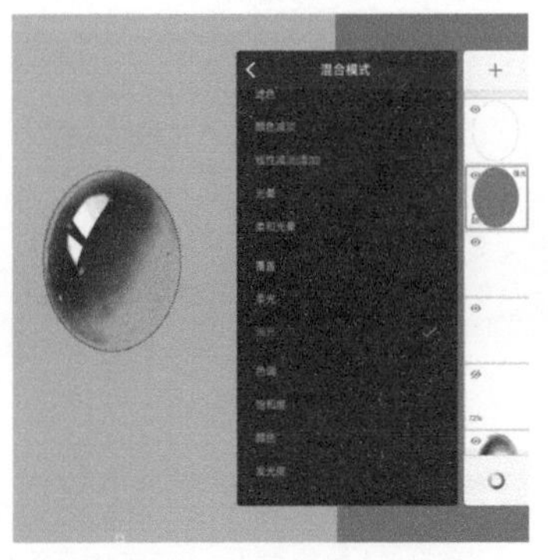

步骤1 采用前文相同的方法得到宝石选区。新建“罩色图层”，选择“单色填充”工具，调整双圆盘颜色，色值为H119 S98 L39，在画布内任意位置点击自动填充颜色。再次点击“填色”图标，退出“单色填充”工具。

步骤2 点击“罩色图层”弹出控制菜单，选择“混合模式”菜单中的“强光”选项，也可以选择其他“混合模式”，找到表现效果最好的模式即可。把该图层移至“肌理图层”之下，取消选区。

步骤3 新建“投影图层”，选择“流量喷笔”工具，调整双圆盘颜色为黑色，降低“不透明度”值，画出如上图所示的投影效果（涂于宝石右下角弧面）。再用“涂抹笔”工具晕染，使其过渡自然，与周围的颜色相融合。

步骤4 选择“笔刷”工具，调整双圆盘颜色，色值为H119 S98 L39，画出如左图所示的颜色反光。再用“涂抹笔”晕染工具，使其过渡自然，与周围的颜色相融合。到此全部绘制完成。

图层内容展示如右图所示，建议画不同内容时分别新建图层，方便修改。

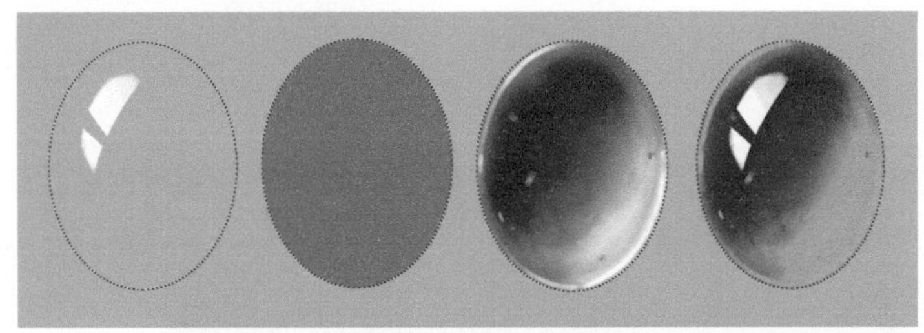

## 延展运用

点击“HSL 调整”按钮并调节参数，可变为黄翡或紫翡等，如右图所示。

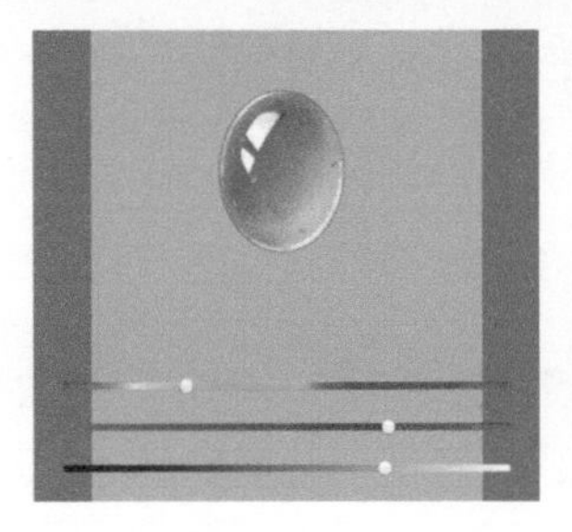

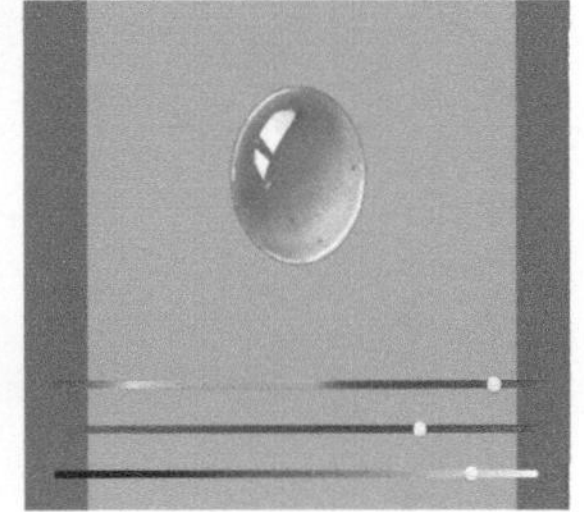

# 白玉

# Nephrite

硬　度：6~6.5
折射率：1.60~1.61
比　重：2.95
颜　色：白色、灰白色、青白色等
分　布：中国、俄罗斯等
光　泽：油脂光泽
透明度：半透明至不透明

常见琢形

弧面形

珠形

异形雕件

白玉的矿物名称为软玉，颜色呈脂白色，可稍泛淡青色、乳黄色，质地细腻温润，油脂性好，可有少量石花等杂质。最上等的白玉产自我国新疆的和田地区。和田玉的质地致密，化学性质极其稳定，韧性和耐磨性是玉石中最强的。和田白玉中质地细腻、温润如羊脂的，被称为羊脂玉。羊脂玉属于白玉中的优质品种。

白玉通常有籽料和山料之分，籽料是原生矿经风化或地壳运动搬迁推移后至河床，又历经千万年的磨砺、碰撞、洗刷，铸成外形圆润、光滑，呈卵石状的宝玉，河水中的无机物、有机物及各种矿物元素参与磨砺冲击，久而久之在白玉表皮的细微空隙留下了印痕，这就是籽料的“面孔”——桂花皮、铁锈斑。

山料是原生矿或埋藏在岩体中的白玉，一般呈不规则块状，棱角分明，质地不及籽料致密细腻，裂隙较籽料略多。白玉的特征在于它的“白度”，而白必须与它本身的质地相符合，才会显出天然与雕琢的美质。“白度”传统分法依次有：羊脂白、梨花白、雪花白、鱼骨白、象牙白、鸡骨白、糙米白、灰白、青灰白等，其中籽料的羊脂白（质地如同绵羊的凝脂），材质完整并带有皮壳为精品，且单原石重量越大价值越高。

● 绘图颜色色阶

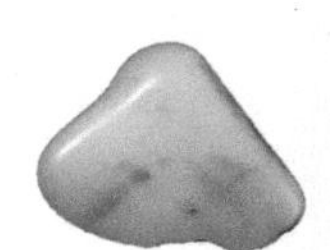

## ● 绘图步骤

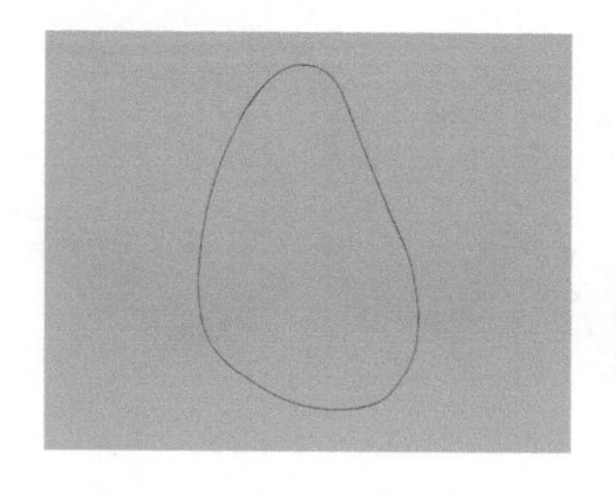

步骤1 用大小为 1.5 的“针笔”工具，画出黑色随形宝石的轮廓线。

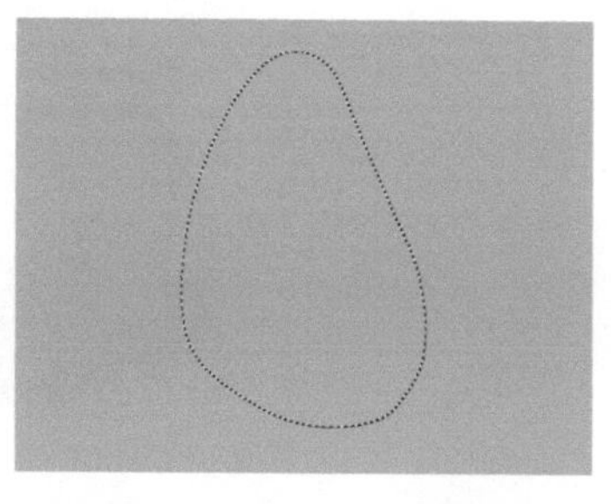

步骤2 用“魔棒”工具，在随形区域内点击，以形成选区。

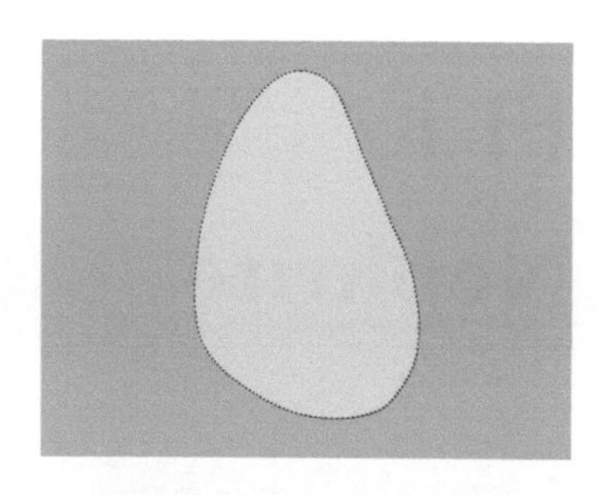

步骤3 新建“底色图层”，选择“单色填充”工具，调整双圆盘颜色，色值为 H150 S3 L87，在画布内任意位置点击自动填充颜色，再点击“填色”图标退出“单色填充”工具。

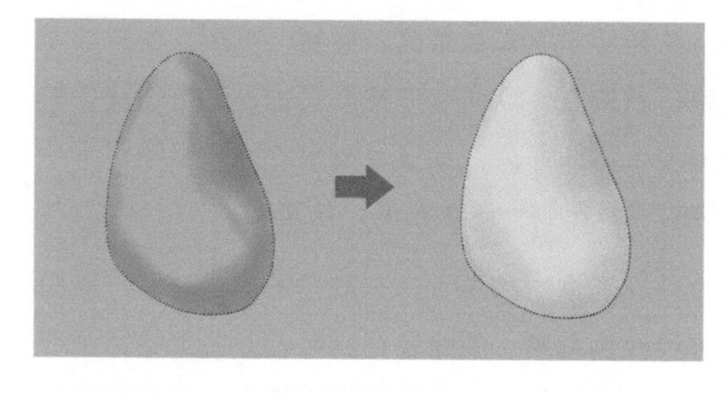

步骤4 新建“暗部图层”，选择“流量喷笔”工具，调整双圆盘颜色，色值为 H32 S6 L62，画出如上图所示的暗部（涂于宝石右侧弧面）。再用“涂抹笔”工具晕染，使其过渡自然，与周围的颜色相融合。

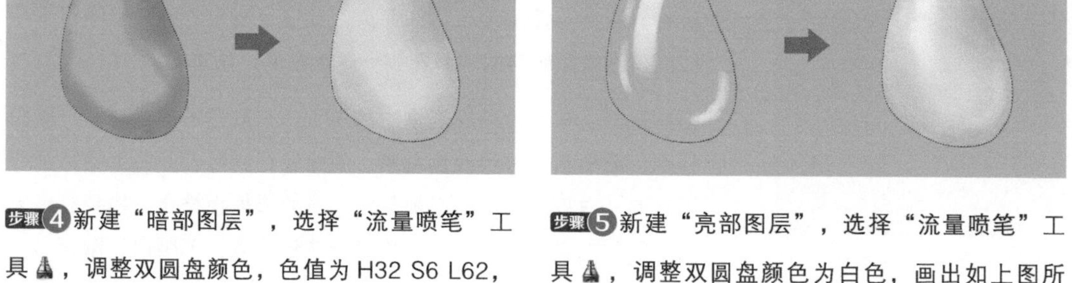

步骤5 新建“亮部图层”，选择“流量喷笔”工具，调整双圆盘颜色为白色，画出如上图所示的亮部（涂于宝石左上角弧面）。再用“涂抹笔”工具晕染，使其过渡自然，与周围的颜色相融合。

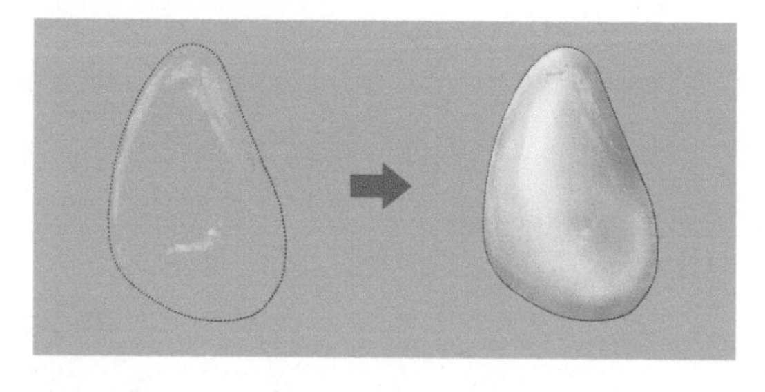

步骤6 新建“肌理图层”，选择“笔刷”工具，调小画笔，降低“不透明度”值，随意地画出白玉表皮的颜色，淡黄色的色值为 H55 S59 L82，橘黄色的色值为 H34 S68 L77。

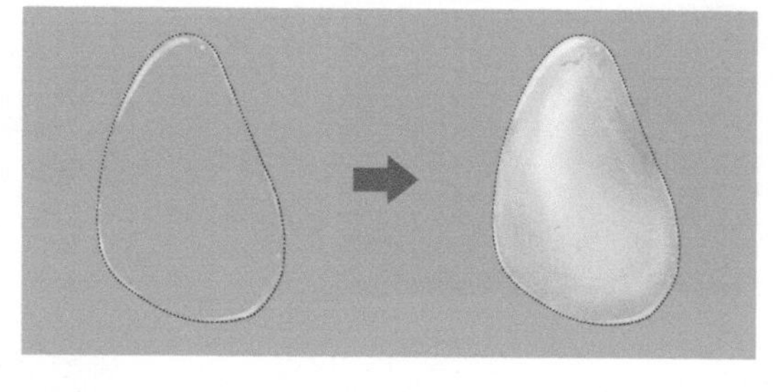

步骤7 新建“高光图层”，选择“笔刷”工具，调整双圆盘颜色为白色，调小画笔，降低“不透明度”值，画出位于宝石左上角边缘的高光效果和右下角边缘的反光效果。

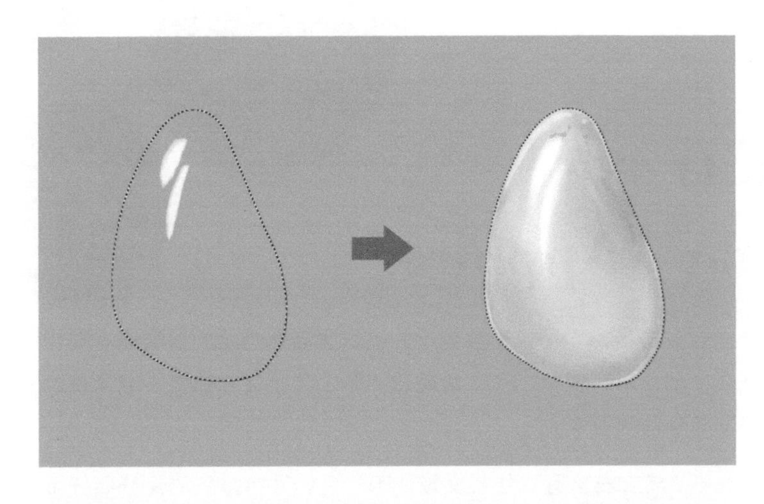

步骤8 回到“高光图层”，选择“笔刷”工具，调整双圆盘颜色为白色，画出高光。因为其油润的光泽，需用“涂抹笔”工具将高光尾部的颜色晕染开。

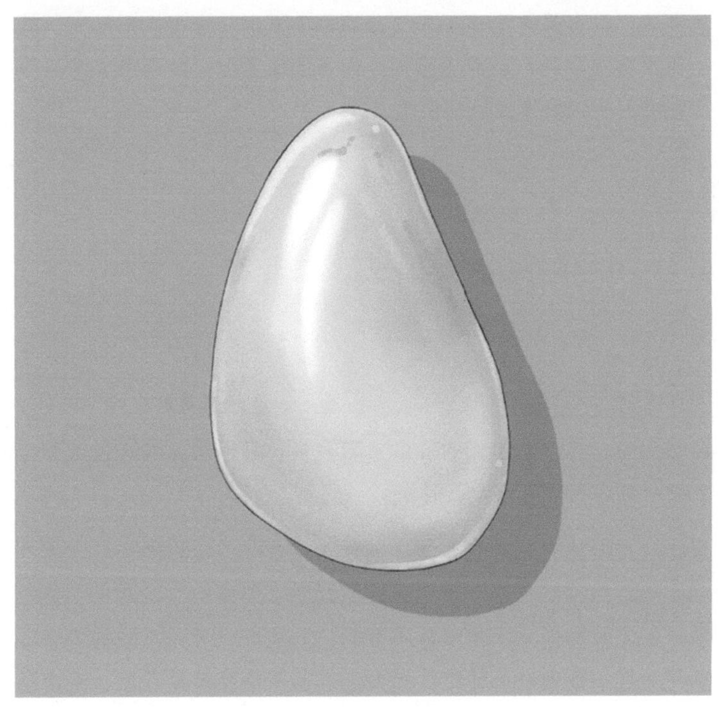

步骤9 点击“底色图层”，弹出控制菜单，点击“复制图层”按钮复制“底色图层”。展开靠下的“底色图层”控制菜单，点击“HSL 调整”按钮，将底部一栏的亮度参数调至 -100，把图层变成黑色，将“不透明度”值调为 30%，形成“投影图层”。用“变换”工具，向右下方拖曳，形成投影效果。到此全部绘制完成。

图层内容展示如下图所示，建议画不同内容时分别新建图层，方便修改。

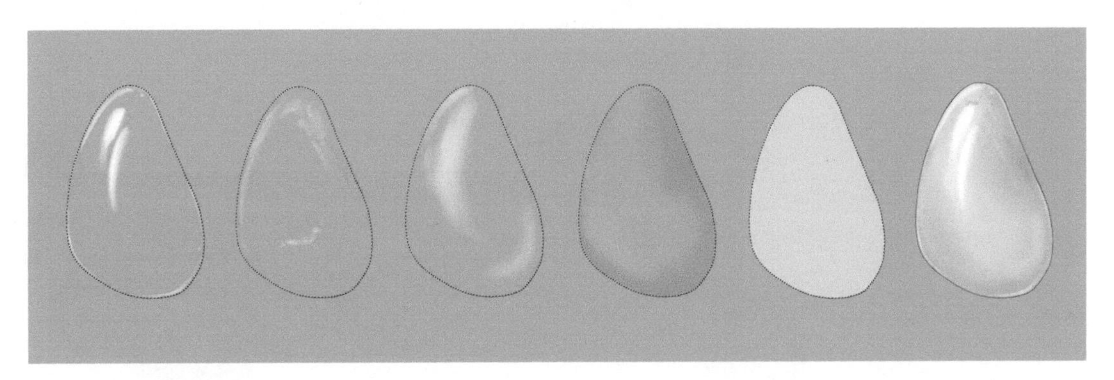

# 星光红 / 蓝宝石

# Star Ruby/Star SApphire

硬　度：9
折射率：1.76~1.78
比　重：3.8~4.05
分　布：缅甸、斯里兰卡、马达加斯加等

光　泽：玻璃光泽
透明度：不透明、半透明

**常见琢形**

弧面形

星光宝石琢形都为弧面形，当然红蓝宝石还有刻面形。



星光效应是指，在平行光照射下，在以弧面切割的宝石表面呈现相互交会的四射、六射、十二射星状光带，并且亮线随宝石或光源的移动而移动的现象。

星光红 / 蓝宝石含有 3 组相交成 120° 角的平行排列的金红石纤维状包裹体，垂直晶体沿 C 轴加工成弧面宝石时，可见六射星光。其产生原因与猫眼的形成原理相同（如下图所示），由两组或两组以上定向排列的包裹体或结构引起。

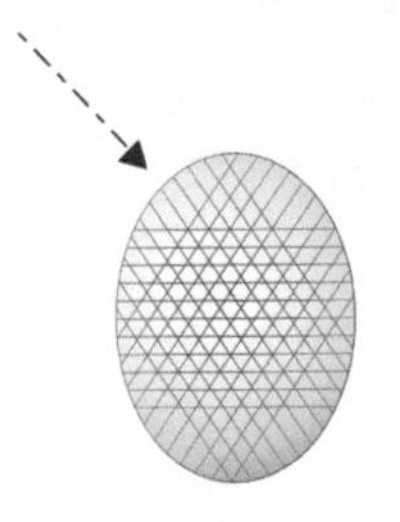

成 120° 包裹体排列

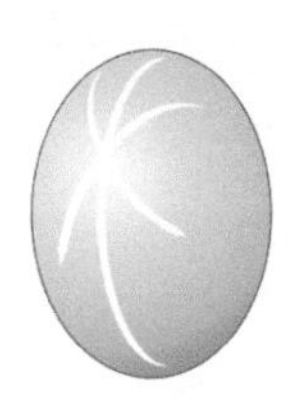

星光效应

在自然界中，能产生星光效应的宝石较多，目前常见的有蓝宝石、红宝石、尖晶石、海蓝宝石等。

星光红宝石中独有两种包裹体——绢丝状金红石包裹体及形成的六射星光和乳白色絮状斑块。宝石颜色鲜明，但不均匀，常见平直的色带，多色性明显，用肉眼从不同的方向观察，可见不同的颜色，包括鸽血红、玫瑰红、粉红、猪血红。微量铬使其显红色，铬含量越高颜色越红，最红的俗称“鸽血红”。

**案例一：星光蓝宝石**

● 绘图颜色色阶

## 绘图步骤

步骤1 选择大小为1.5的“针笔”工具，再选择“导向”工具组中的“椭圆”工具或“绘制样式”工具组中的“椭圆”工具，绘制出黑色椭圆形宝石轮廓。

步骤2 用“魔棒”工具，在椭圆形区域内点击，以形成选区。

步骤3 新建“底色图层”，选择“单色填充”工具，调整双圆盘颜色，色值为H233 S89 L41，在画布内任意位置点击自动填充颜色。再次点击“填色”图标，退出“单色填充”工具。

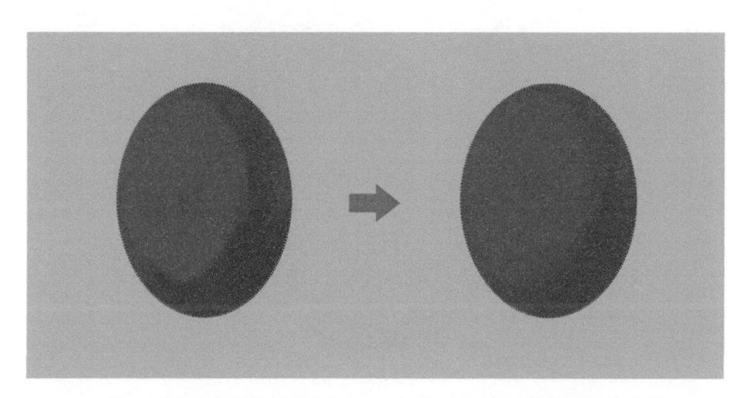

步骤4 新建“暗部图层”，选择“流量喷笔”工具，调整双圆盘颜色，色值为H228 S59 L31，画出如左图所示的暗部效果（涂于宝石右下角弧面）。再用“涂抹笔”工具晕染，使其过渡自然，与周围的颜色相融合。

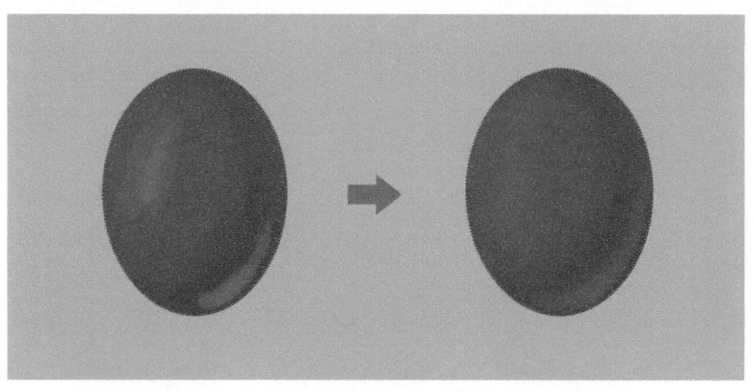

步骤5 新建“亮部图层”，选择“流量喷笔”工具，调整双圆盘颜色，色值为H233 S65 L71，涂于宝石左侧弧面以及右下角形成反光效果，如左图所示。再用“涂抹笔”工具晕染，使其过渡自然，与周围的颜色相融合。

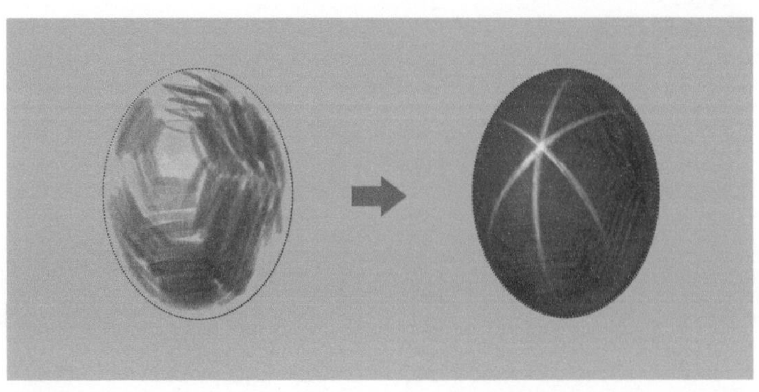

步骤6 新建“高光图层”，选择“粉蜡笔”工具 ，调整双圆盘颜色为白色，调小画笔，降低“不透明度”值，画出略带弧度的星线。

步骤7 新建“肌理图层”，选择“粉蜡笔”工具 ，浅色颜色为白色，深色颜色值为 H228 S59 L31，画出与星线垂直的平行包裹体小短线。

步骤8 回到“高光图层”，选择“笔刷”工具 ，调整双圆盘颜色为白色，降低“不透明度”值，画出位于宝石左上角边缘的高光效果、右下角边缘的反光效果和宝石表面的反光效果，并加强星线交会处的光源效果。到此全部绘制完成。



图层内容展示如下图所示，建议画不同内容时分别新建图层，方便修改。

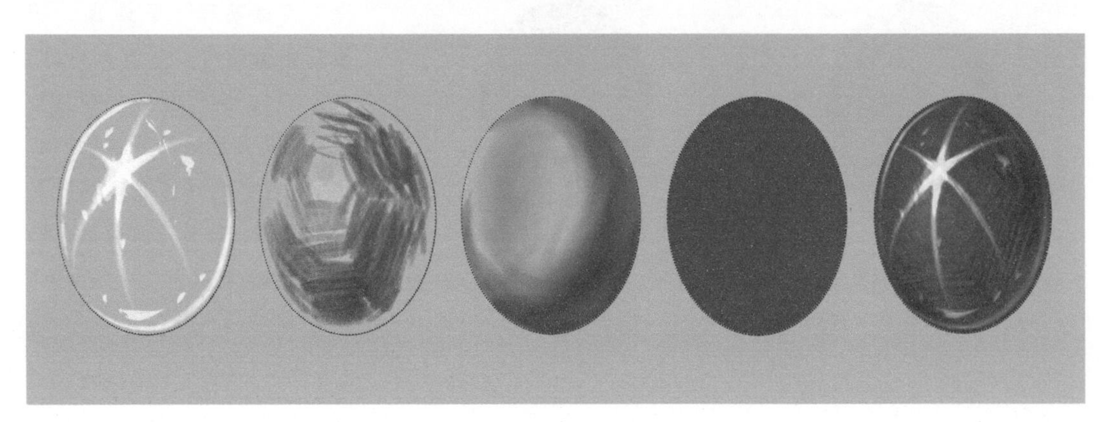

## 案例二：星光红宝石

### 绘图颜色色阶

### 绘图步骤

步骤1继续上一个实例的操作，点击任意图层，弹出控制菜单，点击“合并所有图层”按钮。

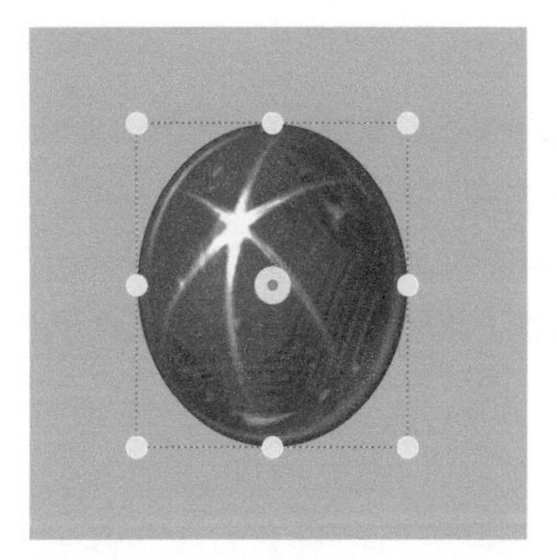

步骤2选择“变化”工具组中的“扭曲”工具，拖曳控制柄，使其变成偏圆形的宝石。

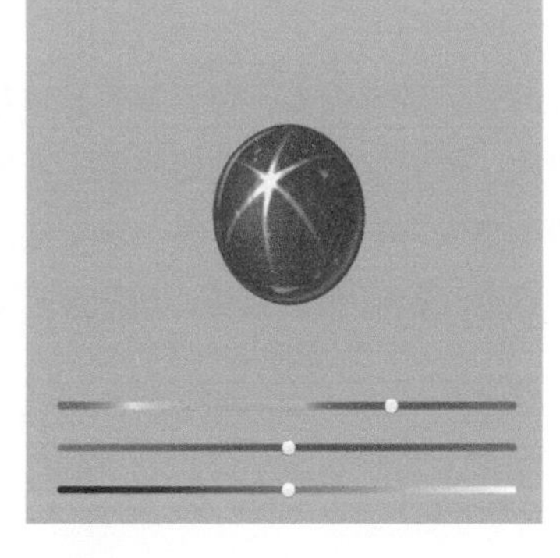

步骤3点击“HSL调整”按钮并调节参数，如上图所示。

步骤4新建“投影图层”，选择“流量喷笔”工具，调整双圆盘颜色为黑色，降低“不透明度”值，画出如上图所示的投影效果（涂于宝石右下角弧面）。再用“涂抹笔”工具晕染，使其过渡自然，与周围的颜色相融合。到此全部绘制完成。

步骤5选择“笔刷”工具，调整双圆盘颜色，色值为H329 S68 L36，画出如左图所示的投影中透明宝石的颜色反光。再用“涂抹笔”工具晕染，使其过渡自然，与周围的颜色相融合。

# 猫眼石

# Cat's Eye

硬　度：8.5
折射率：1.746~1.763
比　重：3.71~3.75
颜　色：黄色、黄绿色、绿色、褐色等
分　布：巴西、斯里兰卡、印度等
光　泽：玻璃光泽
透明度：不透明、半透明

**常见琢形**

弧面形

猫眼效应是晶体中含大量平行排列的细小丝状金红石包裹体，当将其加工成弧面形琢形后，会在弧面上出现一条明亮且具有一定游动性的光带，宛如猫眼细长的瞳眸，因此得名。所以严格来说，猫眼并不是宝石的名称，而是某些宝石上呈现的一种光学现象。

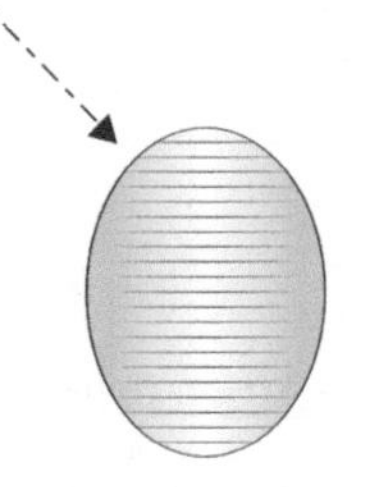

包裹体平行排列

猫眼效应

猫眼石的种类很多，每种矿物家族都可能出现猫眼效应，例如，金绿猫眼、变石猫眼、祖母绿猫眼、石英猫眼、碧玺猫眼、月光石猫眼、欧泊猫眼、石榴石猫眼等。金绿猫眼的常见颜色为金黄色、黄绿色、灰绿色、褐色、褐黄色等，其颜色成因在于金绿宝石矿物中含有F离子。

金绿猫眼石是金绿宝石家族（Chrysoberyl）的重要成员，在西方被列为五大珍贵宝石之一。

● 绘图颜色色阶

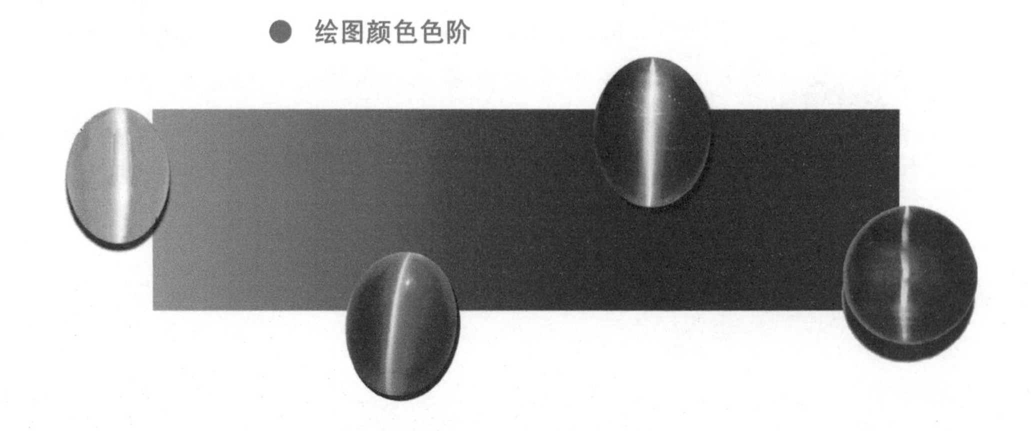

## ● 绘图步骤

步骤1 选择大小为1.5的“针笔”工具，再选择“导向”工具组中的“椭圆”工具或“绘制样式”工具组中的“椭圆”工具，画出黑色椭圆形宝石轮廓。再次点击“导向”或者“绘制样式”图标，退出“椭圆”工具。

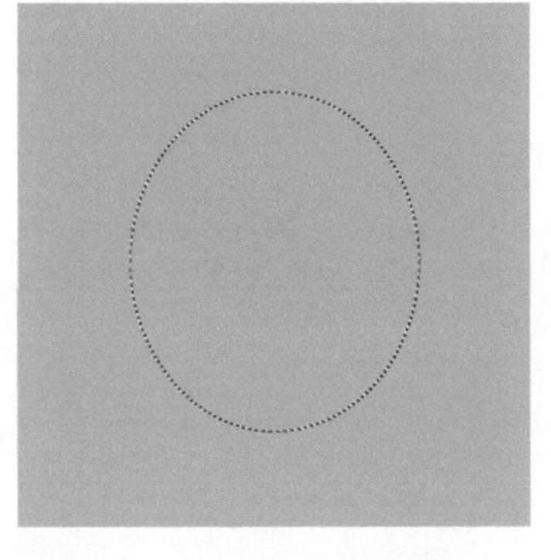

步骤2 用“魔棒”工具，在椭圆形区域内点击，以形成选区。

步骤3 新建“底色图层”，选择“单色填充”工具，调整双圆盘颜色，色值为H49 S81 L40，在画布内任意位置点击自动填充颜色。再次点击“填色”图标，退出“单色填充”工具。

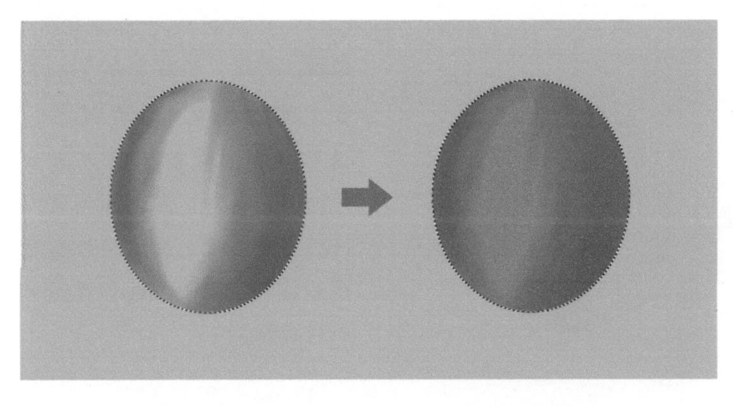

步骤4 新建“暗部图层1”，选择“流量喷笔”工具，调整双圆盘颜色，色值为H22 S22 L42，涂于宝石两侧的弧面，画出如左图所示的暗部。再用“涂抹笔”工具晕染，使其过渡自然，与周围的颜色相融合。

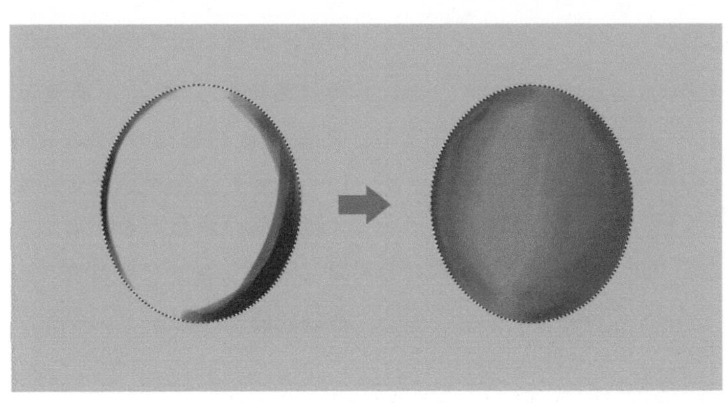

步骤5 新建“暗部图层2”，选择“流量喷笔”工具，调整双圆盘颜色，色值为H23 S29 L37。加强暗部的光影效果，涂于宝石弧面的边缘，如左图所示。再用“涂抹笔”工具晕染，使其过渡自然，与周围的颜色相融合。

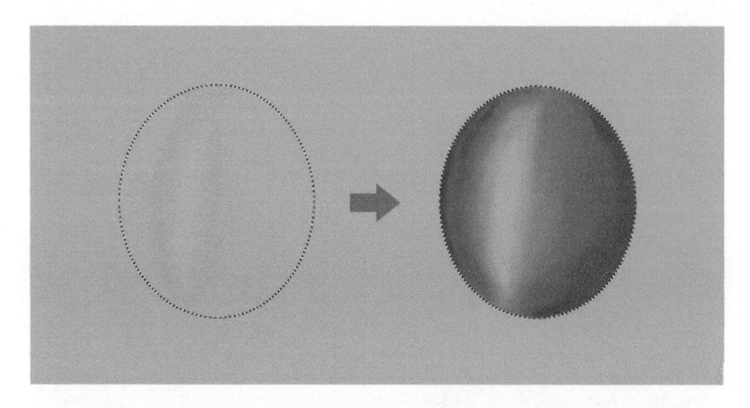

步骤6 新建“亮部图层”，选择“流量喷笔”工具，调整双圆盘颜色，色值为H50 S56 L63，涂于宝石的左侧弧面，如左图所示。再用“涂抹笔”工具晕染，使其过渡自然，与周围的颜色相融合。

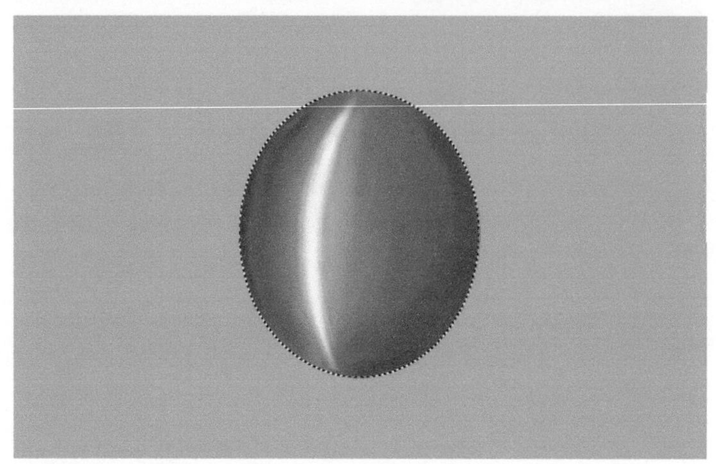

步骤7 新建“高光图层”，选择“笔刷”工具，调整双圆盘颜色为白色，调小画笔，画出略带弧度的“眼线”。

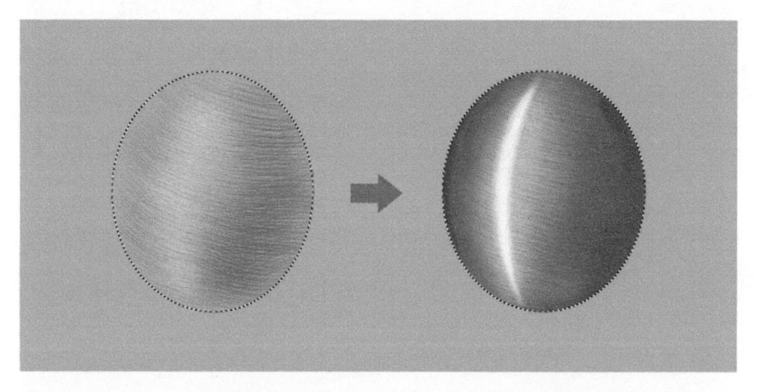

步骤8 新建“肌理图层”，选择“图案填充 1”笔刷，调整颜色，亮黄色的色值为H50 S56 L63，深色的色值为H23 S29 L37。画出略带弧度的短线和与猫眼眼线垂直的平行包裹体。

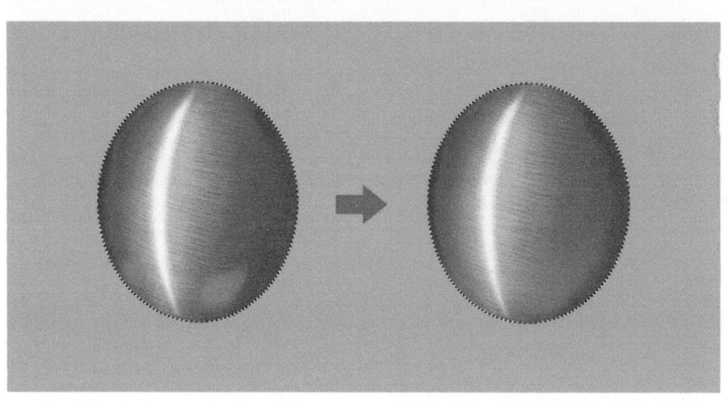

步骤9 新建“反光图层”，选择“笔刷”工具，调整双圆盘颜色，色值为H33 S74 L57，涂于宝石的下弧面，如左图所示。再用“涂抹笔”工具晕染，使其过渡自然，与周围的颜色相融合。

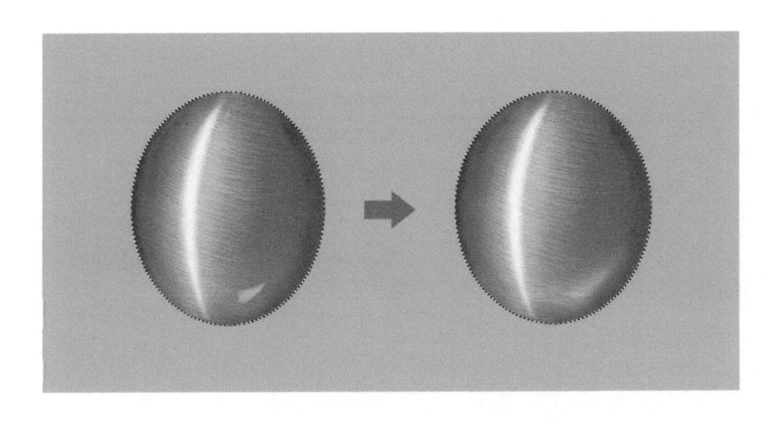

步骤10 继续在"反光图层"操作，选择"笔刷"工具，调整双圆盘颜色，色值为H45 S100 L84，画出如左图所示的效果，以加强反光。再用"涂抹笔"工具晕染，使其过渡自然，与周围的颜色相融合。点击"反光图层"，弹出控制菜单，选择"混合模式"菜单中的"光晕"选项，也可以自行选择其他"混合模式"，找到最好的表现效果即可。

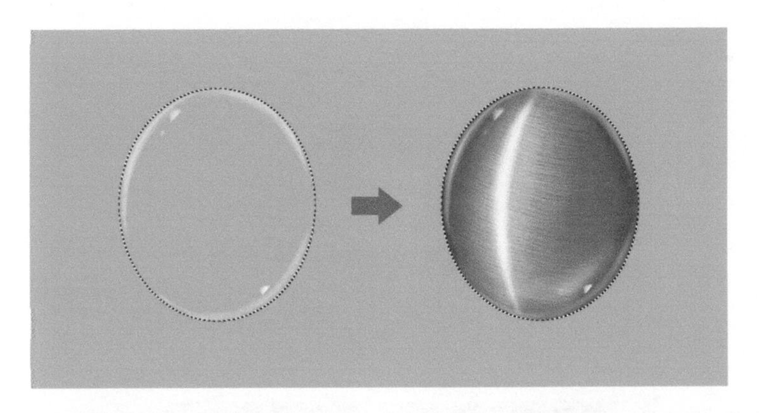

步骤11 回到"高光图层"，选择"笔刷"工具，调整双圆盘颜色为白色，降低"不透明度"值，画出位于宝石左上角边缘的高光效果和右下角边缘的反光效果。

步骤12 新建"投影图层"，选择"流量喷笔"工具，调整双圆盘颜色为黑色，降低"不透明度"值，画出如上图所示的投影效果。再用"涂抹笔"工具晕染，使其过渡自然，与周围的颜色相融合。

步骤13 选择"笔刷"工具，调整双圆盘颜色，色值为H31 S93 L63，在投影中画出如上图所示的透明宝石的颜色反光。再用"涂抹笔"工具晕染，使其过渡自然，与周围的颜色相融合。到此全部绘制完成。

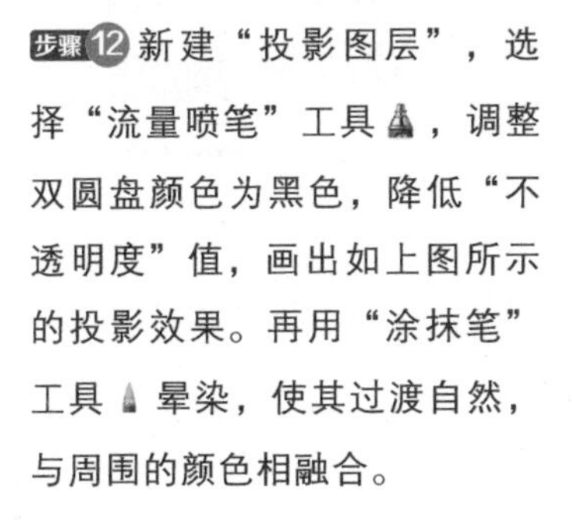

图层内容展示如下图所示，建议画不同内容时分别新建图层，方便修改。

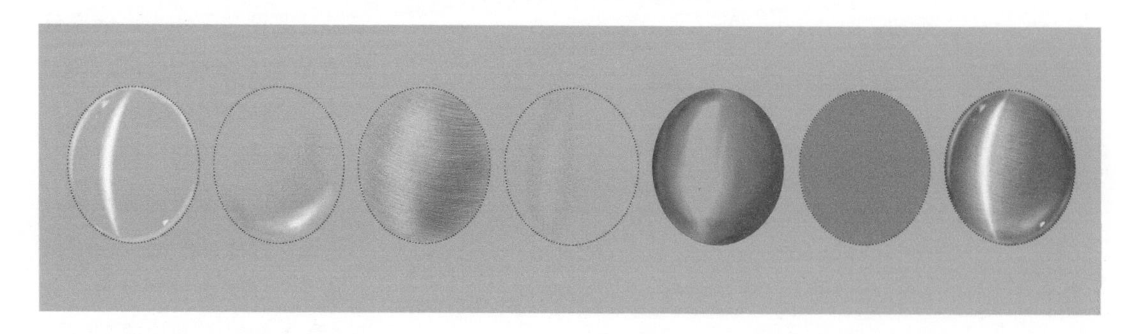

## 延展运用

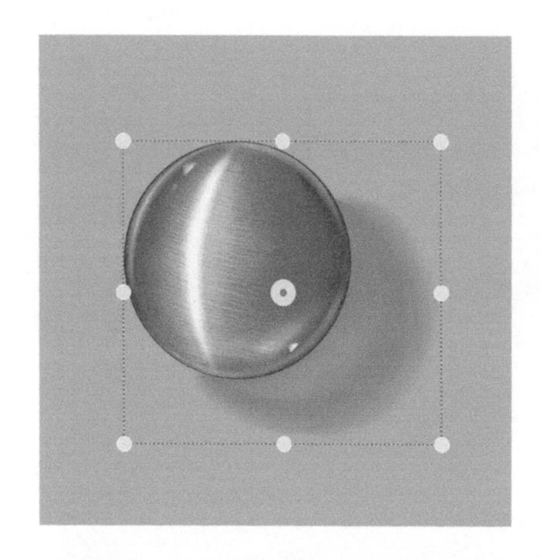

步骤1选择“变化”工具组中的“扭曲”工具，拖曳控制柄，调整猫眼石的形状。

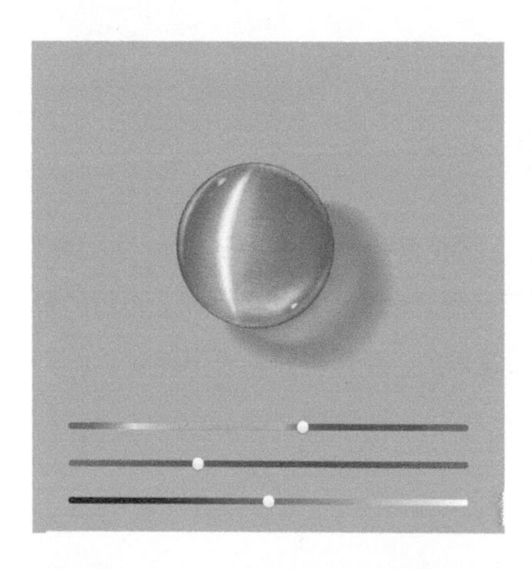

步骤2点击“HSL 调整”按钮，并调节参数，如上图所示。

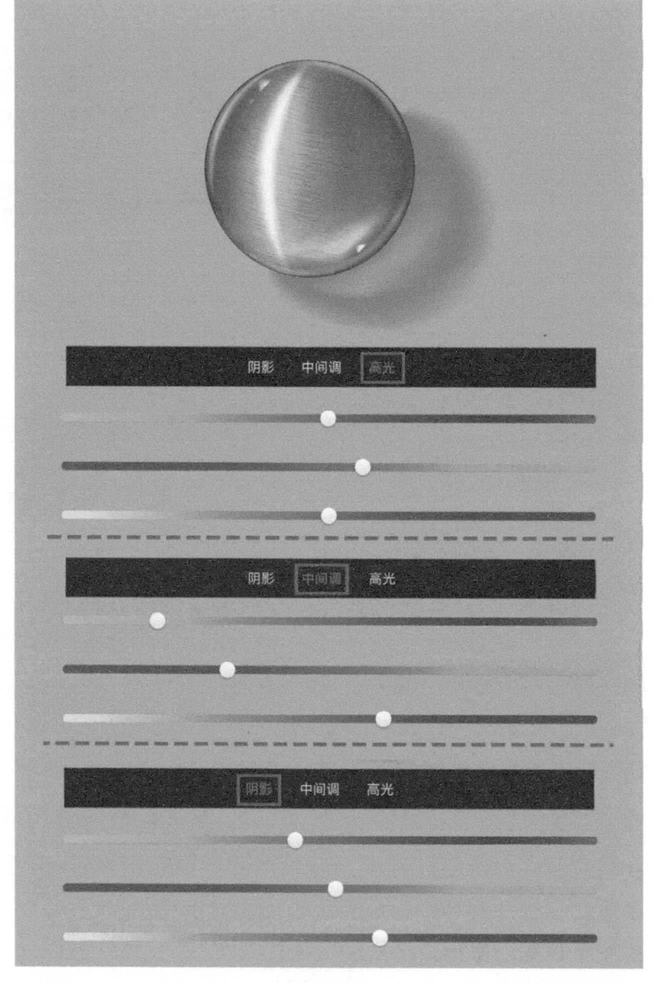


步骤3点击“色彩平衡”按钮，分别调整“高光”“中间调”“阴影”的参数值，如上图所示，最终绘制成一颗黄绿色调的猫眼石。

6.2.5 月光石

# 月光石

# Moonstone

硬　度：6
折射率：1.52~1.54
比　重：2.56~2.59
颜　色：白色、粉色、黄色、黑色等
分　布：斯里兰卡、缅甸、印度、巴西等
光　泽：玻璃光泽
透明度：半透明

**常见琢形**

弧面形

珠形

月光效应多出现在长石类宝石中，在月光石等宝石转动到一定角度时，可见宝石表面呈现蔚蓝色和白色的浮光，宛如朦胧的月光。这种效应被称为“月光效应”，也称为“冰长石效应”。

月光石通常是无色至白色的，也可呈浅黄、橙至淡褐、蓝灰或绿色，透明或半透明，具有特别的月光效应，因而得名。这是由于两种长石的层状隐晶平行相互交生，折射率稍有差异就可让见光发生散射，当有解理面存在时，可伴有干涉或衍射，长石对光的综合作用使长石表面产生一种蓝色的浮光。如果层较厚，产生灰白色，浮光效果要差一些。月光石的反射光主要为蓝色和银色，也有红色和金黄色的，但无论是哪一种颜色，反射光的亮度和面积决定了宝石的价值。



● 绘图颜色色阶

## 绘图步骤

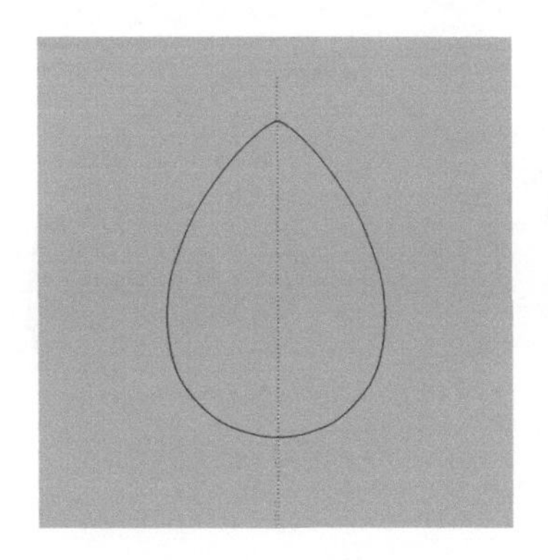

步骤1 选择“对称”工具组中的“Y 轴对称”工具。用大小为 1.5 的“针笔”工具，画出左半部分水滴形弧面，因 *Y* 轴对称的原因，弧线会镜像对称到右侧，形成一个完整的水滴形。再次点击“对称”图标，退出“Y 轴对称”工具。

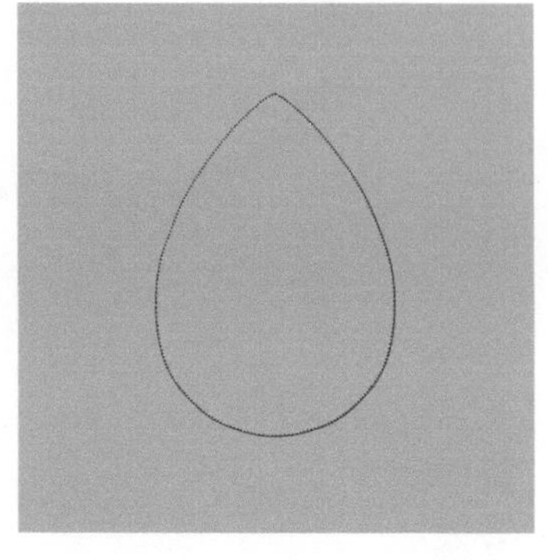

步骤2 选择“魔棒”工具，在水滴形区域内点击，以形成选区。保持当前选区进行绘制，可以避免画出线框。

步骤3 新建“底色图层”，选择“单色填充”工具，调整双圆盘颜色，色值为 H0 S0 L30，在画布内任意位置点击自动填充颜色。再次点击“填色”图标，退出“单色填充”工具。



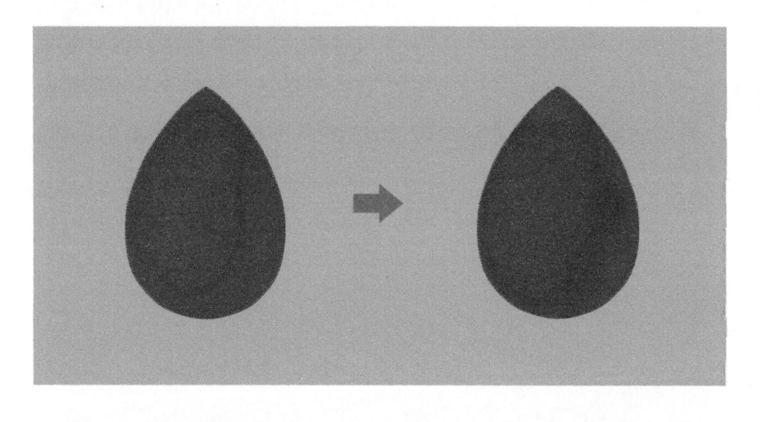

步骤4 新建“暗部图层”，选择“流量喷笔”工具，调整双圆盘颜色，色值为 H226 S81 L32，在宝石左上角弧面处画出如左图所示的暗部。再用“涂抹笔”工具晕染，使其过渡自然，与周围的颜色相融合。

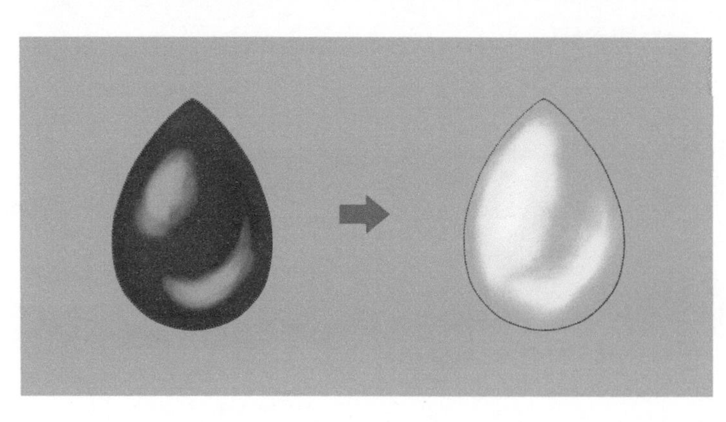

步骤5 新建“亮部图层”，选择“流量喷笔”工具，调整双圆盘颜色，色值为 H187 S53 L59，画出如左图所示的效果。再用“涂抹笔”工具晕染，使其过渡自然，与周围的颜色相融合。

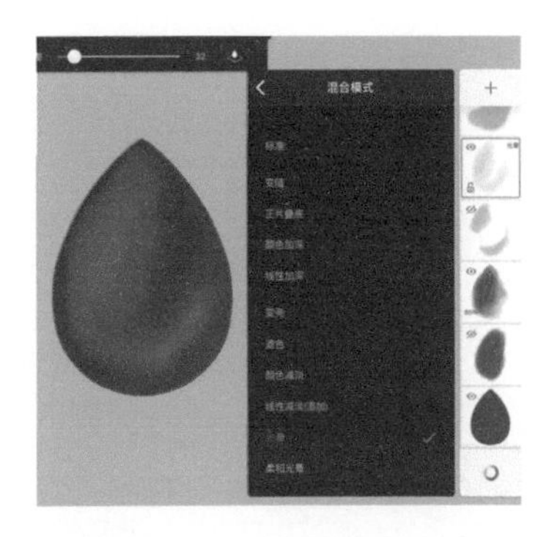

步骤6 点击“亮部图层”，弹出控制菜单，选择“混合模式”菜单中的“光晕”选项，也可以选择其他“混合模式”，找到最好的表现效果即可。

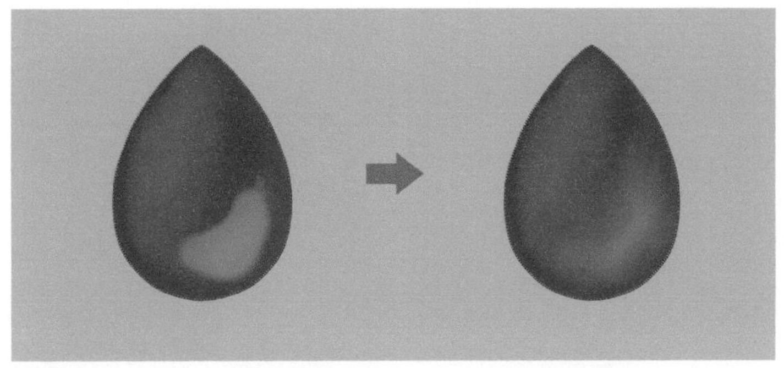

步骤7 选择“流量喷笔”工具，调整双圆盘颜色，色值为H202 S56 L50，加强亮部的反光效果，如上图所示。再用“涂抹笔”工具晕染，使其过渡自然，与周围的颜色相融合。

步骤8 新建“高光图层 1”，选择“笔刷”工具，调整双圆盘颜色为白色，降低“不透明度”值，画出高光效果。

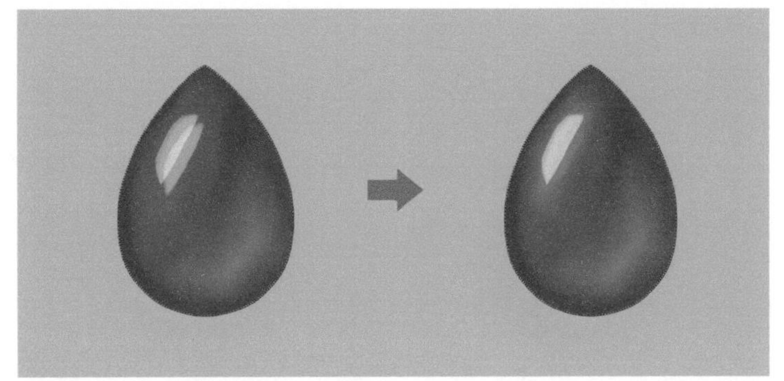

步骤9 新建“高光图层 2”，选择“笔刷”工具，调整双圆盘颜色，色值为 H180 S27 L60，画出光晕。再用“涂抹笔”工具晕染，使其过渡自然，与周围的颜色相融合。

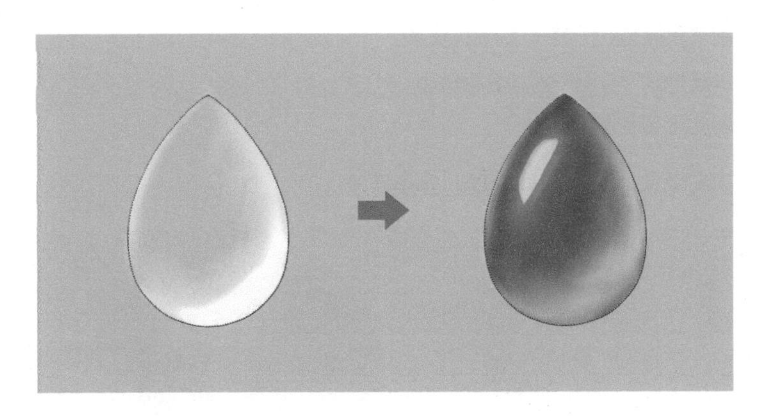

步骤10 新建“反光图层 1”，选择“笔刷”工具，调整双圆盘颜色为白色，降低“不透明度”值，画出反光效果。再用“涂抹笔”工具晕染，使其过渡自然，与周围的颜色相融合。

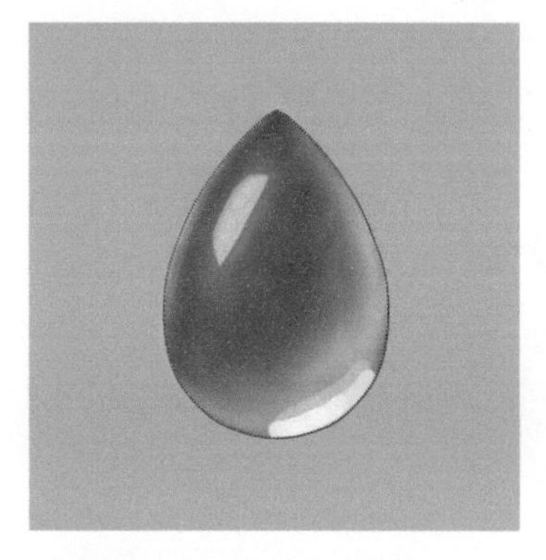

步骤11 新建“反光图层 2”，选择“笔刷”工具，调整双圆盘颜色为白色，增强右下角的反光效果。再用“涂抹笔”工具晕染，使其过渡自然，与周围的颜色相融合。

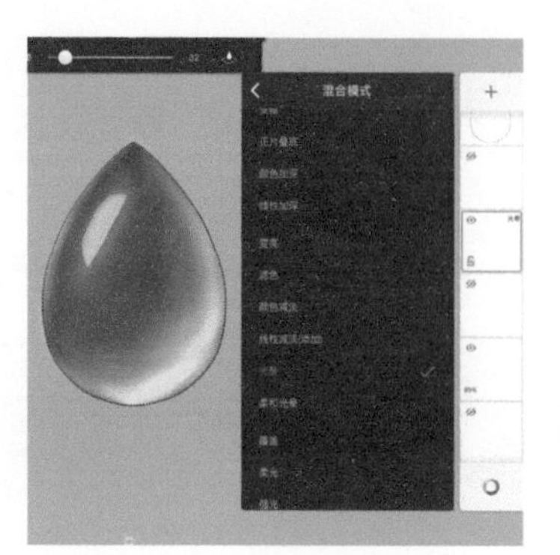

步骤12 点击“反光图层 2”，弹出控制菜单，选择“混合模式”菜单中的“光晕”选项，也可以选择其他“混合模式”，找到最好的表现效果即可。

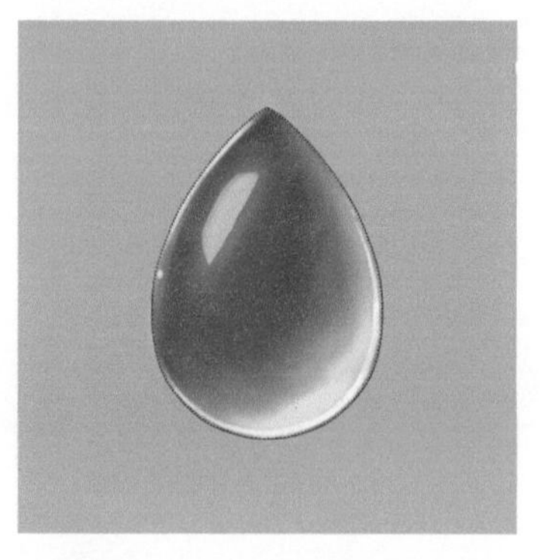

步骤13 回到“高光图层 1”，选择“笔刷”工具，调整双圆盘颜色为白色，调小画笔，降低“不透明度”值，画出位于宝石左上角边缘的高光效果和右下角边缘的反光效果。

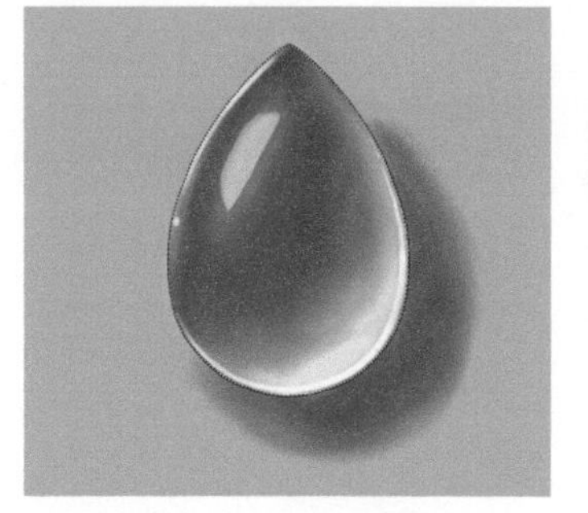

步骤14 新建“投影图层”，选择“流量喷笔”工具，调整双圆盘颜色为黑色，在宝石右下角弧面处画出如上图所示的投影效果。再用“涂抹笔”工具晕染，使其过渡自然，与周围的颜色相融合。

步骤15 选择“笔刷”工具，调整双圆盘颜色，色值为 H212 S50 L59，在投影中画出如上图所示的透明宝石的颜色反光。再用“涂抹笔”工具晕染，使其过渡自然，与周围的颜色相融合。到此全部绘制完成。

图层内容展示如下图所示，建议画不同内容时分别新建图层，方便修改。

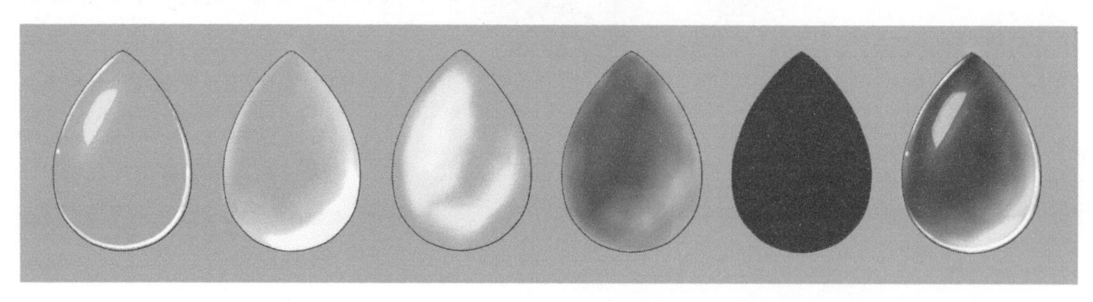

## 6.2.6 芬达石

# 芬达石

# Spessartine

硬　度：6.5~7.5
折射率：1.81
比　重：3.5~4.3
颜　色：橘红色、棕红色、橙色等
分　布：巴西、马达加斯加、缅甸、斯里兰卡、美国等
光　泽：玻璃光泽、亚金刚光泽
透明度：透明至半透明

**常见琢形**

弧面形

刻面形

芬达石拥有独特的火热橙色，最初便被唤作Hollandine(荷兰石)。后经鉴定发现，这其实是一种人们未曾见过的石榴石，它的灿烂和艳丽重新定义了珠宝级锰铝榴石的概念。任何用化学、地理或颜色来简单命名的方法，显然是不足以形容其本身的状态。于是，一种代表快乐、趣味的橙味汽水名称被成功借用——芬达石。

作为锰铝榴石（Spessartine）的高贵代表，芬达石的橙色基调虽然由锰控制，但其最终颜色却是受铁元素影响的。当含铁量较高时会呈现橘红、棕红色调，含铁量低时则呈现如柑橘般的金橙色。要获得纯净、明亮而又鲜艳的橙色，锰和铁的比例必须组合得刚刚好才行。

### 绘图颜色色阶

## ● 绘图步骤

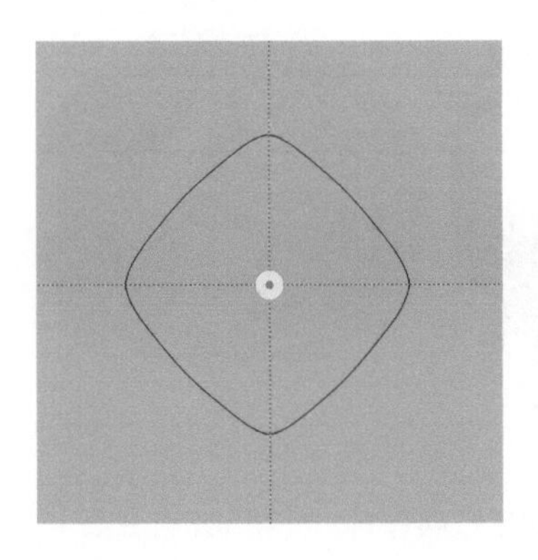

步骤1 选择“对称”工具组中的“Y 轴对称”工具和“X 轴对称”工具。再选择大小为 1.5 的“针笔”工具，画出 1/4 的弧面，弧线会镜像对称形成一个完整的倒角矩形。再次点击“对称”图标，退出“Y 轴对称”工具。

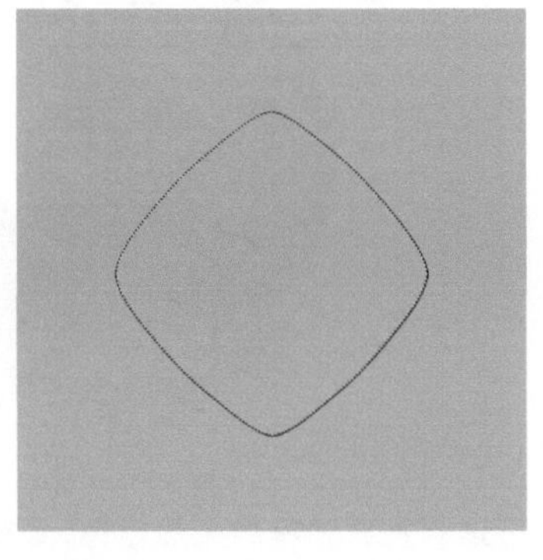

步骤2 选择大小为 1.5 的“针笔”工具，在倒角矩形区域内点击，以形成选区。保持当前选区进行绘制，可以避免画出线框。

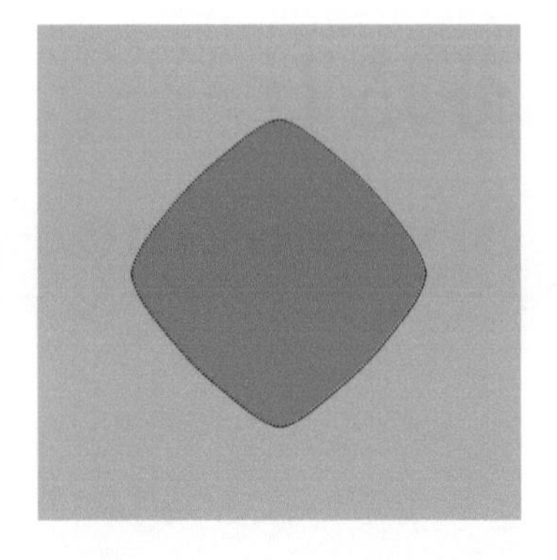

步骤3 新建“底色图层”，选择“单色填充”工具，调整双圆盘颜色，色值为 H22 S93 L56，在画布内任意位置点击自动填充颜色。再次点击“填色”图标，退出“单色填充”工具。



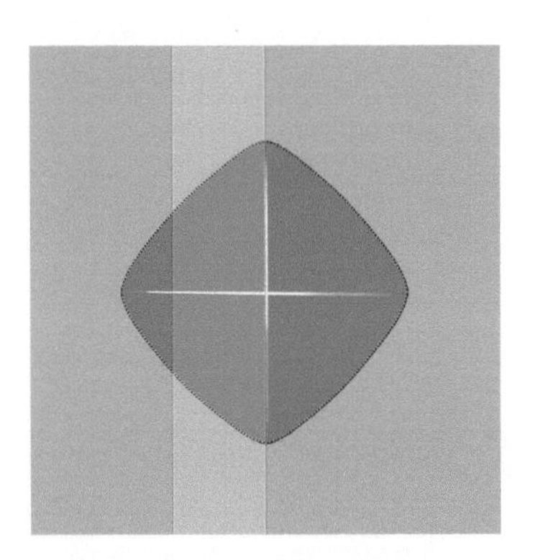

步骤4 新建“高光图层”，选择大小为 1.5 的“针笔”工具，再选择“导向”工具组中的“标尺”工具。双指拖曳标尺画出白色十字棱线。再次点击“导向”图标，退出“标尺”工具。

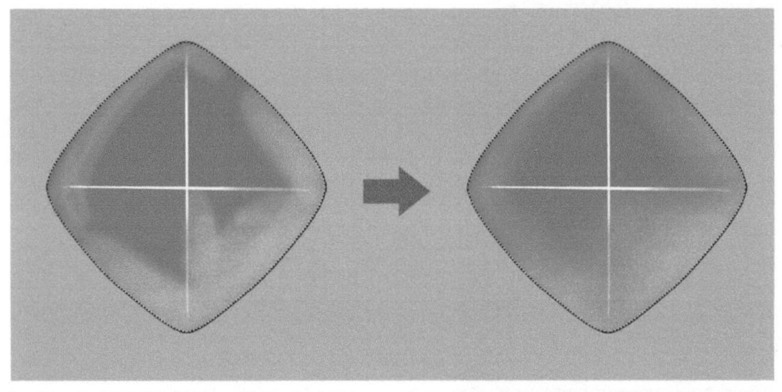

步骤5 新建“亮部图层”，选择“流量喷笔”工具，调整双圆盘颜色，色值为 H47 S83 L64，画出如上图所示的效果。再用“涂抹笔”工具晕染，使其过渡自然，与周围的颜色相融合。

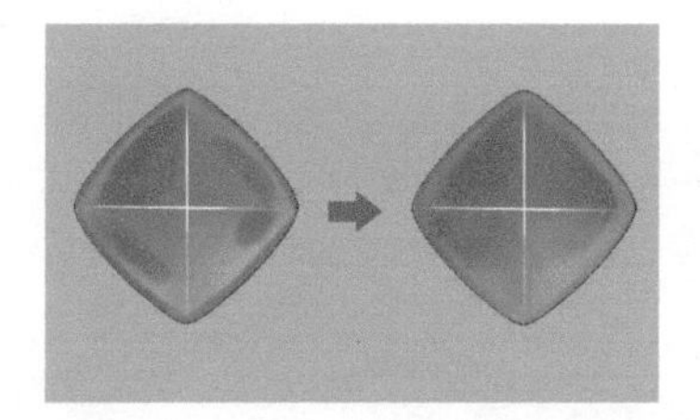

步骤6 新建“暗部图层”，选择“流量喷笔”工具，调整双圆盘颜色，色值为H14 S81 L51，着重在宝石左上角三角区域画出如上图所示的暗部。再用“涂抹笔”工具晕染，使其过渡自然。

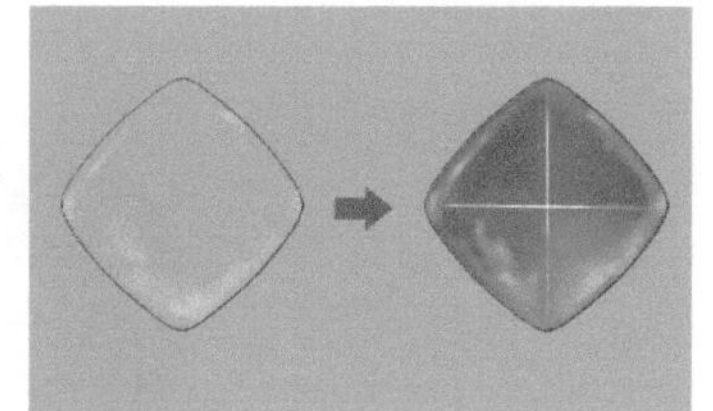

步骤7 新建“肌理图层”，选择“画笔”工具，调整双圆盘颜色，色值为H57 S67 L67，降低“不透明度”值，加强亮部的反光效果。再用“涂抹笔”工具晕染，效果如上图所示。

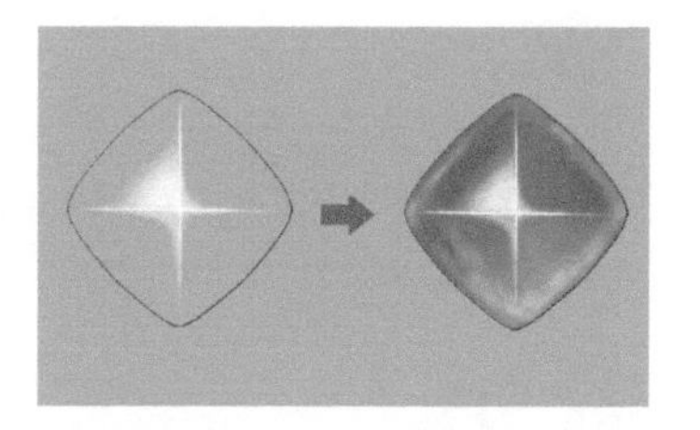

步骤8 回到“高光图层”，选择“笔刷”工具，调整双圆盘颜色为白色，降低“不透明度”值，画出线与线交会处的高光，效果如上图所示。

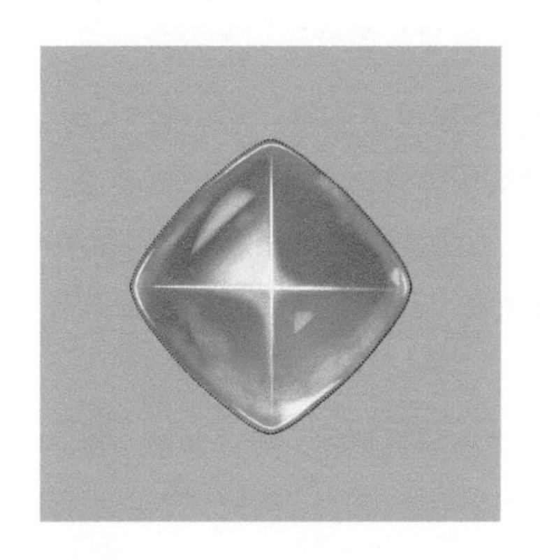

步骤9 选择“笔刷”工具，调整双圆盘颜色为白色，画出高光及位于宝石左上角边缘处的高光效果和右下角边缘处的反光效果。

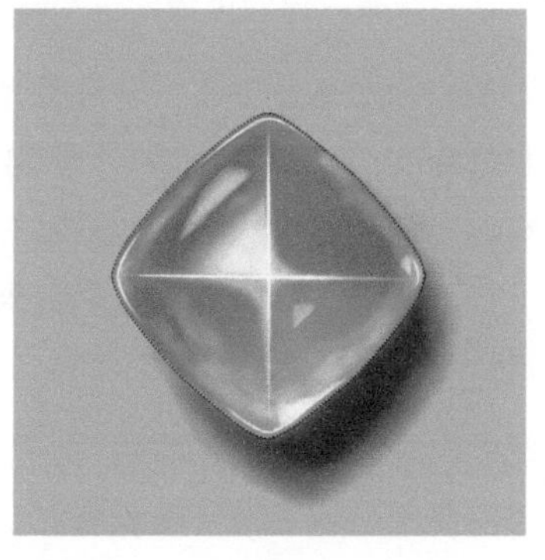

步骤10 新建“投影图层”，选择“流量喷笔”工具，调整双圆盘颜色为黑色，在宝石右下角弧面处画出如上图所示的投影效果。再用“涂抹笔”工具晕染，使其过渡自然，与周围的颜色相融合。

步骤11 选择“笔刷”工具，调整双圆盘颜色，色值为H26 S79 L58，画出如上图所示的投影中的透明宝石的颜色反光。再用“涂抹笔”工具晕染，使其过渡自然，与周围的颜色相融合。到此全部绘制完成。

图层内容展示如下图所示，建议画不同内容时分别新建图层，方便修改。

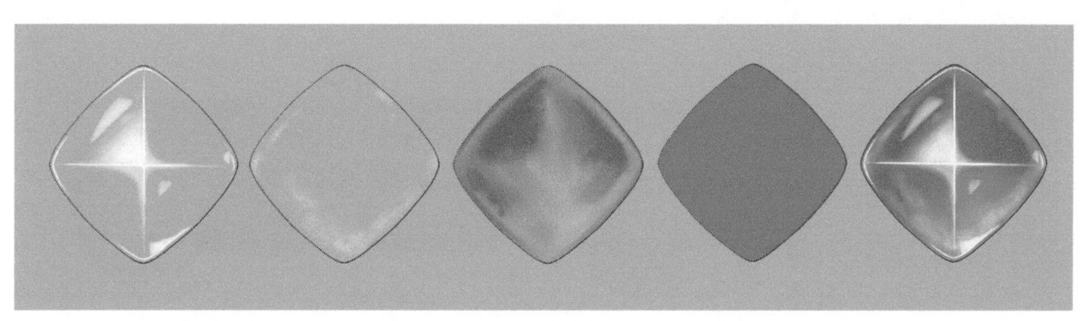

# 欧泊

# Opal

又　称：蛋白石、澳宝
硬　度：5~6
折射率：1.40~1.46
比　重：2.00~2.10
颜　色：各种颜色
分　布：澳大利亚、墨西哥、埃塞俄比亚等
光　泽：玻璃光泽、树脂光泽
透明度：透明、不透明

**常见琢形**

弧面形

薄片型

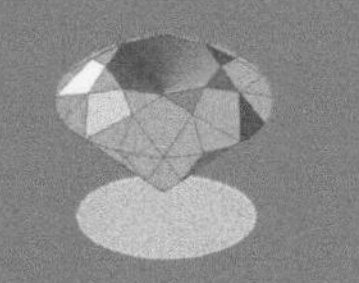

刻面形（仅火欧泊常见）

**小提示：**

斑彩石与欧泊非常相似。

欧泊具有典型的变彩效应，它由无数个二氧化硅小球堆叠而成，当光线以不同的角度投射到衍射层时，衍射颜色也会变化，在光源下可以看到五颜六色的色斑，少数欧泊具有星光效应和猫眼效应。

欧泊是一种非晶质宝石，非常脆弱，硬度仅为5~6，而且需要存放在避免高温、干燥的环境中。天然欧泊的种类包括黑欧泊、白欧泊、火欧泊、晶质欧泊。欧泊也可能深入地层内部的动植物化石中，形成“化石欧泊”。高质量的欧泊被誉为宝石的“调色板”，以其具有特殊的变彩效应而闻名于世。

天然黑欧泊是欧泊中的皇族，由于形态独特且稀少，所以非常珍贵。黑欧泊并不是指它完全是黑色的，只是相比胚体色调较浅的欧泊而言，它的胚体色调比较深。

**案例一：绘制黑欧泊**

● 绘图颜色色阶

## ● 绘图步骤

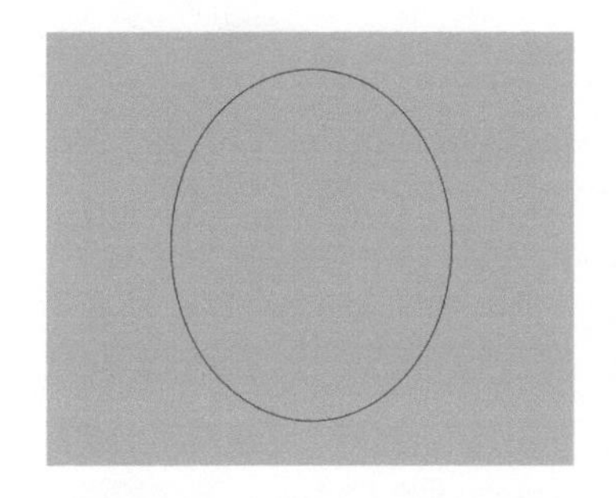

步骤1 选择大小为1.5的"针笔"工具，选择"导向"工具组中的"椭圆"工具或"绘制样式"工具组中的"椭圆"工具，画出黑色椭圆形宝石的轮廓。

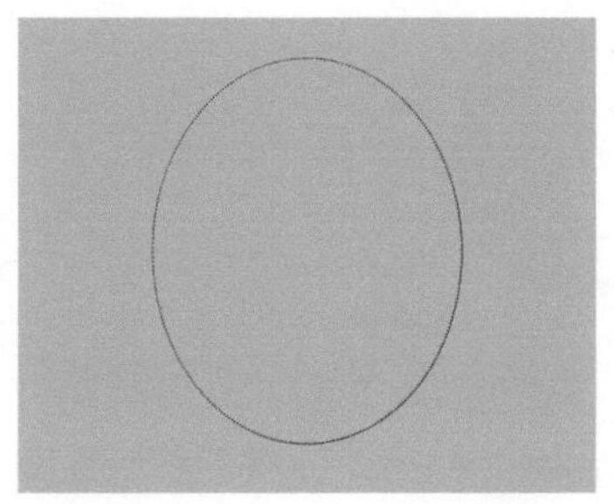

步骤2 选择"魔棒"工具，在椭圆形区域内点击，以形成选区。

步骤3 新建"底色图层"，选择"单色填充"工具，调整双圆盘颜色，色值为H214 S97 L30，在画布内任意位置点击自动填充颜色。再次点击"填色"图标，退出"单色填充"工具。

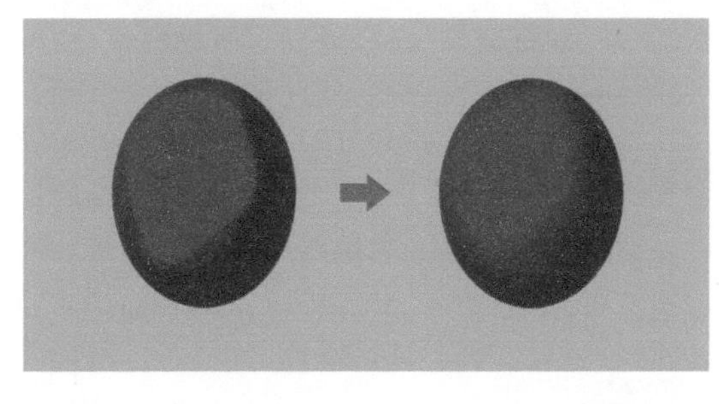

步骤4 新建"暗部图层"，选择"流量喷笔"工具，调整双圆盘颜色，色值为H213 S98 L20，在宝石右下角弧面处画出如上图所示的暗部效果。再用"涂抹笔"工具晕染，使其过渡自然，与周围的颜色相融合。

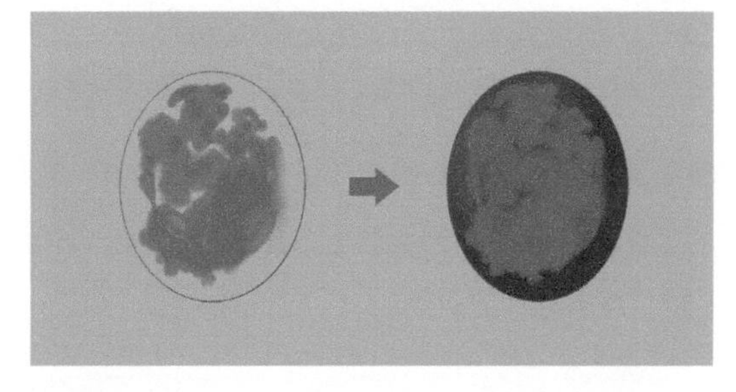

步骤5 新建"颜色1图层"，选择"湿磨损刚毛笔"工具，调整双圆盘颜色，色值为H210 S90 L44，点出成片的颜色。

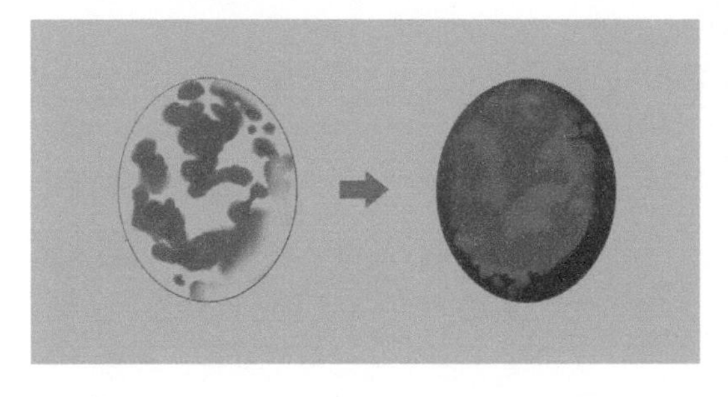

步骤6 新建"颜色2图层"，选择"湿磨损刚毛笔"工具，调整双圆盘颜色，色值为H240 S47 L48，点出成片的颜色。

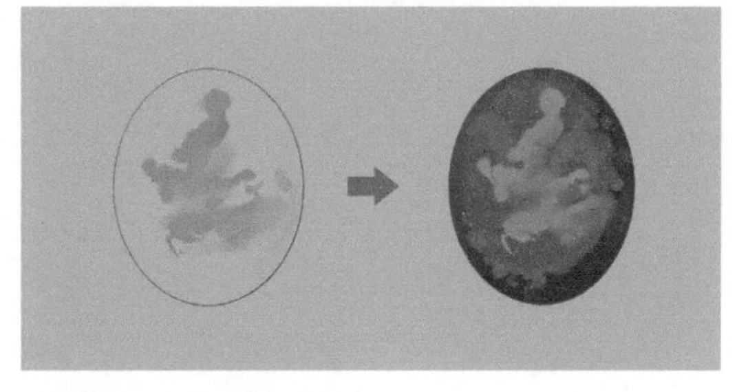

步骤7 新建"颜色3图层"，选择"湿磨损刚毛笔"工具，调整双圆盘颜色，色值为H197 S60 L51，点出成片的颜色。

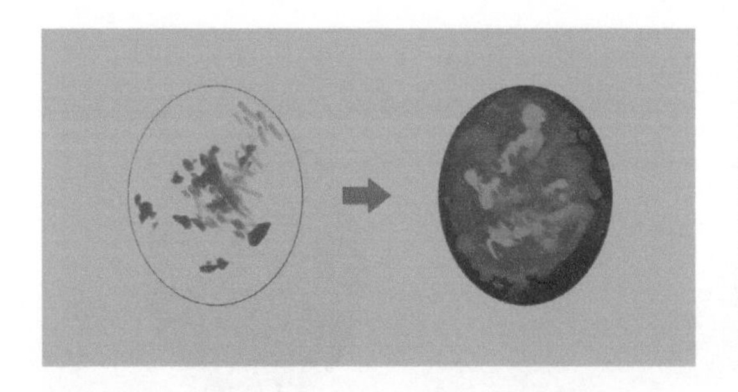

步骤 8 新建“颜色 4 图层”，选择“湿磨损刚毛笔”工具，调整双圆盘颜色，色值为 H226 S89 L42，调小笔刷，降低“不透明度”值，点出成片的颜色。

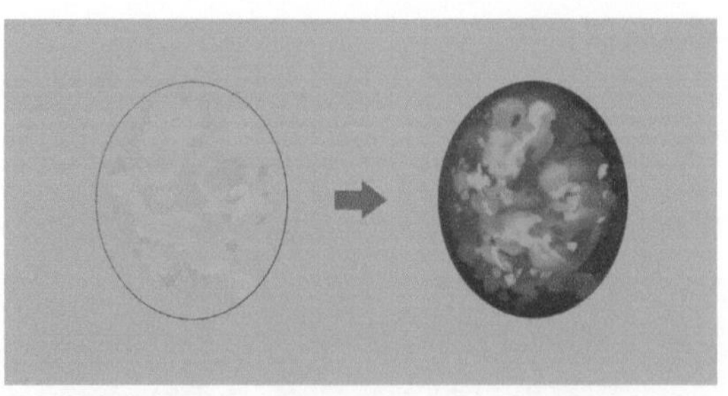

步骤 9 新建“颜色 5 图层”，选择“湿磨损刚毛笔”工具，调整双圆盘颜色，色值为 H154 S64 L53，调大笔刷，点出成片的颜色。

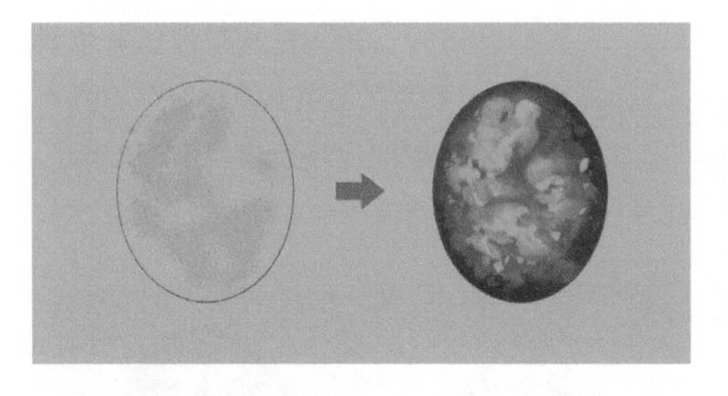

步骤 10 新建“颜色 6 图层”，选择“点_2”笔刷工具，调整双圆盘颜色，色值为 H149 S50 L49，点出成片的颜色。

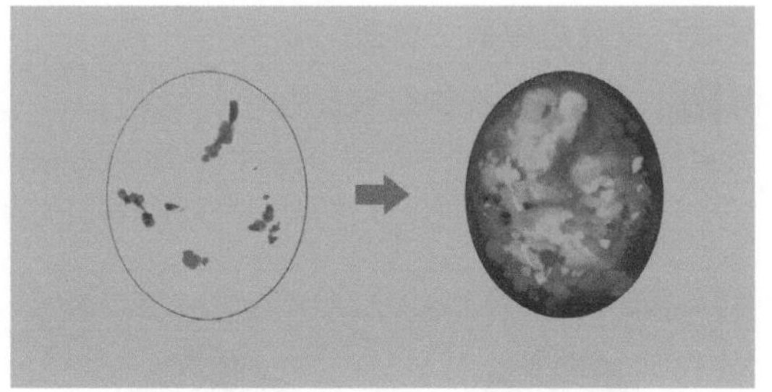

步骤 11 新建“颜色 7 图层”，选择“笔刷”工具，调整双圆盘颜色，色值为 H307 S27 L44（紫红色）和 H256 S51 L38（紫色），点出颜色。

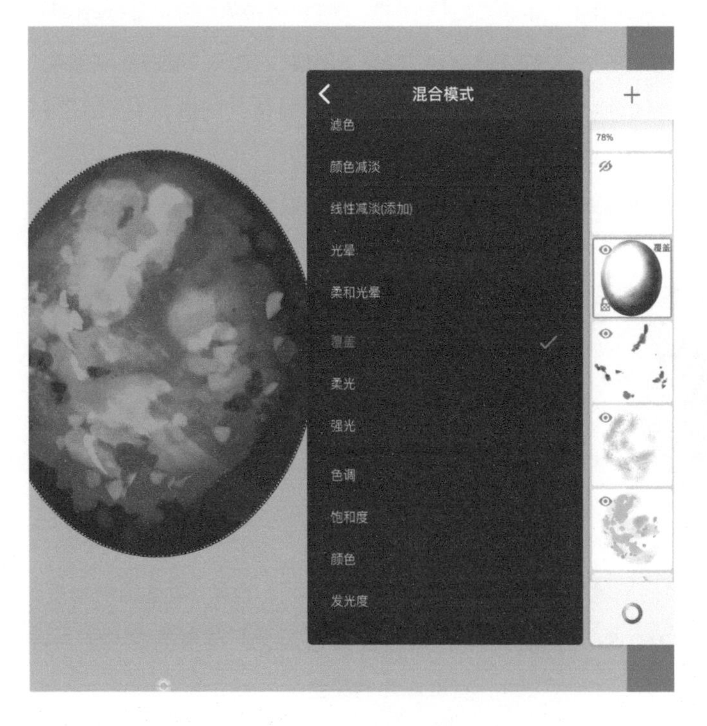


步骤 12 点击“暗部图层”，弹出控制菜单，点击“复制图层”按钮复制一个“暗部图层”并拖至顶层。点击图层弹出控制菜单，选择“混合模式”菜单中的“覆盖”选项，也可以选择其他“混合模式”，找到最好的表现效果即可。

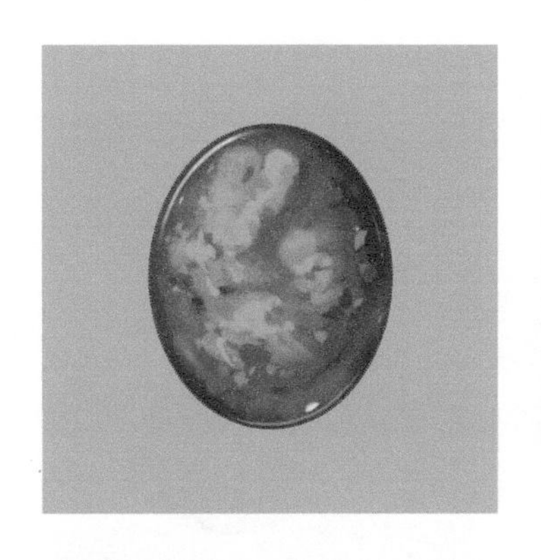

步骤13 新建"高光图层",选择"笔刷"工具，调整双圆盘颜色为白色，降低"不透明度"值，画出宝石左上角边缘的高光效果和右下角边缘的反光效果。

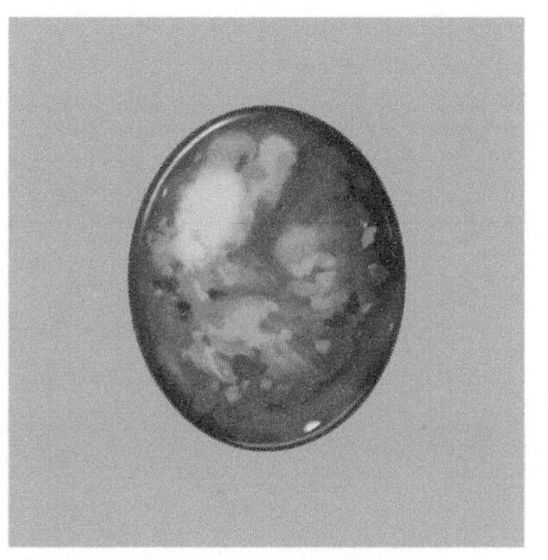

步骤14 选择"流量喷笔"工具，调整双圆盘颜色为白色，降低"不透明度"值，画出宝石左上角淡淡的高光效果。

步骤15 选择"笔刷"工具，调整双圆盘颜色为白色，增强高光的效果。

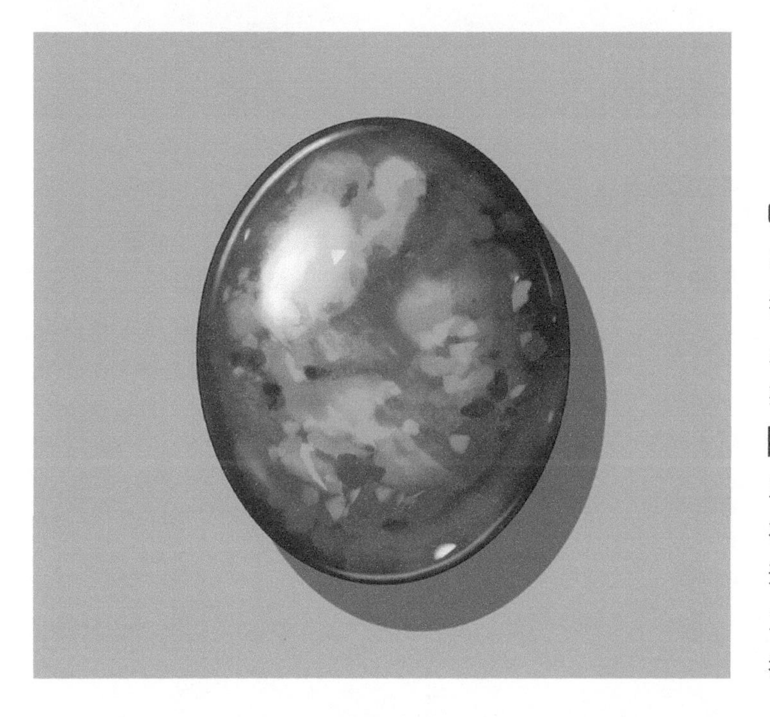

步骤16 点击"底色图层"，弹出控制菜单，点击"复制图层"按钮复制一个"底色图层"。点击"底色图层"，弹出控制菜单，点击"HSL 调整"按钮，把底部一栏的亮度参数调至 -100，变成全黑色的图层。将"不透明度"值调至 30%，形成"投影图层"。用"变换"工具，向右下方拖曳，形成投影效果。到此全部绘制完成。

图层内容展示如下图所示，建议画不同内容时分别新建图层，方便修改。

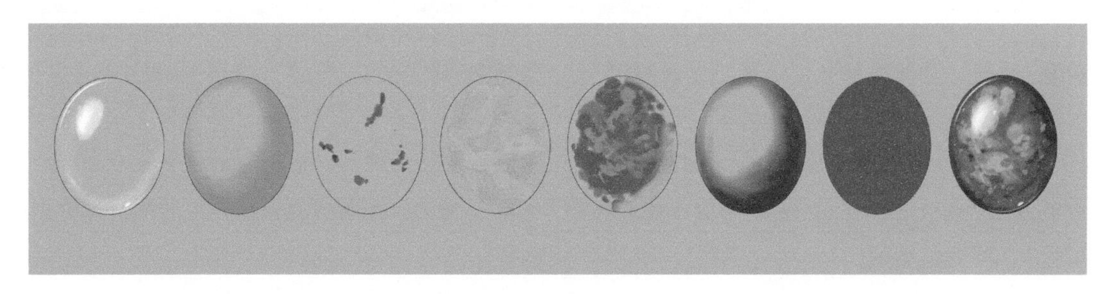

**案例二：绘制白欧泊**

## 绘图颜色色阶

## 绘图步骤

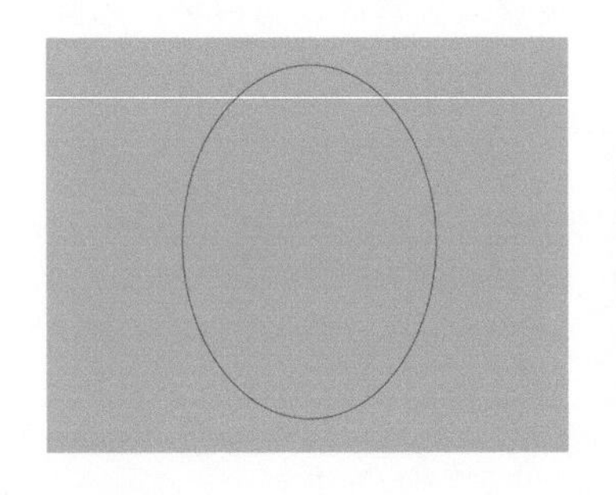

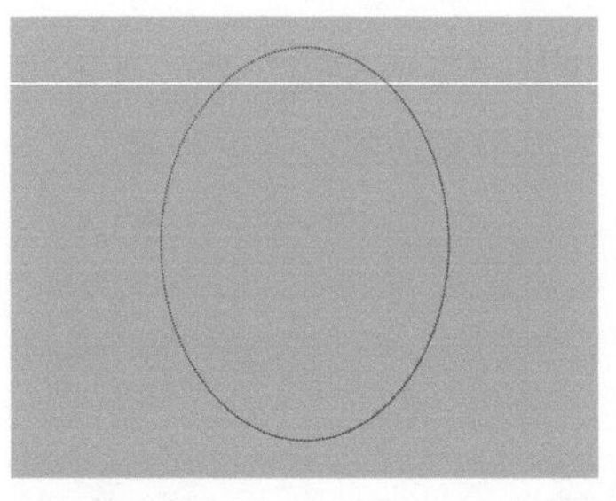

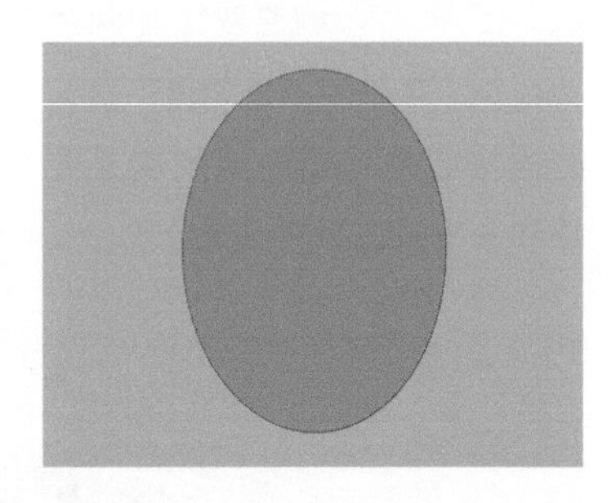

步骤1 选择大小为1.5的“针笔”工具，选择“导向”工具组中的“椭圆”工具或“绘制样式”工具组中的“椭圆”工具工具，画出黑色椭圆形宝石轮廓。

步骤2 选择大小为1.5的“针笔”工具，在椭圆形区域内点击，以形成选区。

步骤3 新建“底色图层”，选择“单色填充”工具，调整双圆盘颜色，色值为H256 S0 L61，在画布内任意位置点击自动填充颜色。再次点击“填色”图标，退出“单色填充”工具。



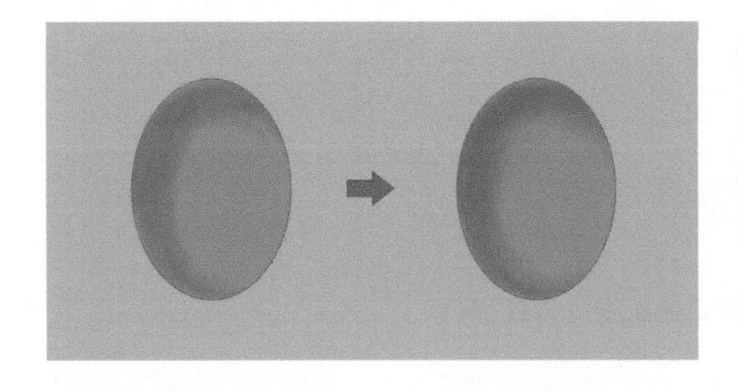

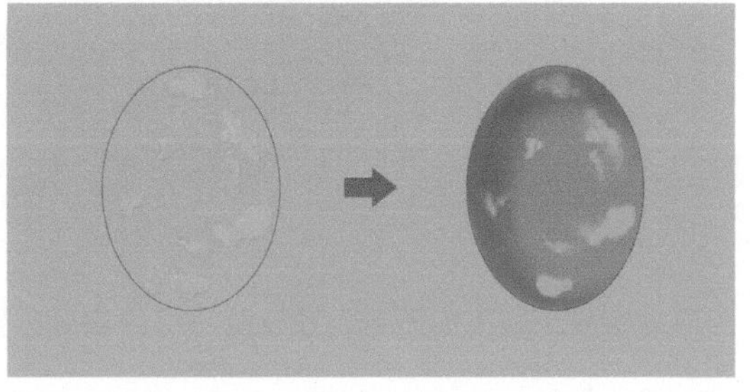

步骤4 新建“暗部图层”，选择“流量喷笔”工具，调整双圆盘颜色，色值为H209 S100 L50，在宝石左上角弧面处画出如图所示的暗部效果。再用“涂抹笔”工具晕染，使其过渡自然，与周围的颜色相融合。

步骤5 新建“颜色1图层”，选择“湿磨损刚毛笔”工具，调整双圆盘颜色，色值为H161 S66 L54，如上图所示点出成片的颜色。再用“涂抹笔”工具晕染，使其过渡自然，与周围的颜色相融合。

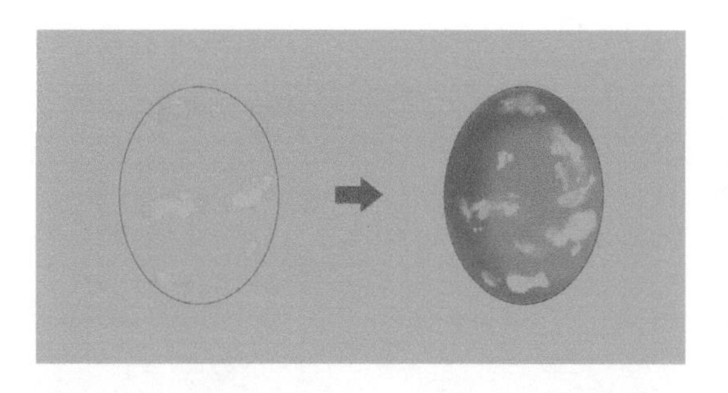

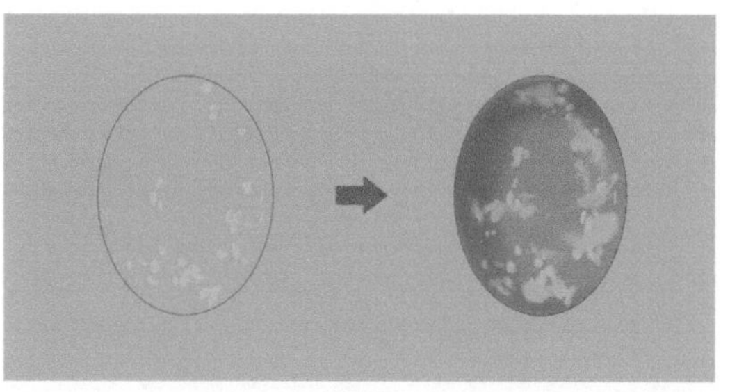

步骤6 新建“颜色 2 图层”，选择“湿磨损刚毛笔”工具，调整双圆盘颜色，色值为 H137 S86 L54，如上图所示点出成片的颜色。再用“涂抹笔”工具晕染，使其过渡自然，与周围的颜色相融合。

步骤7 新建“颜色 3 图层”，选择“湿磨损刚毛笔”工具，调整双圆盘颜色，色值为 H86 S72 L54，调小笔刷，如上图所示点出点状颜色。

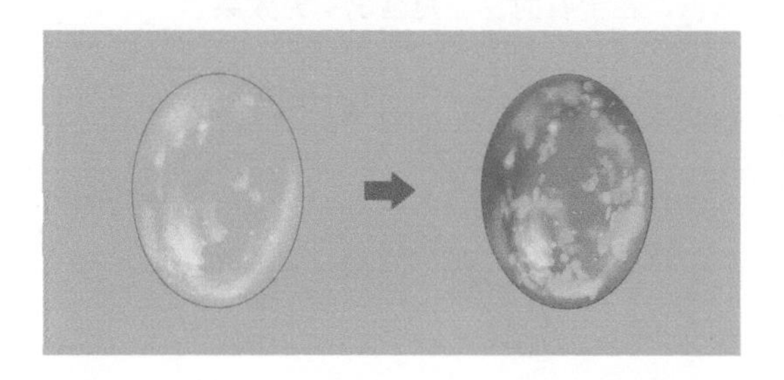

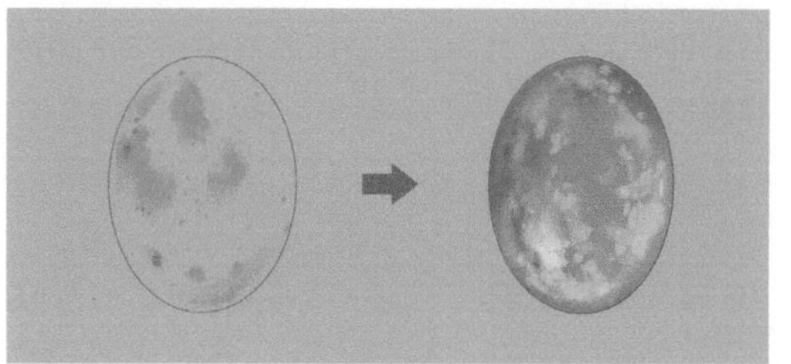

步骤8 新建“颜色 4 图层”，选择“湿磨损刚毛笔”工具，调整双圆盘颜色，色值为 H62 S81 L63，如上图所示点出成片的颜色。再用“涂抹笔”工具晕染，使其过渡自然，与周围的颜色相融合。

步骤9 新建“颜色 5 图层”，选择“湿磨损刚毛笔”工具，调整双圆盘颜色，色值为 H4 S71 L74，如上图所示点出成片的颜色。再用“涂抹笔”工具晕染，使其过渡自然，与周围的颜色相融合。

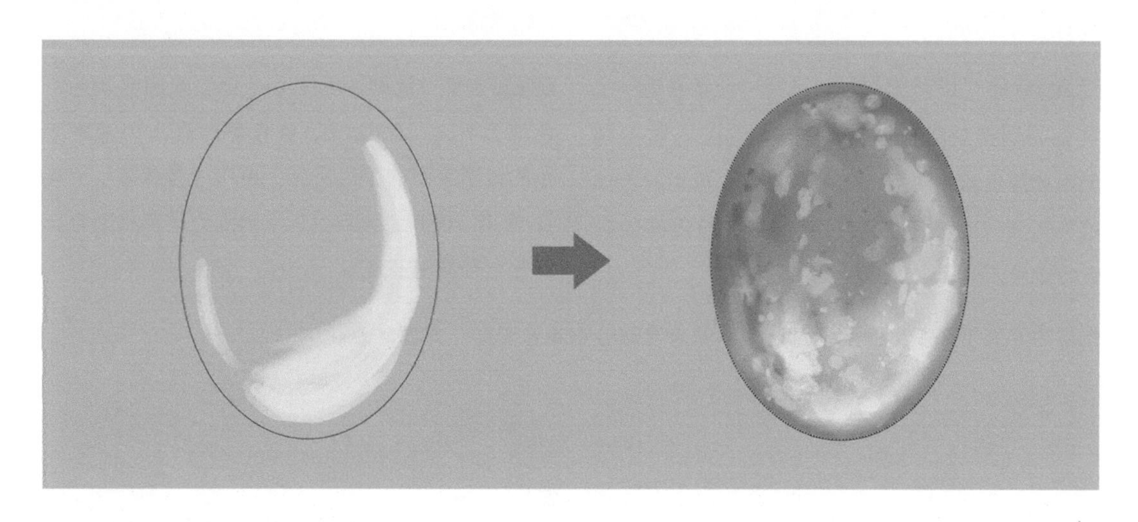

步骤10 新建“亮部图层”，选择“流量喷笔”工具，调整双圆盘颜色为白色，在宝石右下角弧面处画出如上图所示的亮部效果。再用“涂抹笔”工具晕染，使其过渡自然，与周围的颜色相融合。

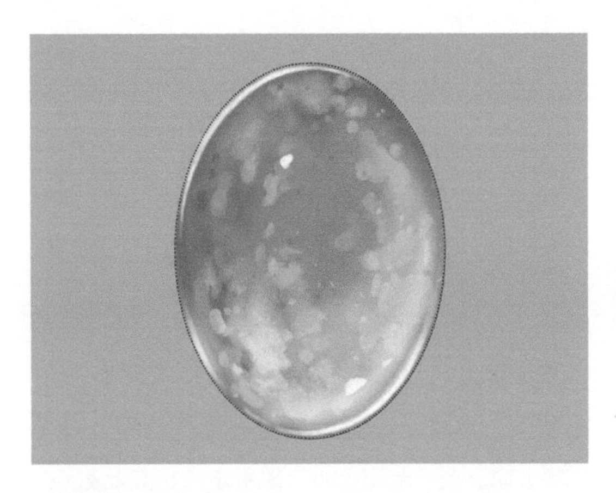

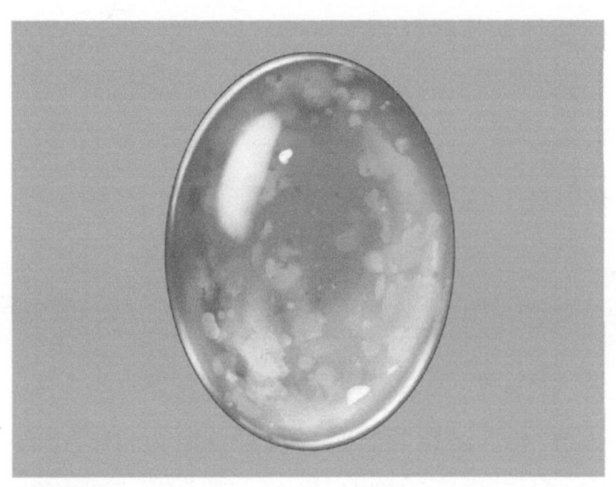

步骤11 新建“高光图层”，选择“笔刷”工具，调整双圆盘颜色为白色，降低“不透明度”值，画出位于宝石左上角边缘的高光效果和右下角边缘的反光效果。

步骤12 选择“笔刷”工具，调整双圆盘颜色为白色，在宝石的左上角画出高光效果。

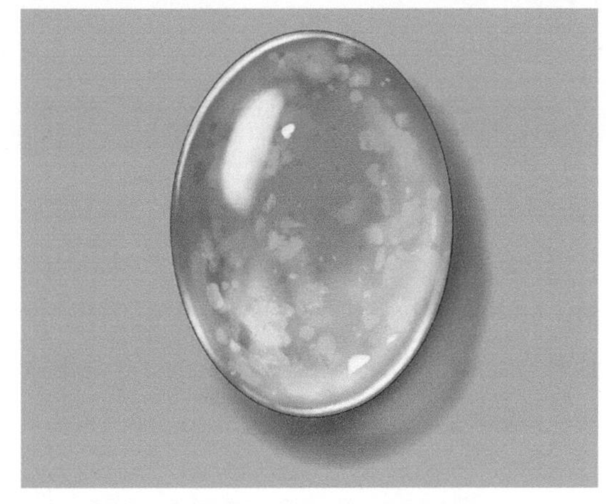

步骤13 新建“投影图层”，选择“流量喷笔”工具，调整双圆盘颜色为黑色，在宝石右下角弧面处画出如左图所示的投影效果。再用“涂抹笔”工具晕染，使其过渡自然，与周围的颜色相融合。

步骤14 选择“笔刷”工具，调整双圆盘颜色，色值为H61 S69 L66，在投影中画出如左图所示的透明宝石的颜色反光。再用“涂抹笔”工具晕染，使其过渡自然，与周围的颜色相融合。到此全部绘制完成。

图层内容展示如下图所示，建议画不同内容时分别新建图层，方便修改。

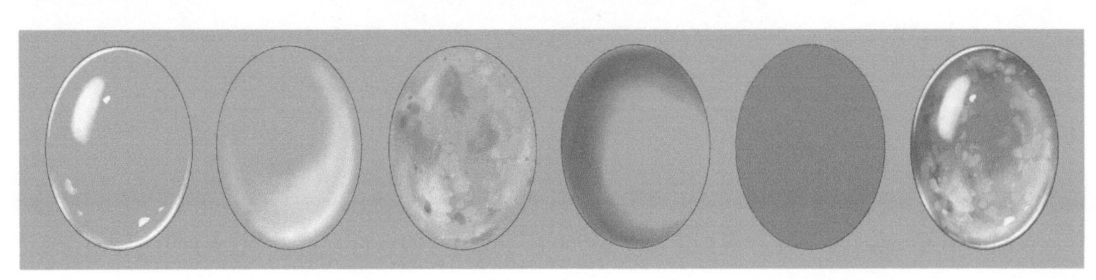

# 6.3 刻面宝石的绘制与表现

刻面宝石，又称棱面石、翻光面石和小面石，其特点是宝石由许多小刻面按一定规律排列组合而成，多呈规则的几何多面体，例如，圆形明亮式切工、玫瑰形切工、阶梯形切工、混合型加工等。

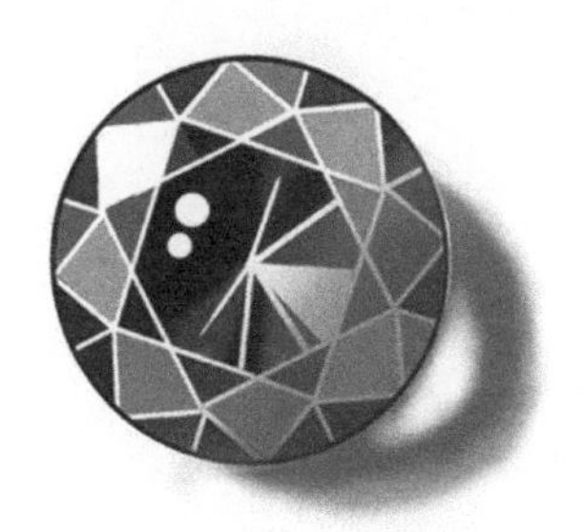

上图为刻面宝石的素描关系分析图，光线从左上 45° 角方向投射在宝石上。按透明宝石的画法，内圆（内多边形）左上角为暗面，右下角为亮面；按不透明宝石的画法，外环（外圆）左上角受光面为亮面，右下角背光面为暗面。

## 6.3.1 钻石（明亮式切割）

# 钻石

# Diamond

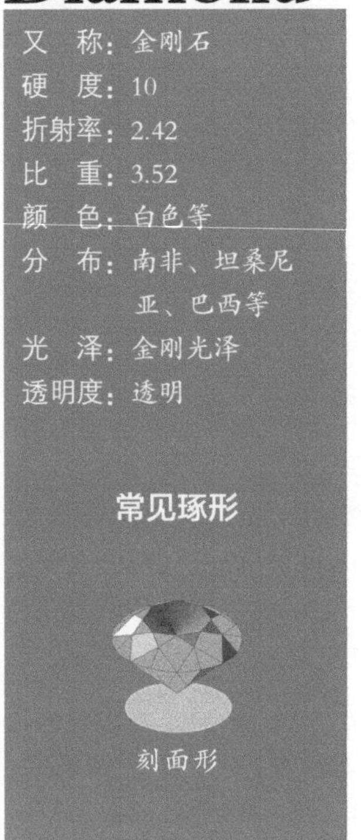


钻石是一种碳元素矿物，纯净的钻石完全由碳元素构成，是唯一可以用作宝石的单一元素矿物。

人们将钻石和爱情联系在一起是近代才流行起来的，主要因为过去钻石稀少，直到 19 世纪发现非洲钻石矿之后，才有足够的钻石在市场上流通。20 世纪 50 年代，人们发现西伯利亚矿床；20 世纪 80 年代，澳大利亚短暂成为最重要的钻石出产国；20 世纪 90 年代后期，加拿大也开始进行商业化的钻石开采活动。

钻石的评级依据 4 个主要条件，也就是人们常说的 4C。

Colour（**色泽**）：指相对的洁白度，彩色的稀有性和美观性，用英文字母 D—Z 来表示。D 色最白，M 色、N 色泛黄。

D、E、F

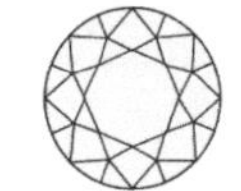

X、Y、Z

Clarity（**净度**）：钻石内含有瑕疵的程度，从内含物的大小、数量、位置的不同划分等级。

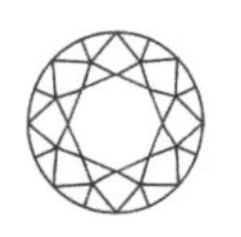

F、IF、VVS1

I3

Carat（**重量**）：宝石的重量，1ct（克拉）= 0.2g（克）。

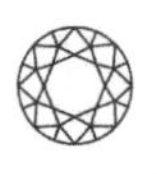

0.3ct

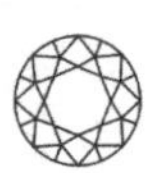

0.5ct

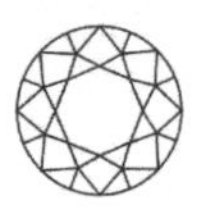

0.7ct

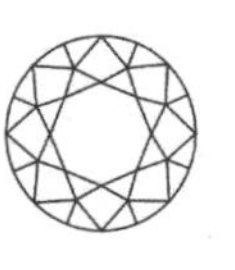

1ct

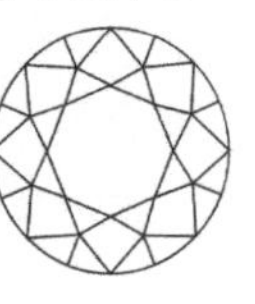

1.5ct

Cut（**切工**）：切磨的琢型和品质。切工可从 3 个方面区分优劣——切工、抛光、对称性。

EX

VG

FAIR

POOR

标准的明亮式切割由 56 个刻面和 1 个台面组成，一共 57 个刻面。钻石加工可分解为 4 部分：台面、冠部、腰部及亭部。

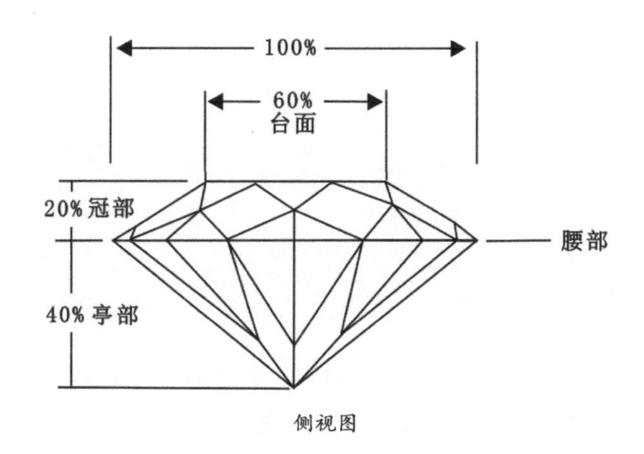


侧视图

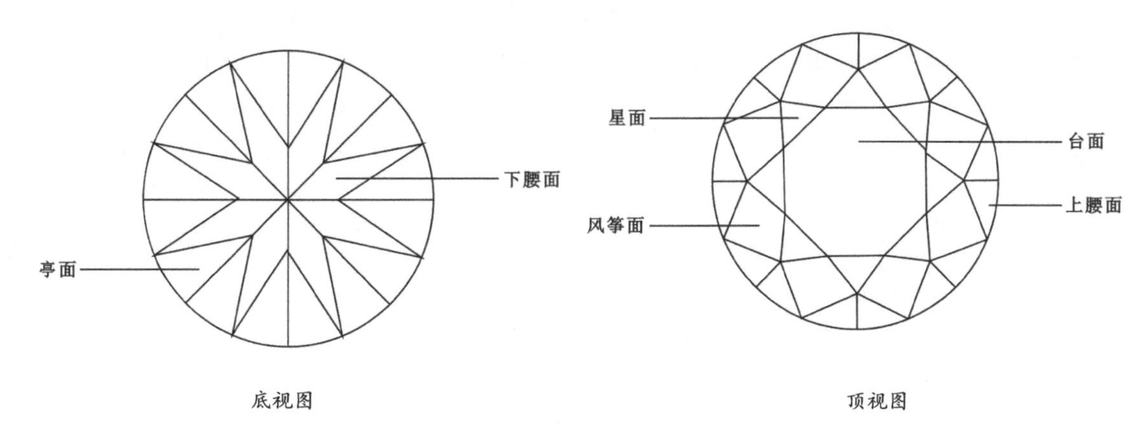


底视图

顶视图

## 标准刻面线稿绘制步骤

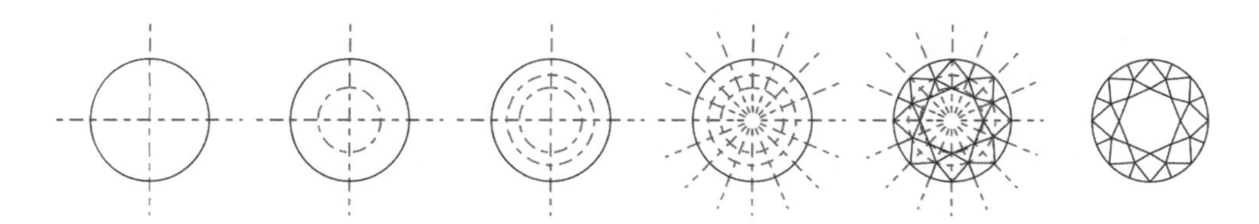

## 绘图颜色色阶

## ● 绘图步骤

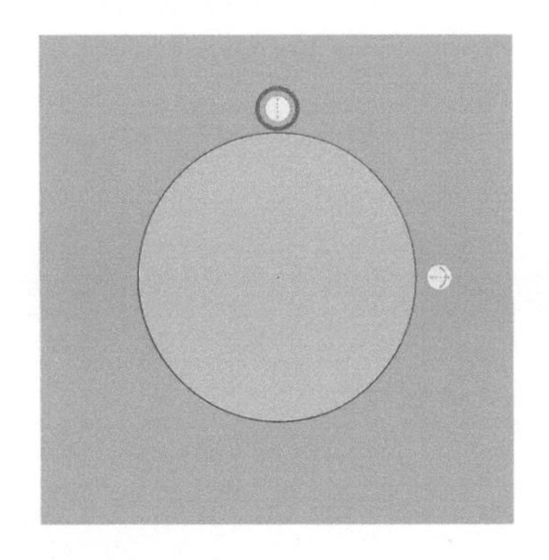

步骤1 选择大小为1.5的“针笔”工具，选择“导向”工具组中的“椭圆”工具，双击如上图所示的红色框内的控制柄，形成正圆，画出黑色的圆形宝石轮廓。

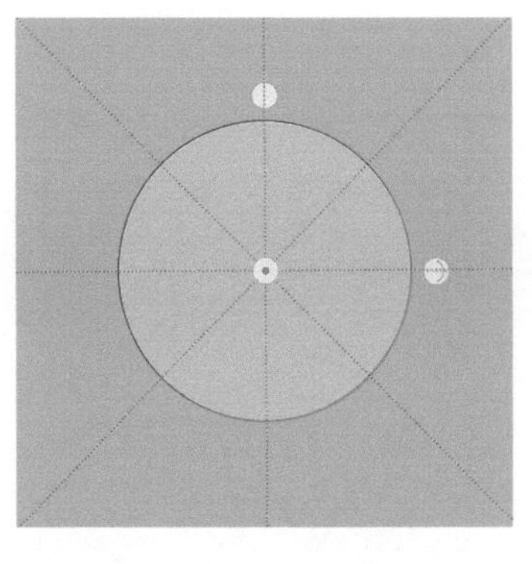

步骤2 选择“对称”工具组中的“径向对称”工具，设置“截面”值为8。移动对称轴中心控制柄，对齐圆尺中心点。

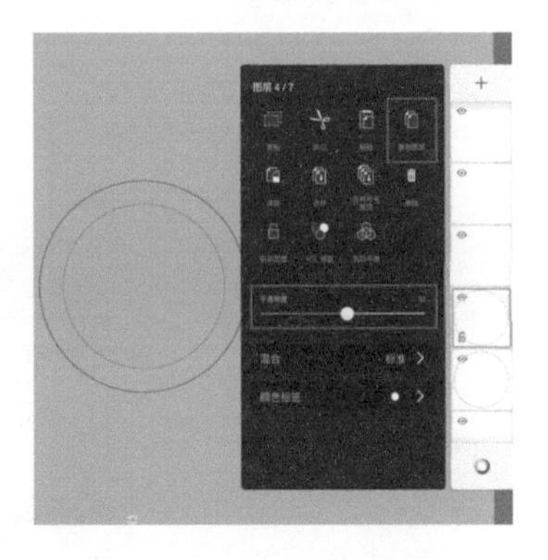

步骤3 点击图层弹出控制菜单，点击“复制图层”按钮，并降低“不透明度”值，如上图所示。点击“变换”工具，双指向内拖曳，“比例”值为77%，形成同心圆。新的内圆作为绘制刻面图案的辅助线。



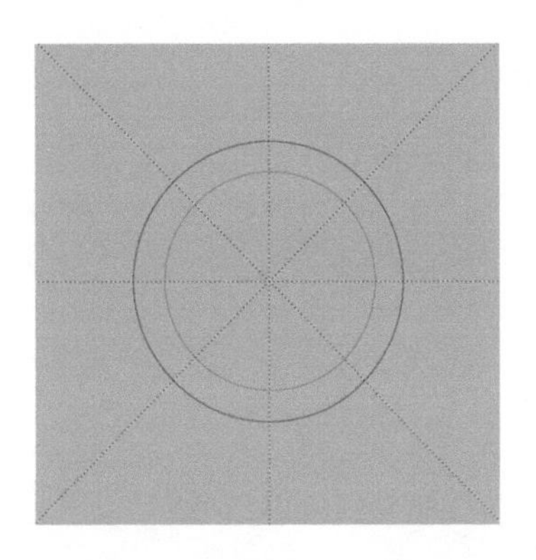

步骤4 再次点击“对称”工具组中的“径向对称”工具，设置“截面”值为8。

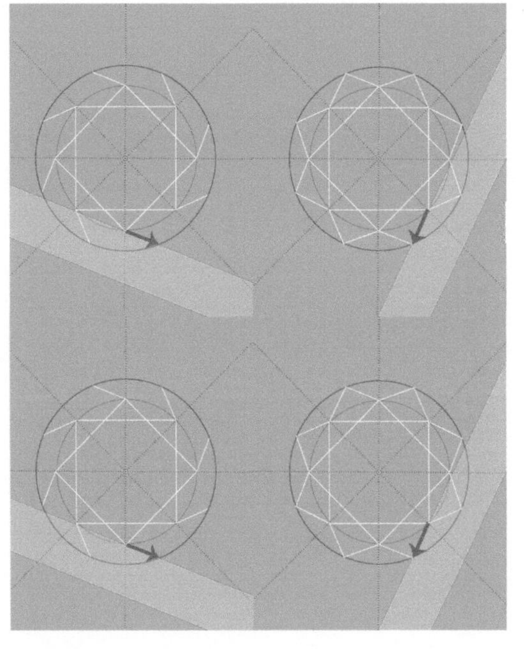

步骤5 新建“刻线图层”，选择大小为1.5的“针笔”工具，选择“导向”工具组中的“标尺”工具。双指拖曳标尺，对齐内圆环和对称轴辅助线，画出如上图所示的红色箭头位置及下笔方向的白色刻线。再次点击“导向”图标，退出“标尺”工具。

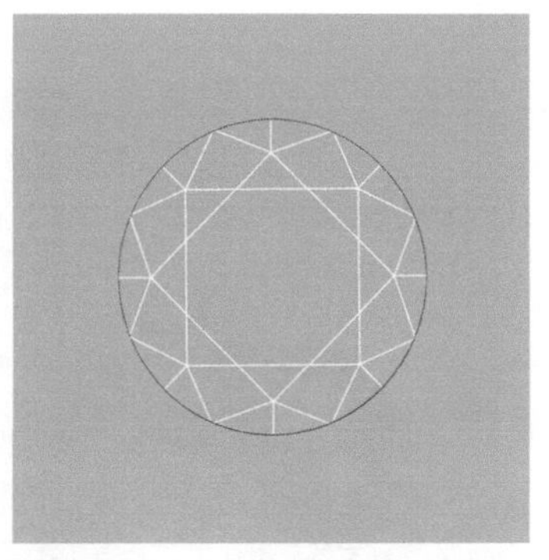

步骤6 删除内圆环图层，点击“对称”图标，退出“镜像对称”工具。

步骤7 回到圆形的“线稿图层”，选择“魔棒”工具，在圆形区域内点击，以形成选区。

步骤8 新建“暗部图层”，选择“流量喷笔”工具，调整双圆盘颜色为黑色，“不透明度”值为50%，控制笔尖的压力形成颜色浓淡的笔触。在八边形内的射线，以及宝石右下角弧面处画出暗部效果。

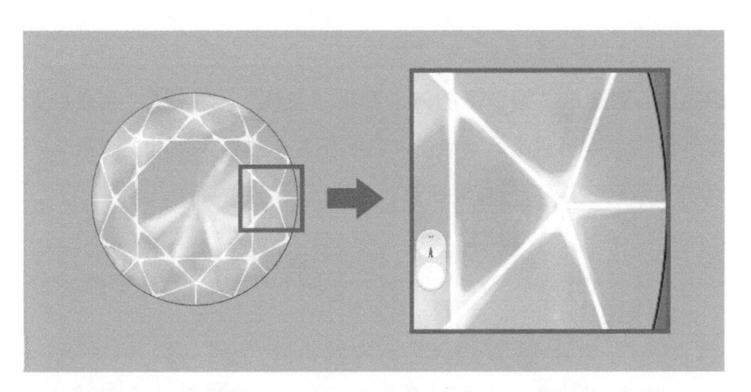

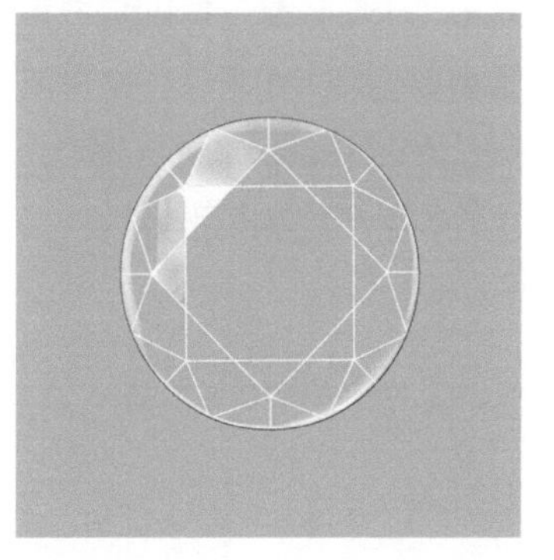

步骤9 新建“亮部图层”，选择“流量喷笔”工具，调整双圆盘颜色为白色，降低“不透明度”值，控制笔尖的压力形成颜色浓淡的笔触。在八边形内的射线，以及宝石左上角弧面处画出如上图所示的亮部效果。选择“笔刷”工具，画出线与线交会处的高光效果。

步骤10 新建“高光图层”，选择“笔刷”工具，调整双圆盘颜色为白色，将形成高光刻面宝石左上角的三角区域涂白。降低“不透明度”值，在最亮的三角形区域的周围画出半透明面。缩小画笔，画出位于宝石左上角边缘的高光效果和右下角边缘的反光效果。

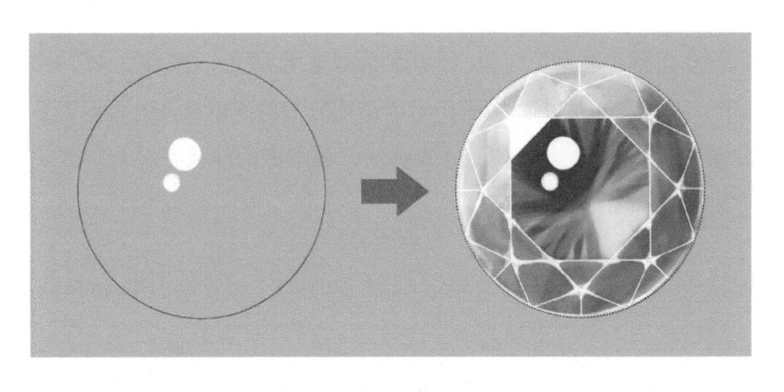

步骤11 新建“高光图层 2”，沿用上一步的笔刷和颜色，点出内高光效果。将所有图层叠加的效果，如左图所示。

**步骤12** 绘制宝石的火彩效果，用 iPad 搜索一张圆钻的图片，并下载到文件夹中。点击“导入图片”工具，用双指对图片进行缩放和旋转，并与手绘的刻面对齐，将此图层移至底层。点击图层，弹出控制菜单，点击“HSL 调整”按钮并调整参数，如上图所示，把中间一栏的饱和度参数调至 -100，使彩色图片变为黑白图片。

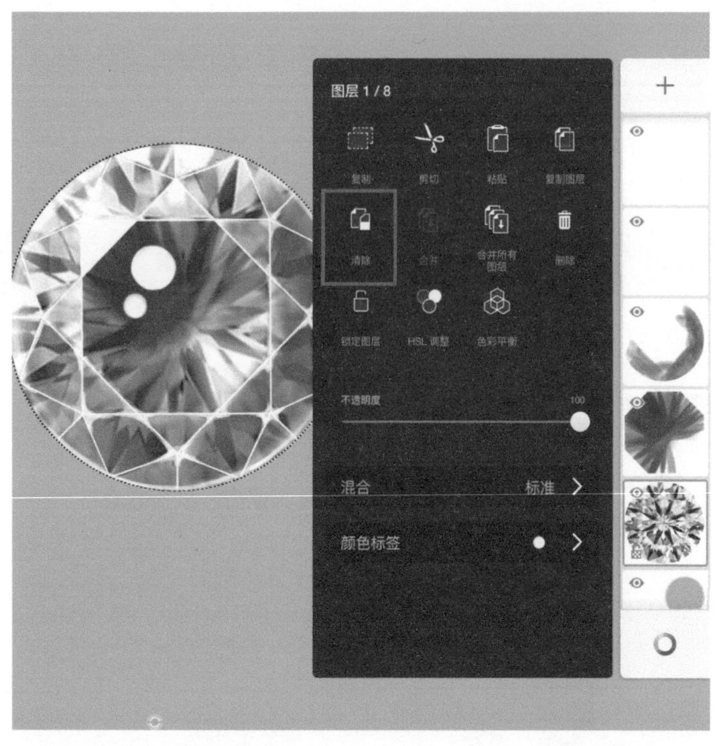


**步骤13** 回到圆形“线稿图层”，选择“魔棒”工具，在圆形区域外点击，以形成选区。点击“钻石图片”图层，弹出控制菜单，点击“清除”按钮去除白边。

**步骤14** 新建“投影图层”，选择“流量喷笔”工具，调整双圆盘颜色为黑色，“不透明度”值为 50%，在宝石右下角弧面处画出如上图所示的投影效果。再用“涂抹笔”工具晕染，使其过渡自然，与周围的颜色相融合。

**步骤15** 选择“笔刷”工具，调整双圆盘颜色，色值为 H0 S0 L85，在投影中画出如上图所示的透明宝石的颜色反光。再用“涂抹笔”工具晕染，使其过渡自然，与周围的颜色相融合。到此全部绘制完成。

图层内容展示如下图所示，建议画不同内容时分别新建图层，方便修改。

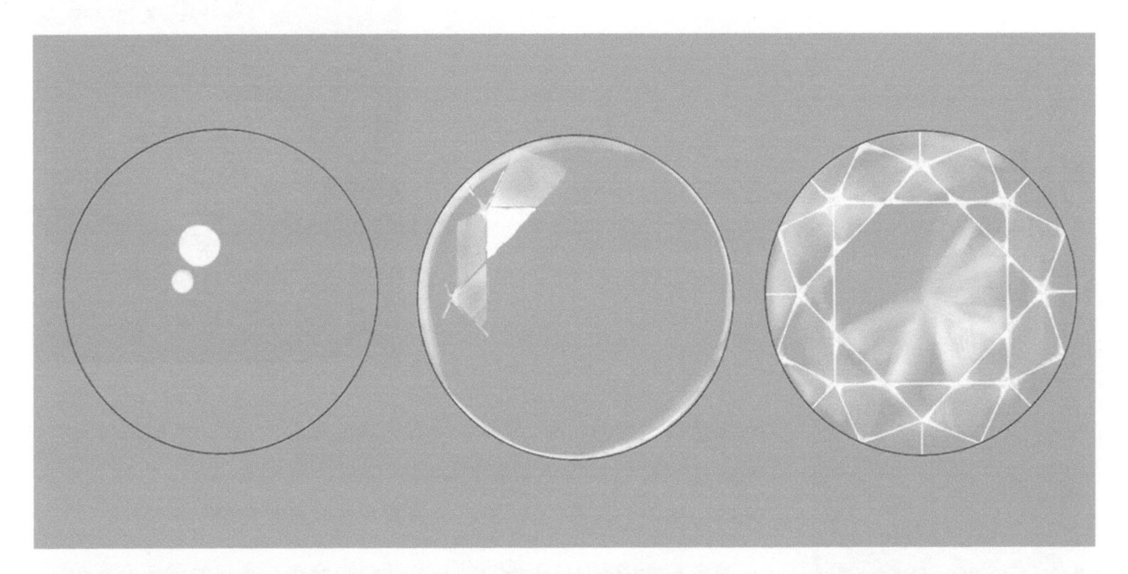

**小提示：**

1. 使用钻石图片，主要是截取图片中宝石的火彩部分。合理运用图片当作底纹，可以体现出超写实的手绘质感，还可以提高绘图速度。在之后的其他刻面形宝石绘制中，也会根据需要选取不同的图片作为底纹。

2. 示例中所绘圆钻为主石，如果绘制相对很小的配钻，不建议使用主石素材直接复制，因为复制多张图片后，图片会变得越来越模糊。

3. 关于宝石投影。在绘制单颗宝石时，可以加上投影效果，让宝石整体的效果更佳逼真，但在制作素材时，宝石可能会被变形运用，所以可以不加投影效果。

## 6.3.2 粉钻、坦桑石（椭圆形切割）

# 粉钻

# Faint

硬　度：10
折射率：2.42
比　重：3.52
颜　色：浅粉色、粉红色、深粉色等
分　布：澳大利亚、印度、坦桑尼亚等
光　泽：金刚光泽
透明度：透明

常见琢形

刻面形

粉钻是指粉色的钻石，成因是钻石内部的碳原子错位，内部晶格变形，所以呈现粉色。粉色钻石长期以来都被行家视为珍品，全球开采出来的粉钻中，只有 10% 左右能够被称作“稀世粉钻”。

美国宝石学院（GIA）粉色钻石的颜色分级为：微弱的粉色 (Faint)、非常浅的粉色 (Very Light)、浅粉色 (Light)、较浅的粉色 (Fancy Light)、正常的粉色 (Fancy)、 较深的粉色 (Facy Intense)、深粉色 (Fancy Deep)、鲜亮的粉色 (Fancy Vivid)。粉色钻石包括：浅紫色调的粉色、粉色、橘黄色调的粉色。

**案例一：浅粉色系的椭圆形钻石**

● 绘图颜色色阶

本节案例通过修改圆钻得到椭圆形标准刻面。

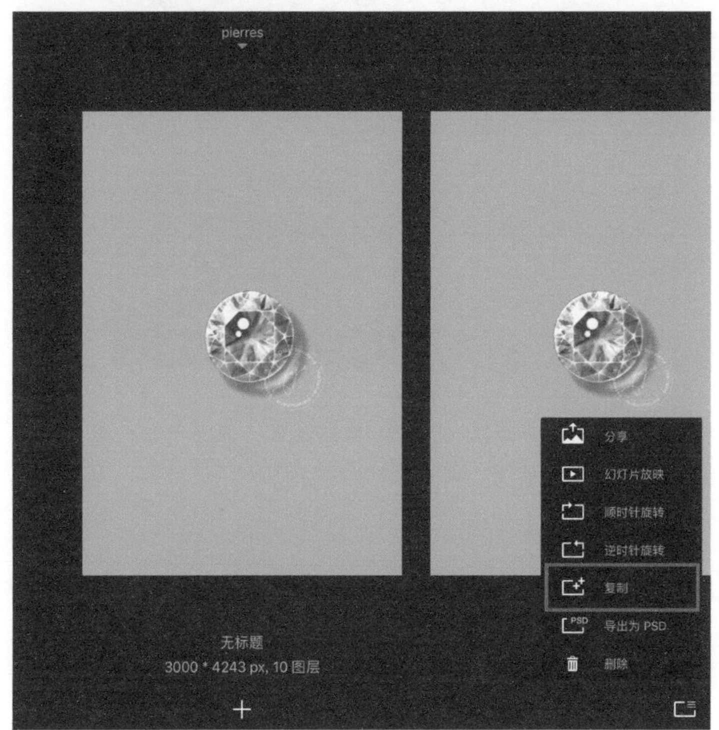


步骤1 退回到图库中，复制钻石文件。选择其中一个素材文件并进行修改。

步骤2 删除“高光图层”。点击“刻线图层”，弹出控制菜单，点击“复制图层”按钮，复制“刻线图层”并放到顶层。合并除新复制的“刻线图层”外的所有图层。

步骤3 先选择需要变形的图层。选择“变化”工具，用双指在屏幕上旋转，观察正下方的数据，“旋转”值为 −23°，“比例”值保持 100% 不变。变化到如左图所示的刻面中轴对称状态。

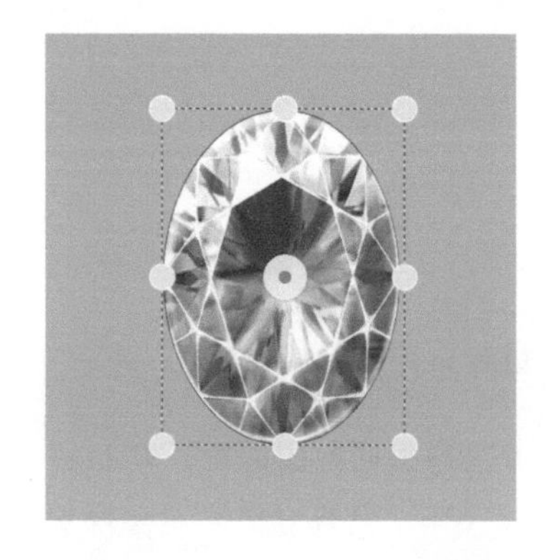

步骤 4 点击“扭曲”工具，拖曳控制柄，将圆形变为椭圆形，点击“完成”按钮退出。选择“魔棒”工具，在椭圆形区域外点击，再点击“反向选择”工具，形成选区。

步骤 5 新建“罩色图层”，选择“单色填充”工具，调整双圆盘颜色，色值为 H337 S41 L74，在画布内任意位置点击自动填充颜色。再次点击“填色”图标，退出“单色填充”工具。

**小提示：**

通过对 HSL 数的调整，可以改变其颜色，变换出其他浅色系宝石。

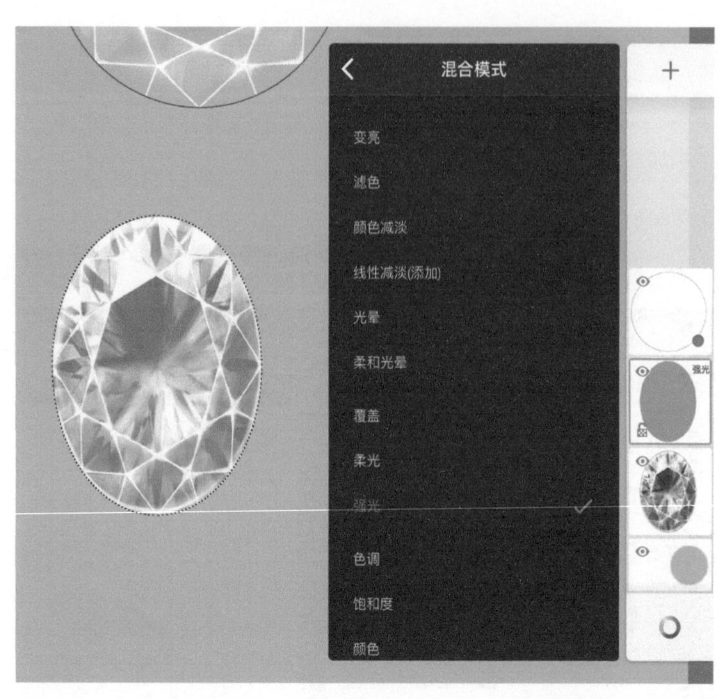


步骤 6 点击“罩色图层”，弹出控制菜单，选择“混合模式”菜单中的“强光”选项。

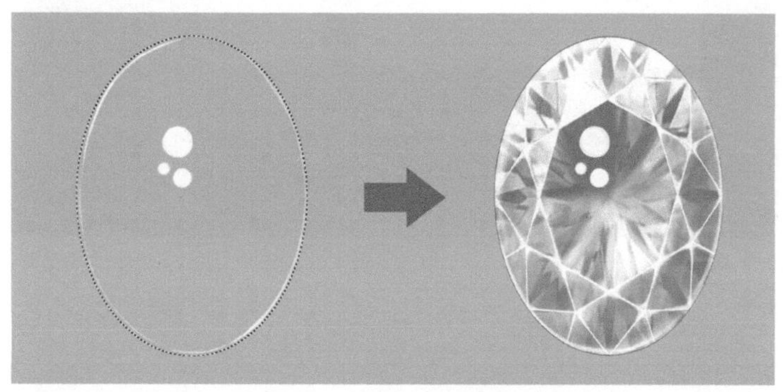

步骤 7 选择“笔刷”工具，调整双圆盘颜色为白色，画出位于宝石左上角边缘处的高光效果和右下角边缘处的反光效果。到此全部绘制完成。

图层内容展示如下图所示，建议画不同内容时分别新建图层，方便修改。

# 坦桑石

# Tanzanite

**案例二：深色系的椭圆形钻石**

● 绘图颜色色阶

步骤1 首先完成前一个案例的前4个步骤。新建“罩色图层”，选择“单色填充”工具，调整双圆盘颜色，色值为H233 S89 L41，在画布内任意位置点击自动填充颜色。再次点击“填色”图标，退出“单色填充”工具。

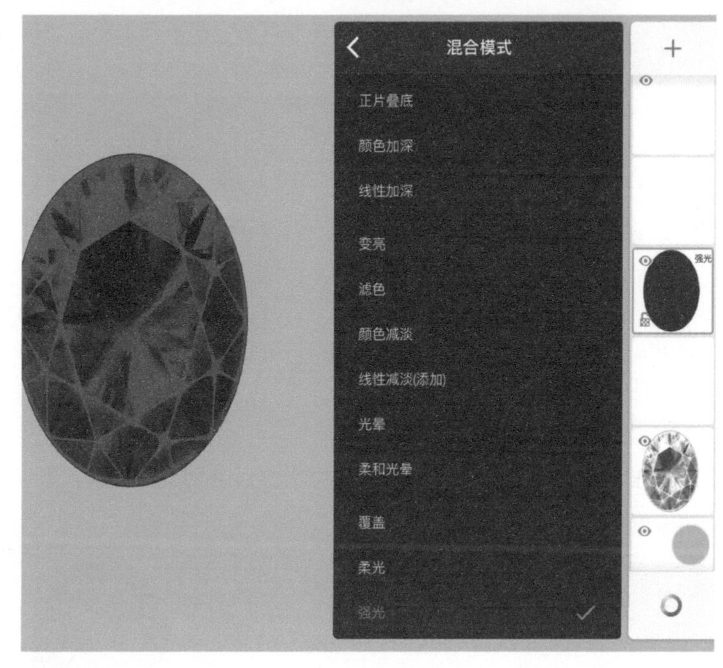


步骤2 点击“底色图层”，弹出控制菜单，选择“混合模式”菜单中的“强光”选项。

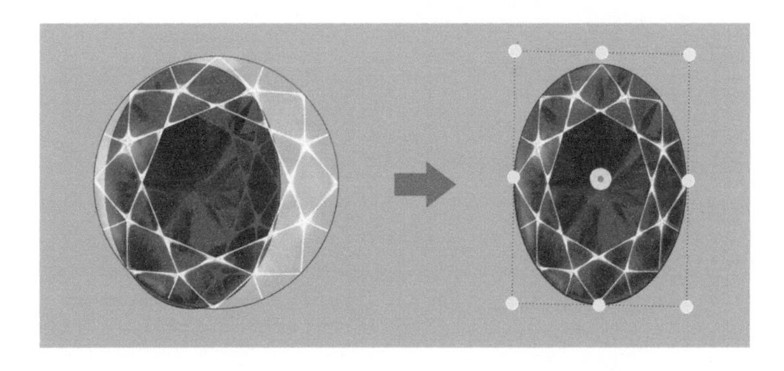

步骤3 回到“刻线图层”，选择“变化”工具，将该图层移至蓝色宝石的附近。选择“扭曲”工具，拖曳控制柄，将图像压扁，并与刻面大小相符，点击“完成”按钮退出。

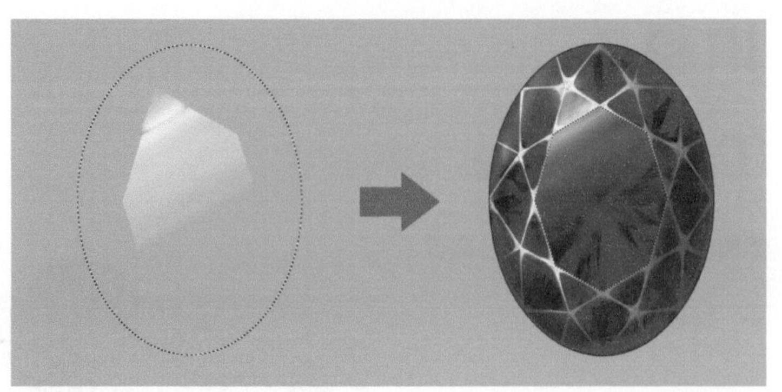

步骤4 选择“软橡皮擦”工具，擦淡右下角的刻线，让宝石暗部的颜色更自然。

步骤5 选择“魔棒”工具，点击“刻线图层”中间的八边形区域。选择“流量喷笔”工具，调至白色，调大笔刷，降低“不透明度”值，控制笔尖的压力从左上角向右下角画出颜色浓淡变化的渐变镜面反光效果。再到左上角的三角区域，画出渐变的高光效果。

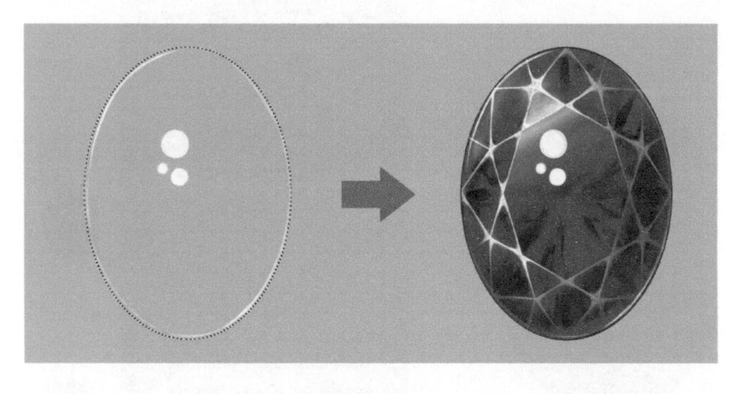

步骤6 新建“高光图层”，选择“笔刷”工具，调整双圆盘颜色为白色，点出内高光效果。缩小画笔，在位于宝石左上角的边缘处和右下角的边缘处画出高光和反光效果。到此全部绘制完成。



图层内容展示如下图所示，建议画不同内容时分别新建图层，方便修改。

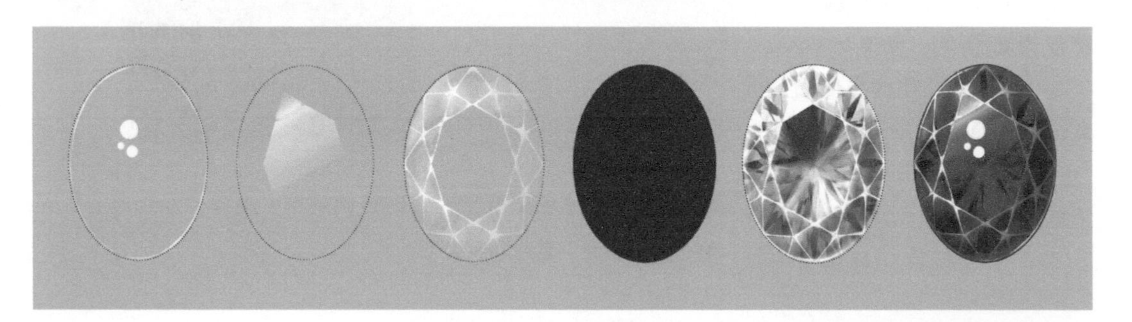

## 延展运用

合并所有图层，点击“HSL 调整”按钮并调节参数，如右图所示，可改变宝石的颜色，一颗宝石可以变出多种颜色。

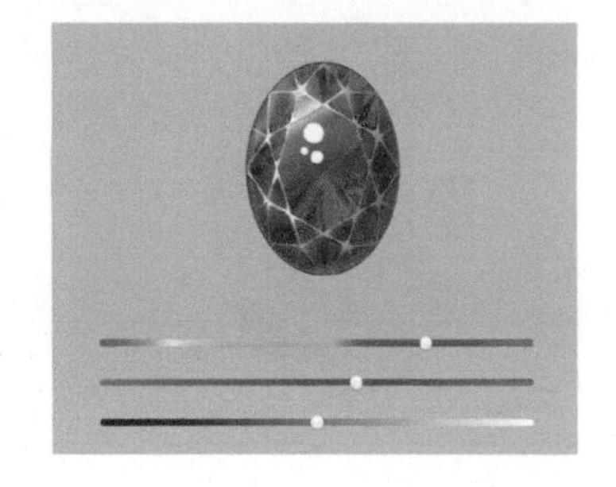

## 6.3.3 帕拉伊巴碧玺（枕形切割）

# 帕拉伊巴碧玺

# Paraiba Tourmaline

硬　度：7~7.5
折射率：1.62~1.64
比　重：3.06
颜　色：蓝色、蓝绿色、霓虹电光色等
分　布：巴西、尼日利亚、莫桑比克等
光　泽：玻璃光泽
透明度：透明

**常见琢形**

刻面形

弧面形

帕拉伊巴碧玺属于电气石（碧玺）的一种。帕拉伊巴碧玺的颜色主要为绿色到蓝色的各种色调，绿色品种深至近祖母绿色，但更为稀有的是亮蓝色品种，呈现明亮的土耳其蓝，色泽非常独特。由于含铜而拥有一种独特的电光蓝绿色，再加上荧光效果等迷人特征，被尊称为“碧玺之王”。

帕拉伊巴碧玺是最贵重的碧玺品种。颜色是其最重要的影响因素，饱和度高而明亮的蓝色帕拉伊巴碧玺是最受欢迎的。帕拉伊巴碧玺多有裂隙，所以完全洁净且无裂痕的宝石要昂贵很多。



- 绘图颜色色阶

## 绘图步骤

步骤1 点击“导入图片”工具 ，导入标准刻面线稿。降低图层的不透明度，将此图层移至底层。

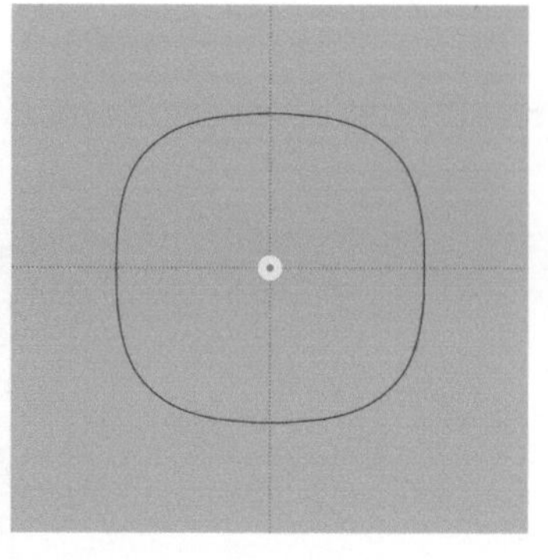

步骤2 新建“线稿图层 1”，选择“对称”工具组中的“Y 轴对称”工具 和“X 轴对称”工具 ，选择大小为 1.5 的“针笔”工具 ，描摹出标准刻面线稿的枕形轮廓。选择“魔棒”工具 ，在枕形区域内点击，以形成选区。

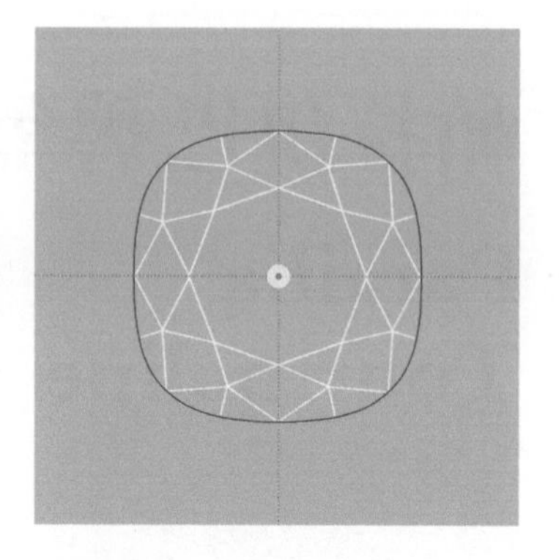

步骤3 新建“线稿图层 2”，选择“对称”工具组中的“Y 轴对称”工具 和“X 轴对称”工具 ，选择大小为 1.5 的“针笔”工具 ，描摹出白色标准刻面线稿。再次点击“对称”图标，退出“X、Y 轴对称”工具。描摹后可删除底层的（标准刻面线稿）图层。

步骤4 新建“暗部图层”，选择“流量喷笔”工具 ，调整双圆盘颜色为黑色，“不透明度”值为 50%，控制笔尖的压力，在多边形内的射线及宝石右下角弧面处画出如上图所示的暗部效果。

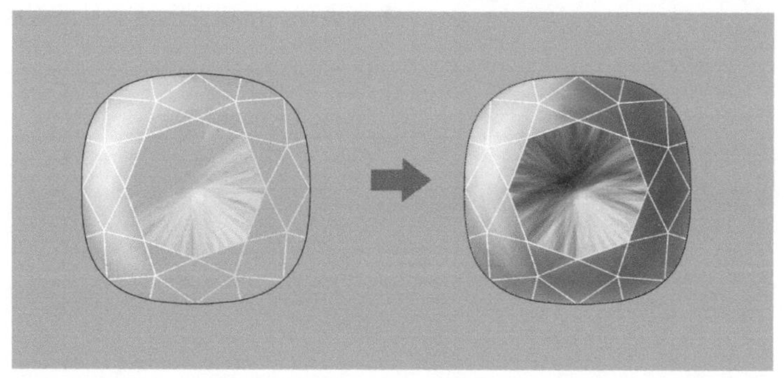

步骤5 新建“亮部图层”，选择“流量喷笔”工具 ，调整双圆盘颜色为白色，降低“不透明度”值，控制笔尖的压力，在多边形内的射线以及宝石左上角的弧面处，画出如上图所示的亮部效果。

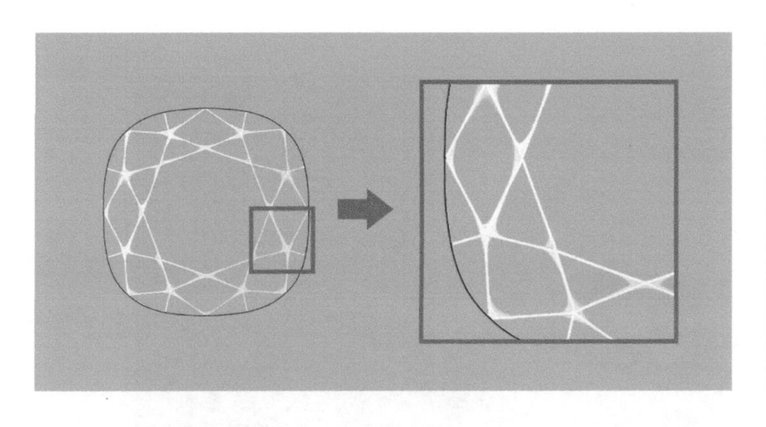

**步骤6** 回到“线稿图层 2”，选择“笔刷”工具，调整双圆盘颜色为白色，画出如上图所示的线与线交会处的高光效果。

**步骤7** 新建“高光图层”，选择“笔刷”工具，调整双圆盘颜色为白色，画出位于刻面宝石左上角三角区域的高光效果。降低“不透明度”值，画出最亮三角区域周围的半透明面。缩小画笔，画出位于宝石左上角边缘的高光效果和右下角边缘处的反光效果。

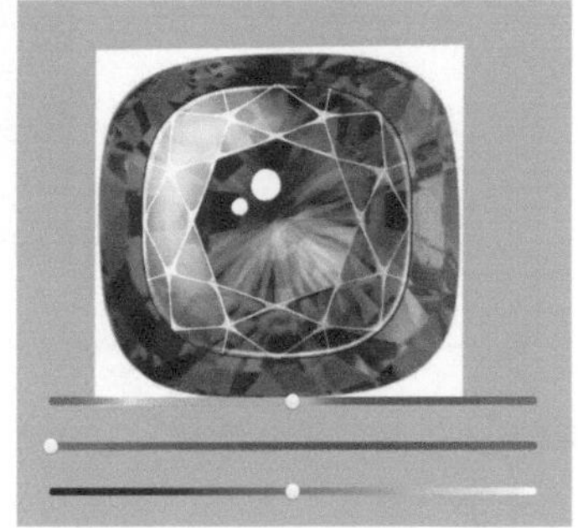

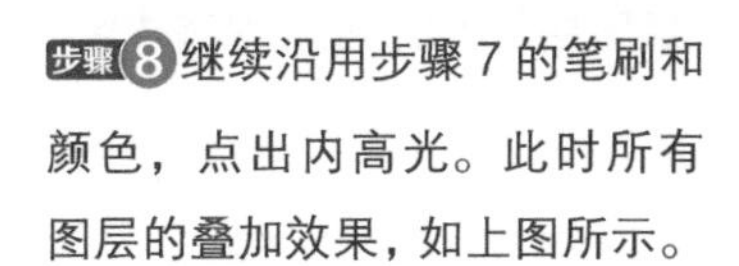

**步骤8** 继续沿用步骤 7 的笔刷和颜色，点出内高光。此时所有图层的叠加效果，如上图所示。

**步骤9** 在 iPad 中搜索并下载一张枕形切割宝石的图片，用于绘制宝石的火彩。点击“导入图片”工具，用双指对图片进行缩放和旋转，并对齐手绘的刻面，并将此图层移至底层。点击图层弹出控制菜单，点击“HSL 调整”按钮，并调整参数，把中间一栏的饱和度参数调至 -100，让原本的彩色图片变为黑白图片。

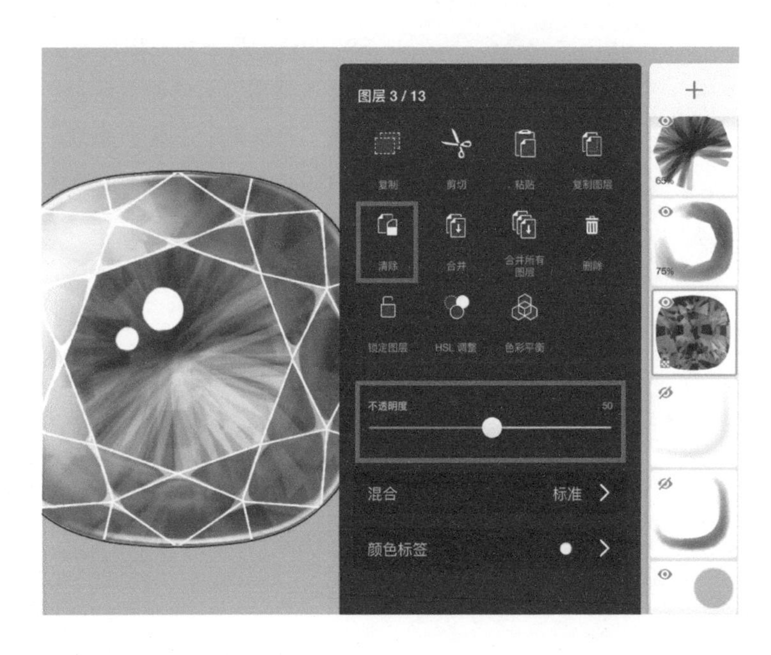


**步骤10** 回到“线稿图层 1”，选择“魔棒”工具，在枕形区域外点击，以形成选区。再次回到枕形宝石的图片图层，点击图层，弹出控制菜单，点击“清除”按钮去除白边，并降低图层的“不透明度”值为 50%。

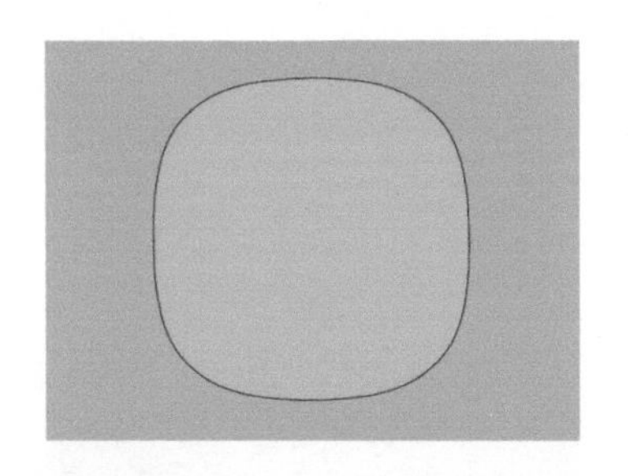

步骤11 点击“反向选择”工具，形成枕形选区。新建“罩色图层”，选择“单色填充”工具，调整双圆盘颜色，色值为 H177 S92 L59，在画布内任意位置点击自动填充颜色。再次点击“填色”图标，退出“单色填充”工具。

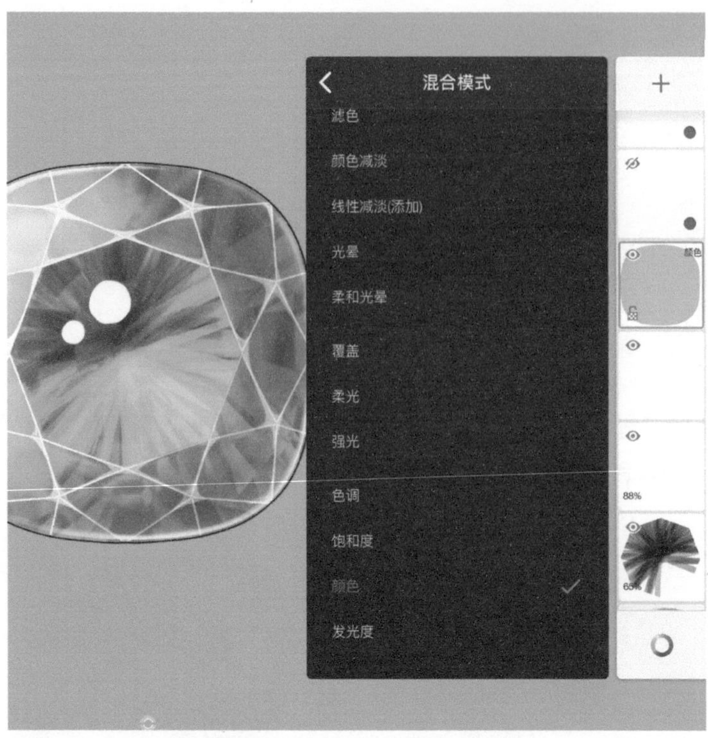


步骤12 点击“罩色图层”，弹出控制菜单，选择“混合模式”菜单中的“颜色”选项，也可以选择其他“混合模式”，找到最好的表现效果即可。将此图层移至“亮部图层”之上，画后取消选区，点击“选择”图标退出。

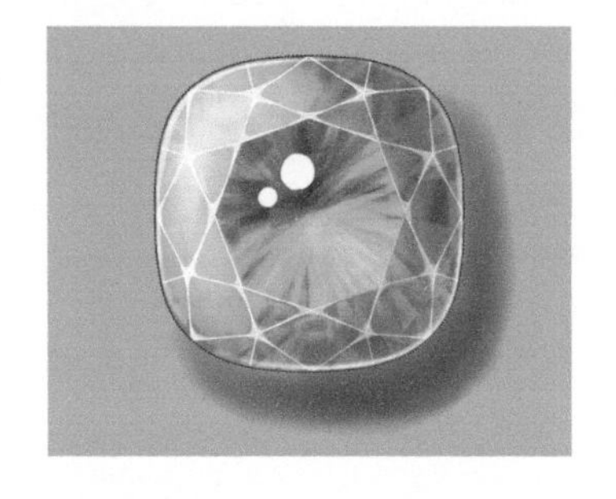

步骤13 新建“投影图层”，选择“流量喷笔”工具，调整双圆盘颜色为黑色，“不透明度”值为 50%，在宝石右下角的弧面处画出投影效果。再用“涂抹笔”工具晕染，使其过渡自然，与周围的颜色相融合。

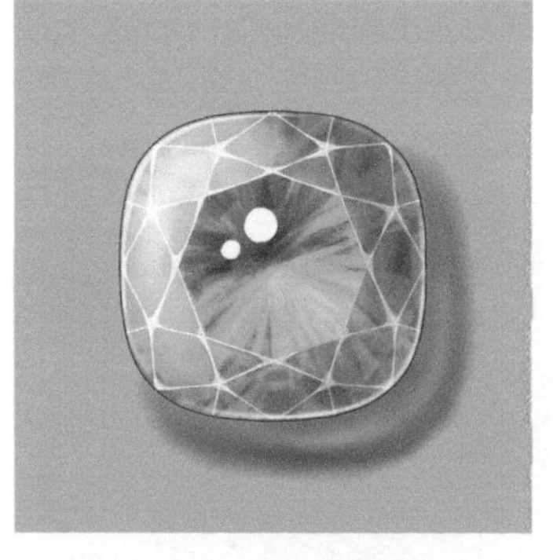

步骤14 选择“笔刷”工具，调整双圆盘颜色，色值为 H177 S92 L59，画出如左图所示的投影中透明宝石的颜色反光。再用“涂抹笔”工具晕染，使其过渡自然，与周围的颜色相融合。到此全部绘制完成。

图层内容展示如下图所示，建议画不同内容时分别新建图层，方便修改。

## 6.3.4 海蓝宝石（水滴形切割）

# 海蓝宝石

# Aquamarine

硬　度：7.5
折射率：1.56~1.60
比　重：2.65~2.80
颜　色：绿蓝色、蓝绿色、浅蓝色等
分　布：巴西、肯尼亚、马达加斯加等
光　泽：玻璃光泽
透明度：透明

**常见琢形**

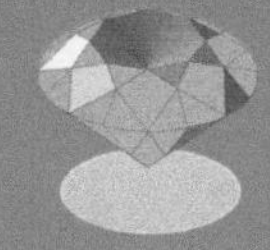

刻面形

珠形

海蓝宝石是一种含铍和铝的硅酸盐矿物，英文名为 Aquamarine。由于其含有微量的二价铁离子，海蓝宝石的颜色呈现天蓝色至海蓝色或带绿色的蓝色。海蓝宝石以明洁无瑕、浓艳的蓝色至淡蓝色者为最佳。海蓝宝石的颜色越深、净度越高，单克拉的价值越高。市场上绝大多数海蓝宝石都是经过热处理的，以去除绿色调，形成稳定的浅蓝色。

在希腊神话中称海蓝宝石为“深海精灵的宝物”，具有抵御风浪、保护水手安全航海的魔力，欧洲人将其制作为海军士兵的护身符。

● 绘图颜色色阶

## ● 绘图步骤

步骤1 点击“导入图片”工具，导入标准刻面线稿。降低图层的“不透明度”值，并将此图层移至底层。

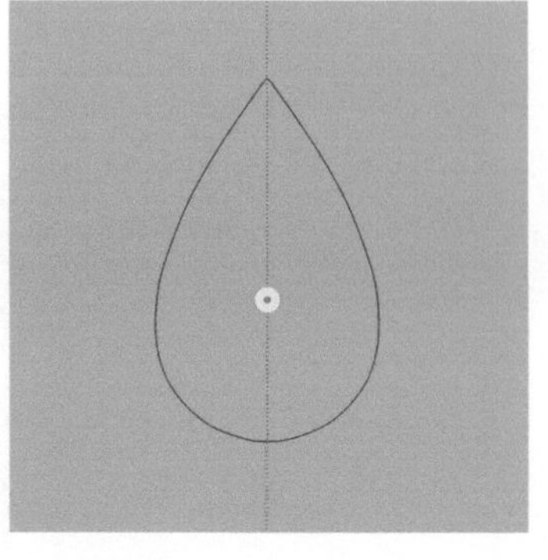

步骤2 新建“线稿图层 1”，选择“对称”工具组中的“Y 轴对称”工具。选择大小为 1.5 的“针笔”工具，描摹出标准刻面线稿的水滴形外轮廓。选择“魔棒”工具，在水滴形区域内点击，以形成选区。

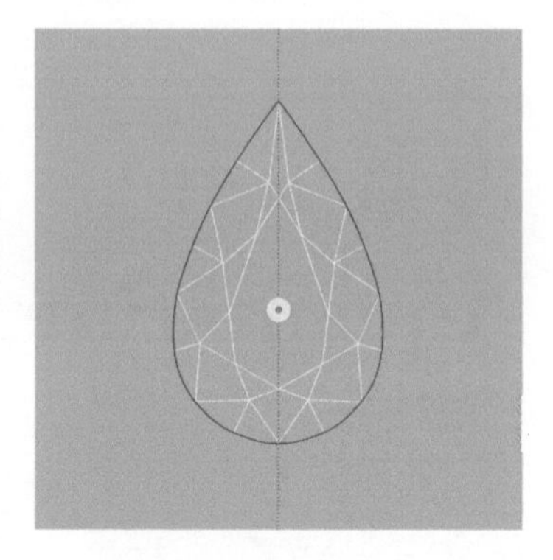

步骤3 新建“线稿图层 2”，选择“对称”工具组中的“Y 轴对称”工具。选择大小为 1.5 的“针笔”工具，描摹出白色的标准刻面线稿。再次点击“对称”图标，退出“Y 轴对称”工具。描摹后可删除底层的（标准刻面线稿）图层。

步骤4 新建“暗部图层”，选择“流量喷笔”工具，调整双圆盘颜色为黑色，“不透明度”值为 50%，控制笔尖的压力，在多边形内的射线及宝石右下角的弧面处画出如上图所示的暗部效果。

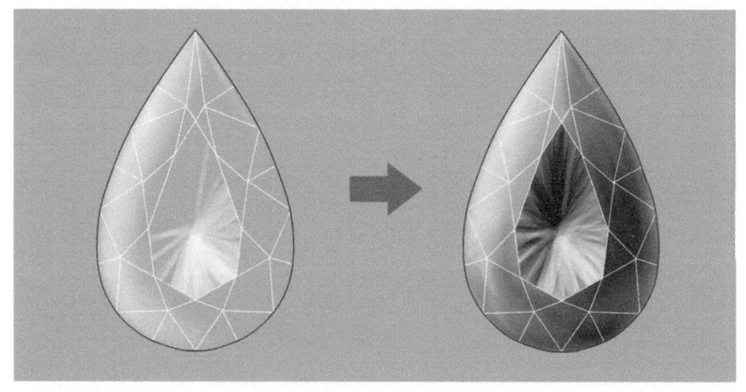

步骤5 新建“亮部图层”，选择“流量喷笔”工具，调整双圆盘颜色为白色，降低“不透明度”值，控制笔尖的压力，在多边形内的射线及宝石左上角的弧面处画出如上图所示的亮部效果。

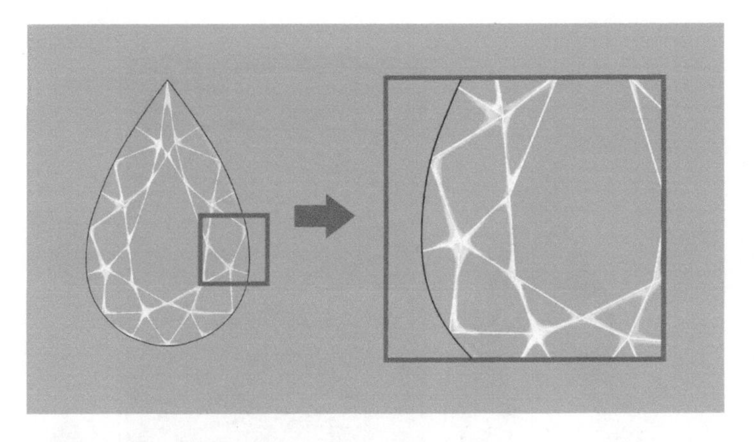

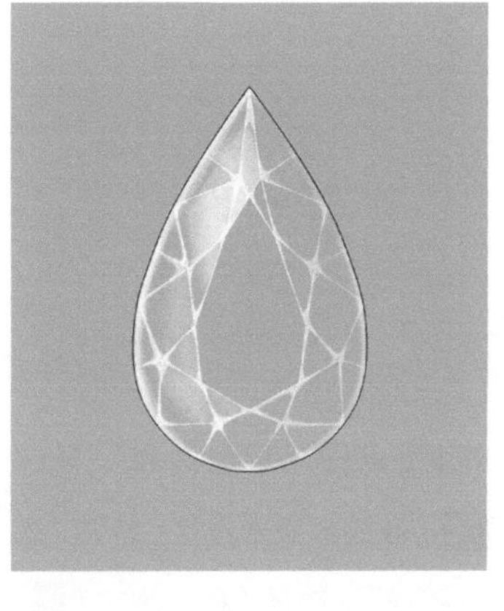

步骤6 回到“线稿图层 2”，选择“笔刷”工具，调整双圆盘颜色为白色，画出线与线交会处的高光效果。

步骤7 新建“高光图层”，选择“笔刷”工具，调整双圆盘颜色为白色，在刻面宝石左上角的三角区域画出高光效果。降低“不透明度”值，画出最亮三角区域周围的半透明面。缩小画笔，画出位于宝石左上角边缘处的高光效果和右下角边缘处的反光效果。

步骤8 沿用上一步的笔刷和颜色，点出内高光，此时所有图层叠加的效果如上图所示。

步骤9 在 iPad 中搜索并下载一张水滴形切割宝石的图片，用于绘制宝石的火彩。点击“导入图片”工具，用双指对图片进行缩放和旋转，并与手绘刻面对齐，将此图层移至底层。点击图层，弹出控制菜单，点击“HSL 调整”按钮并调整参数，将中间一栏的饱和度参数调至 -100，让原本的彩色图片变为黑白图片。

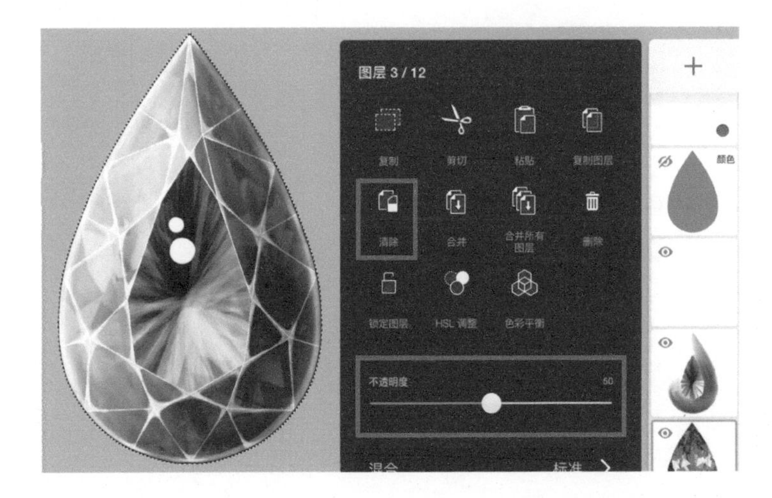


步骤10 回到“线稿图层 1”，选择“魔棒”工具，在水滴形区域外点击，以形成选区。再次回到水滴形宝石图片的图层，点击图层，弹出控制菜单，点击“清除”按钮去除白边，并降低图层的“不透明度”值为 50%。

步骤11 点击“反向选择”按钮 ，形成水滴形选区。新建“罩色图层”，选择“单色填充” 工具，调整双圆盘颜色，色值为H207 S46 L56，在画布内任意位置点击自动填充颜色。再次点击“填色”图标，退出“单色填充”工具。

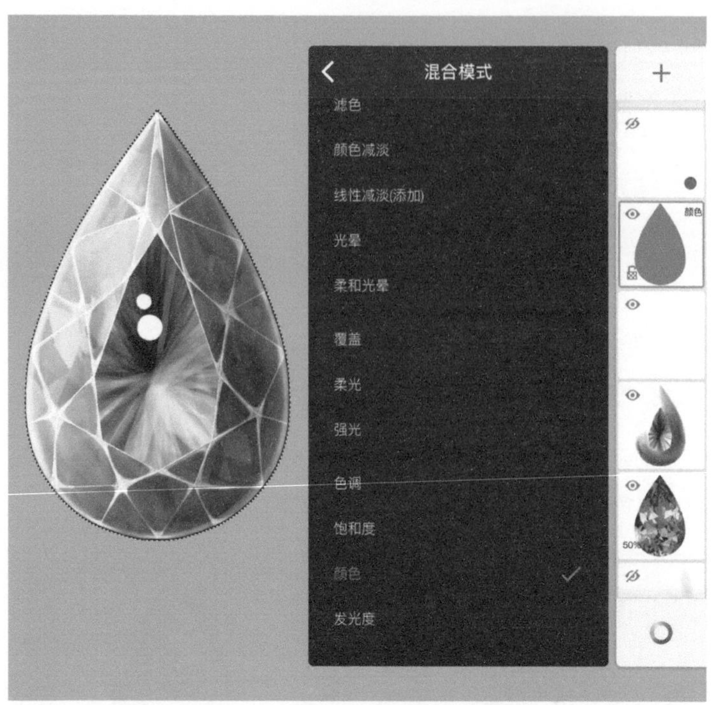


步骤12 点击“罩色图层”，弹出控制菜单，选择“混合模式”菜单中的“颜色”选项，也可以选择其他“混合模式”，找到最好的表现效果即可。将此图层移至“亮部图层”之上。画后取消选区，点击“选择”图标退出。

步骤13 新建“投影图层”，选择“流量喷笔”工具 ，调整双圆盘颜色为黑色，“不透明度”值为50%，在宝石右下角的弧面处画出投影效果。再用“涂抹笔”工具 晕染，使其过渡自然，与周围的颜色相融合。

步骤14 选择“笔刷”工具 ，调整双圆盘颜色，色值为H207 S86 L77，画出如左图所示的投影中的透明宝石的颜色反光。再用“涂抹笔”工具 晕染，使其过渡自然，与周围的颜色相融合。到此全部绘制完成。

图层内容展示如下图所示，建议画不同内容时分别新建图层，方便修改。

## 6.3.5 帕帕拉恰（心形切割）

# 帕帕拉恰
# Padparadscha

又　称：莲花刚玉
硬　度：9
折射率：1.76~1.78
比　重：3.8~4.05
颜　色：粉橙色调
分　布：斯里兰卡、马达加斯加、坦桑尼亚等
光　泽：玻璃光泽
透明度：透明

常见琢形

刻面形

帕帕拉恰意为“莲花”，是除红蓝宝石外，在刚玉家族唯一有自己名字的刚玉，也称“红莲花刚玉”。其他颜色的刚玉只能躲在蓝宝石背后，被称为粉色蓝宝石、黄色蓝宝石、紫色蓝宝石等。

帕帕拉恰也泛指高品质、高亮度和高饱和度的粉橙色蓝宝石。帕帕拉恰非常珍贵，它的产量只有红宝石的 1% 左右。它有粉色和橙色两种颜色，而且这两种颜色需要满足严苛而微妙的比例，在整个宝石中两种颜色的比例要严格控制在 30%~70%，没有其他杂色，差一点都只能被叫作粉色蓝宝石、橙色蓝宝石，而不能被叫作帕帕拉恰。

粉橙色

橙粉色

● 绘图颜色色阶

● 绘图步骤

步骤1 点击“导入图片”工具，导入标准刻面线稿。降低图层的“不透明度”值，将此图层移至底层。

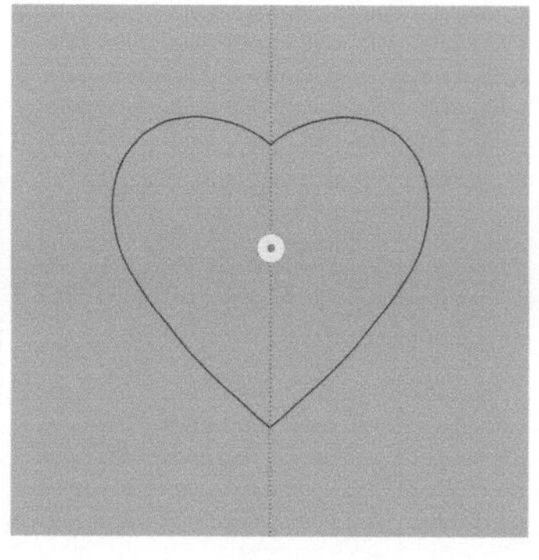

步骤2 新建“线稿图层 1”，选择“对称”工具组中的“Y 轴对称”工具，再选择大小为 1.5 的“针笔”工具，描摹出标准刻面线稿的心形轮廓。选择“魔棒”工具，在心形区域内点击，以形成选区。保持当前选区进行绘制，可以避免画出线框。

步骤3 新建“线稿图层 2”，选择“对称”工具组中的“Y 轴对称”工具，再选择大小为 1.5 的“针笔”工具，描摹出白色标准刻面线稿。再次点击“对称”图标，退出“Y 轴对称”工具。描摹后可删除底层的标准刻面线稿图层。

步骤4 新建“暗部图层”，选择“流量喷笔”工具，调整双圆盘颜色为黑色，“不透明度”值为 50%，控制笔尖的压力，在多边形内的射线及宝石右下角的弧面处画出如上图所示的暗部效果。

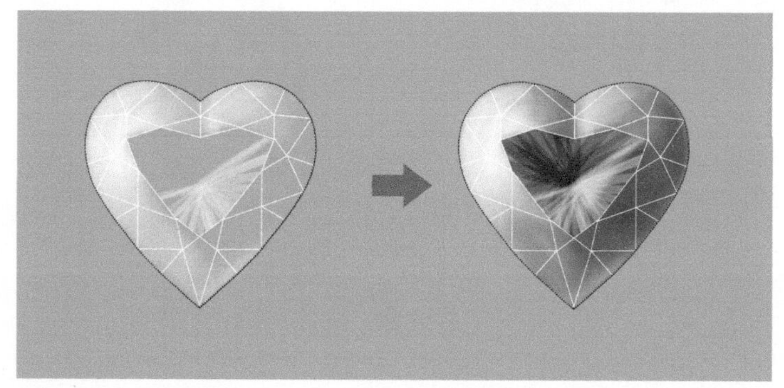

步骤5 新建“亮部图层”，选择“流量喷笔”工具，调整双圆盘颜色为白色，降低“不透明度”值，控制笔尖的压力，在多边形内的射线及宝石左上角的弧面处画出如上图所示的亮部效果。

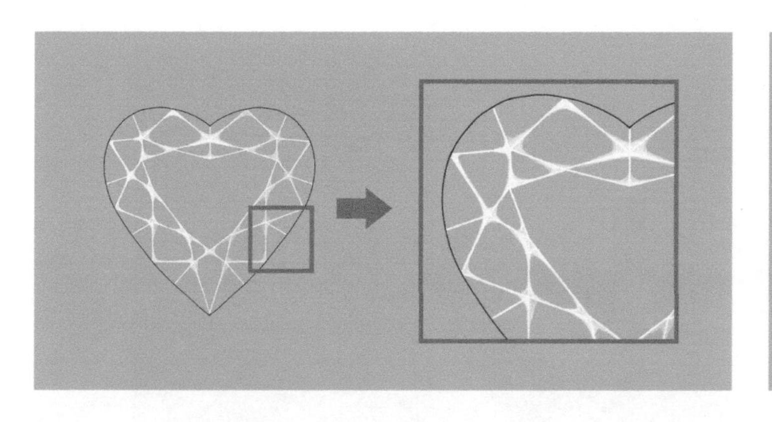

**步骤 6** 回到“线稿图层 2”，选择“笔刷”工具，调整双圆盘颜色为白色，画出线与线交会处的高光效果。

**步骤 7** 新建“高光图层”，选择“笔刷”工具，调整双圆盘颜色为白色，在刻面宝石左上角三角区域画出高光效果。降低“不透明度”值，画出最亮三角区域周围的半透明面。缩小画笔，画出位于宝石左上角边缘的高光和右下角边缘的反光效果。

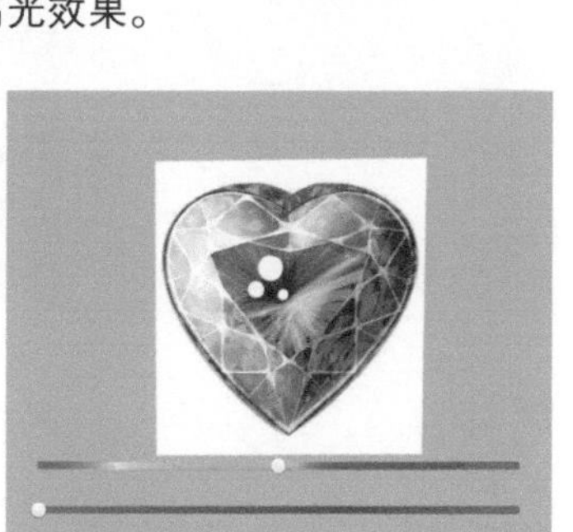

**步骤 8** 沿用上一步的笔刷和颜色。点出内高光效果，此时所有图层的叠加效果如上图所示。

**步骤 9** 在 iPad 中搜索并下载一张心形切割宝石的图片，用于绘制宝石的火彩。点击“导入图片”工具，用双指对图片进行缩放和旋转，并与手绘的刻面对齐，再将此图层移至底层。点击图层，弹出控制菜单，点击“HSL 调整”按钮并调整参数，将中间一栏的饱和度参数调至 –100，将原本的彩色图片改变为黑白图片。

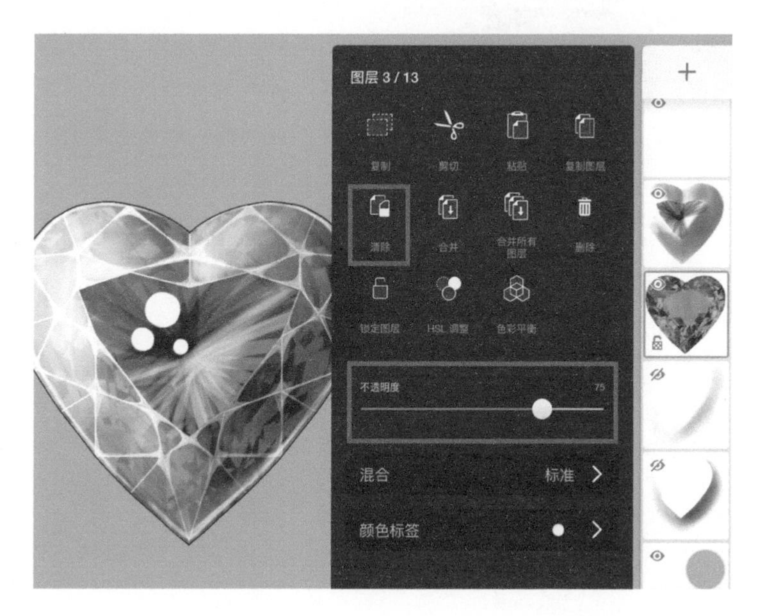


**步骤 10** 回到“线稿图层 1”，选择“魔棒”工具，在心形区域外点击，以形成选区。再次进入心形宝石图片图层，点击图层，弹出控制菜单，点击“清除”按钮去除白边，降低图层的“不透明度”值为 75%。

步骤11 点击“反向选择”工具 ，形成心形选区。新建“罩色图层”，选择“单色填充” 工具，调整双圆盘颜色，色值为 H357 S98 L75，在画布内任意位置点击自动填充颜色。再次点击“填色”图标，退出“单色填充”工具。

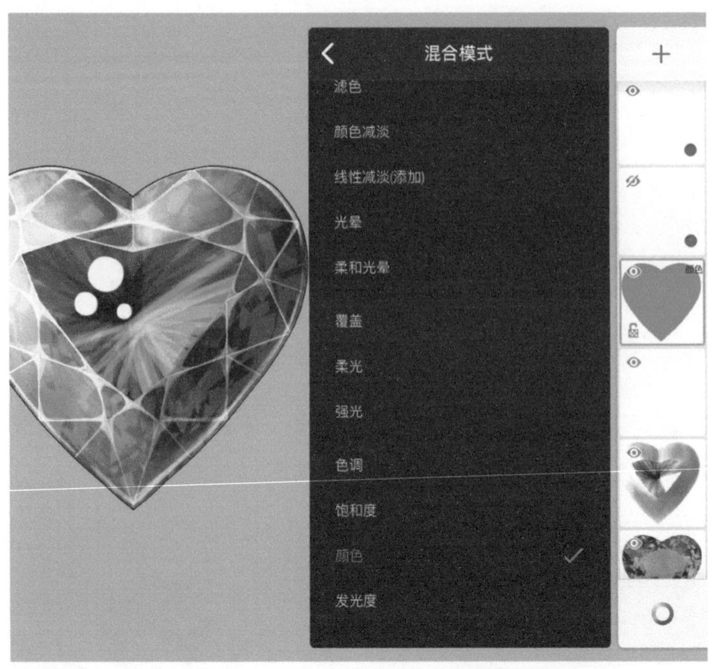


步骤12 点击“罩色图层”，弹出控制菜单，选择“混合模式”菜单中的“颜色”选项，也可以选择其他“混合模式”，找到最好的表现效果即可。将此图层移至“亮部图层”之上。画后取消选区，点击“选择”图标退出。

步骤13 新建“投影图层”，选择“流量喷笔”工具 ，调整双圆盘颜色为黑色，“不透明度”值为 50%，在宝石右下角的弧面处画出投影效果。再用“涂抹笔”工具 晕染，使其过渡自然，与周围的颜色相融合。

步骤14 选择“笔刷”工具 ，调整双圆盘颜色，色值为 H357 S49 L78，画出投影中透明宝石的颜色反光。再用“涂抹笔”工具 晕染，使其过渡自然，与周围的颜色相融合。到此全部绘制完成。

图层内容展示如下图所示，建议画不同内容时分别新建图层，方便修改。

## 6.3.6 紫水晶（马眼形切割）

# 紫水晶

# Amethyst

硬　度：7
折射率：1.54~1.56
比　重：2.65
颜　色：无色、淡紫色至紫色等
分　布：巴西、韩国、乌拉圭、赞比亚等
光　泽：玻璃光泽
透明度：透明、半透明

**常见琢形**

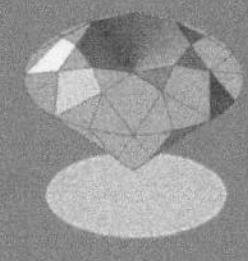

刻面形

弧面形

珠形

异形雕件

水晶是一种无色透明的大型石英结晶体矿物，而紫水晶是石英家族中一种紫颜色的水晶，因含微量的铁而呈现紫罗兰色。天然紫水晶的颜色主要有淡紫色、紫红色、深紫色、蓝紫色等，以深紫红色为最佳，颜色过浅的紫色则较为平常。

● 绘图颜色色阶

● 绘图步骤

步骤 1 点击“导入图片”工具，导入标准刻面线稿。降低图层的“不透明度”值，并将此图层移至底层。

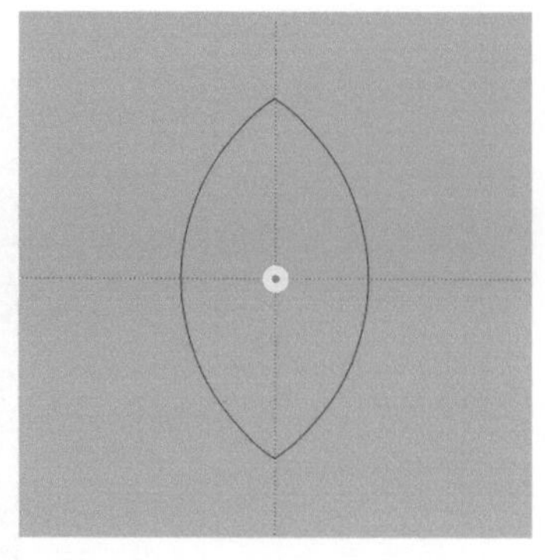

步骤 2 新建“线稿图层 1”，选择“对称”工具组中的“Y 轴对称”工具和“X 轴对称”工具，再选择大小为 1.5 的“针笔”工具，描摹出黑色标准刻面线稿的马眼形外轮廓。选择“魔棒”工具，在马眼形区域内点击，以形成选区。保持当前选区进行绘制，可以避免画出线框。

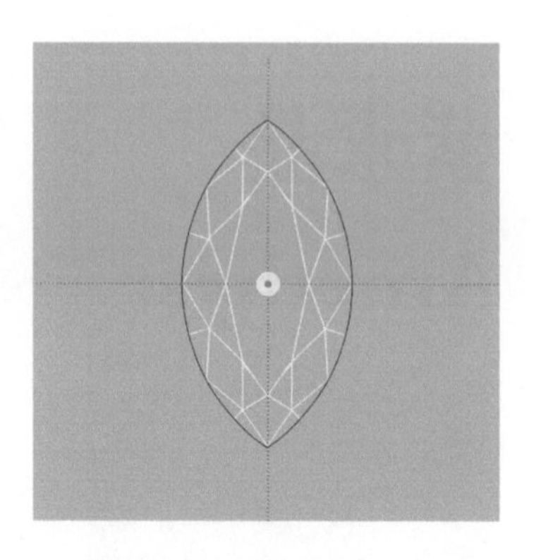

步骤 3 新建“线稿图层 2”，选择“对称”工具组中的“Y 轴对称”工具和“X 轴对称”工具，再选择大小为 1.5 的“针笔”工具，描摹出白色标准刻面线稿。再次点击“对称”图标，退出“X、Y 轴对称”工具。描摹后可删除底层的标准刻面线稿图层。



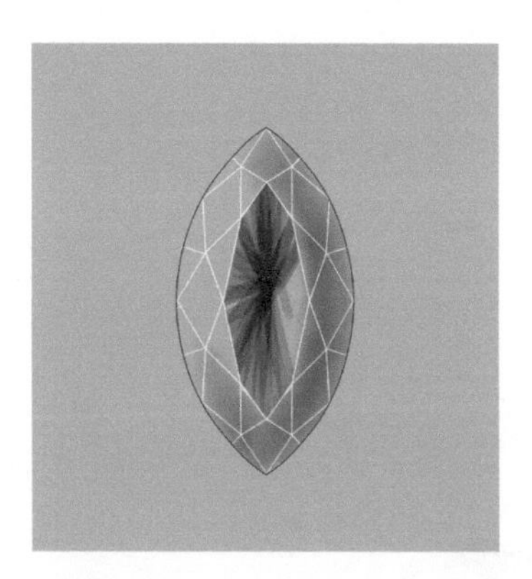

步骤 4 新建“暗部图层”，选择“流量喷笔”工具，调整双圆盘颜色为黑色，“不透明度”值为 50%，控制笔尖的压力，在多边形内的射线处以及宝石右下角的弧面处画出如上图所示的暗部效果。

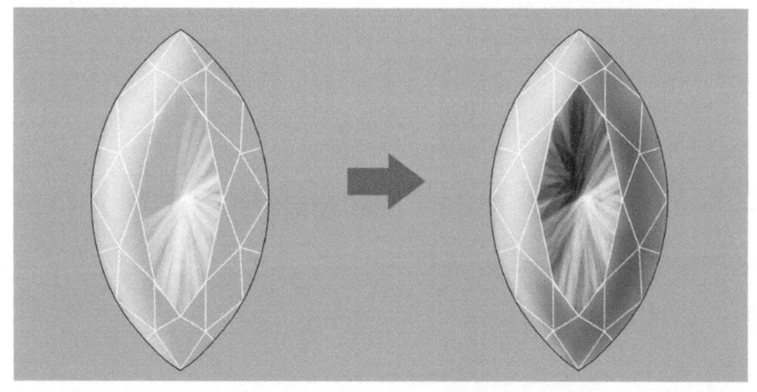

步骤 5 新建“亮部图层”，选择“流量喷笔”工具，调整双圆盘颜色为白色，降低“不透明度”值，控制笔尖的压力，在多边形内的射线从以及宝石左上角的弧面处，画出如上图所示的亮部效果。

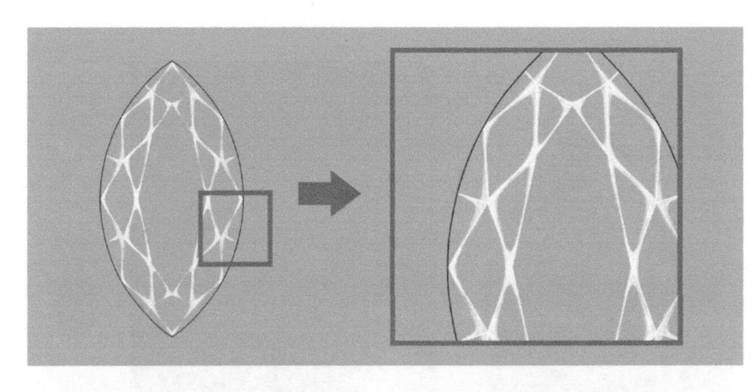

步骤6 回到“线稿图层 2”，选择“笔刷”工具，调整双圆盘颜色为白色，画出线与线交会处的高光效果。

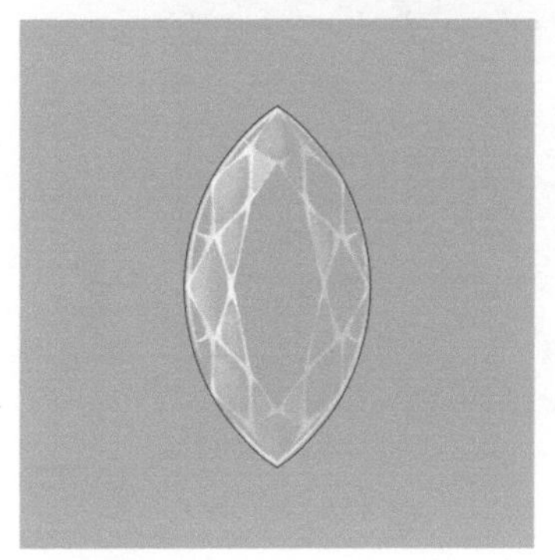

步骤7 新建“高光图层”，选择“笔刷”工具，调整双圆盘颜色为白色，画出位于刻面宝石左上角三角区域的高光效果。降低“不透明度”值，画出最亮三角区域周围的半透明面。缩小画笔，画出位于宝石左上角边缘的高光效果和右下角边缘的反光效果。

步骤8 沿用上一步的笔刷和颜色，点出内高光效果，此时所有图层的叠加效果如上图所示。

步骤9 在 iPad 中搜索并下载一张马眼形切割宝石的图片，用于绘制宝石的火彩。点击“导入图片”工具，用双指对图片进行缩放和旋转，并与手绘刻面对齐，再将此图层移至底层。点击图层，弹出控制菜单，点击“HSL 调整”按钮并调整参数，将中间一栏的饱和度参数调至 -100，最下一栏的亮度调至 20，让原本的彩色图片变为黑白图片。

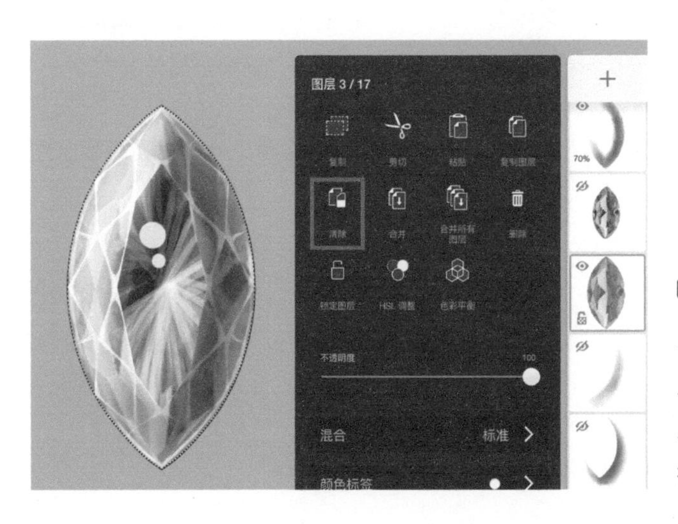


步骤10 回到“线稿图层 1”，选择“魔棒”工具，在马眼形区域外点击，以形成选区。再次回到马眼形宝石图片图层，点击图层，弹出控制菜单，点击“清除”按钮去除白边。

步骤11 点击“反向选择”按钮，形成马眼形选区。新建“罩色图层”，选择“单色填充”工具，调整双圆盘颜色，色值为H283 S80 L18，在画布内任意位置点击自动填充颜色。再次点击“填色”图标，退出“单色填充”工具。

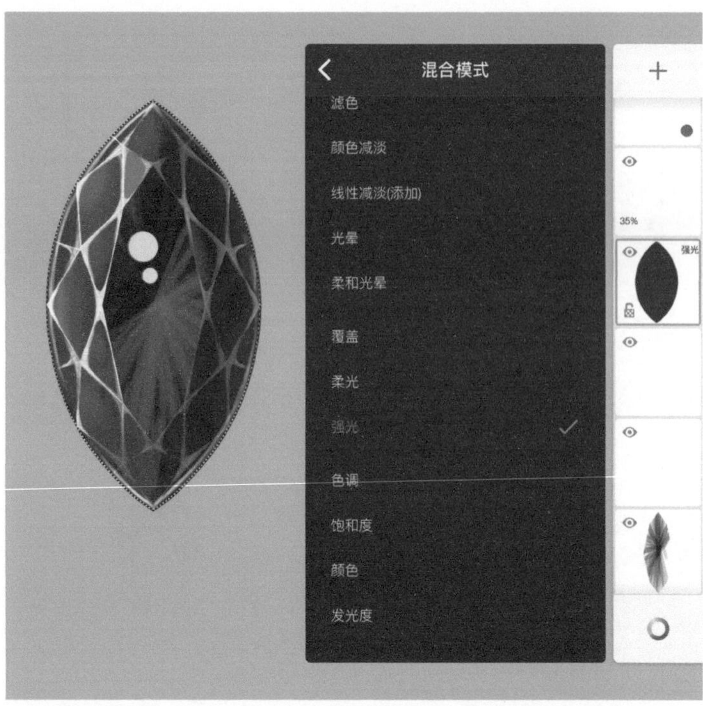


步骤12 点击“罩色图层”，弹出控制菜单，选择“混合模式”菜单中的“强光”选项，也可以选择其他“混合模式”，找到最好的表现效果即可。将此图层移至“亮部图层”之上。画后取消选区，点击“选择”图标退出。

步骤13 新建“投影图层”，选择“流量喷笔”工具，调整双圆盘颜色为黑色，“不透明度”值为50%，在宝石右下角的弧面处画出投影效果。再用“涂抹笔”工具晕染，使其过渡自然，与周围的颜色相融合。

步骤14 选择“笔刷”工具，调整双圆盘颜色，色值为H294 S17 L49，画出如左图所示的投影中的透明宝石的颜色反光。再用“涂抹笔”工具晕染，使其过渡自然，与周围的颜色相融合。到此全部绘制完成。

图层内容展示如下图所示，建议画不同内容时分别新建图层，方便修改。

## 6.3.7 橄榄石（三角形切割）

# 橄榄石

# Peridot

硬　度：6.5~7
折射率：1.654~1.690
比　重：3.32~3.37
颜　色：黄绿色、绿色、橄榄绿色等
分　布：巴西、美国、加拿大等
光　泽：玻璃光泽
透明度：透明、半透明

**常见琢形**

刻面形

橄榄石是镁铁质矿物的一种，是少有的一种绿色的宝石，最好的橄榄石具有一种鲜艳的油绿色。

橄榄石属斜方晶系，晶体形态常呈短柱状，集合体多为不规则粒状。纯镁橄榄石的颜色为无色至黄色，纯铁橄榄石则呈现绿黄色，氧化时变为褐色或棕色。油脂光泽，透明，常具有贝壳状断口，韧性较差，极易出现裂纹。

宝石级橄榄石主要分为浓黄绿色橄榄石、金黄绿色橄榄石、黄绿色橄榄石和浓绿色橄榄石。优质的橄榄石呈透明的橄榄绿色、翠绿色或黄绿色，清澈秀丽的色泽十分赏心悦目，象征着和平、幸福、安详等美好意愿。

● 绘图颜色色阶

## ● 绘图步骤

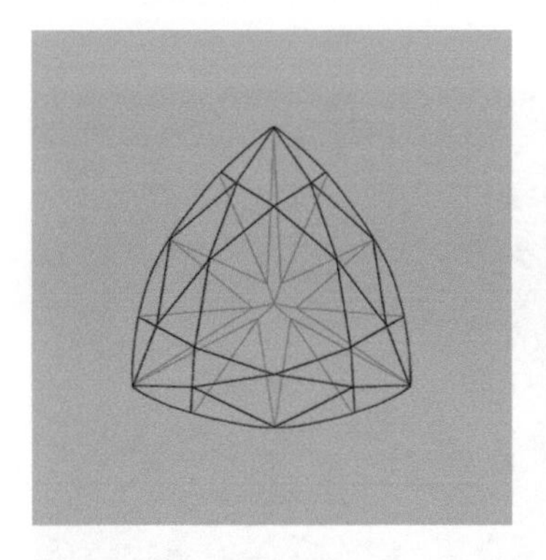

步骤1 点击“导入图片”工具，导入标准刻面线稿。降低图层的“不透明度”值，并将此图层移至底层。

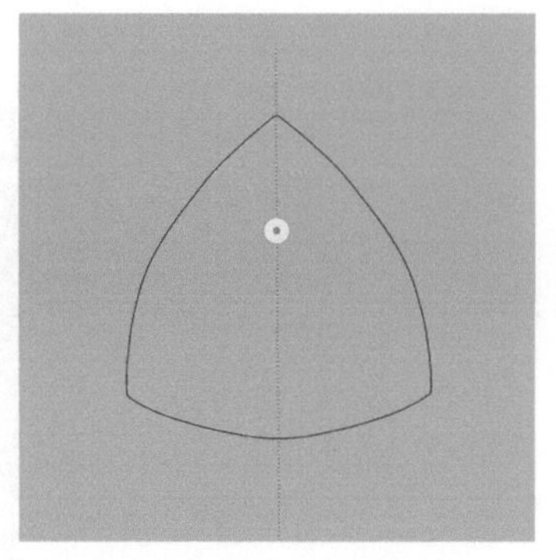

步骤2 新建“线稿图层 1”，选择“对称”工具组中的“Y 轴对称”工具，再选择大小为 1.5 的“针笔”工具，描摹出标准刻面线稿的三角形轮廓。选择“魔棒”工具，在三角形区域内点击，以形成选区。保持当前选区进行绘制，可以避免画出线框。

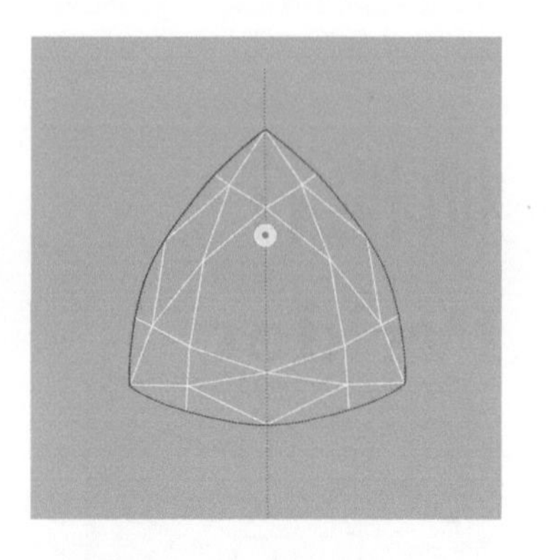

步骤3 新建“线稿图层 2”，选择“对称”工具组中的“Y 轴对称”工具，再选择大小为 1.5 的“针笔”工具，描摹出白色的标准刻面线稿。再次点击“对称”图标，退出“Y 轴对称”工具。描摹后可删除底层的标准刻面线稿图层。



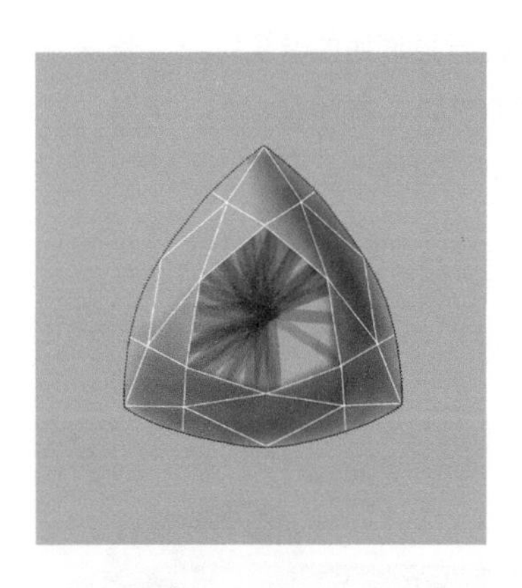

步骤4 新建“暗部图层”，选择“流量喷笔”工具，调整双圆盘颜色为黑色，“不透明度”值为 50%，控制笔尖的压力，在多边形内的射线及宝石右下角的弧面处画出如上图所示的暗部效果。

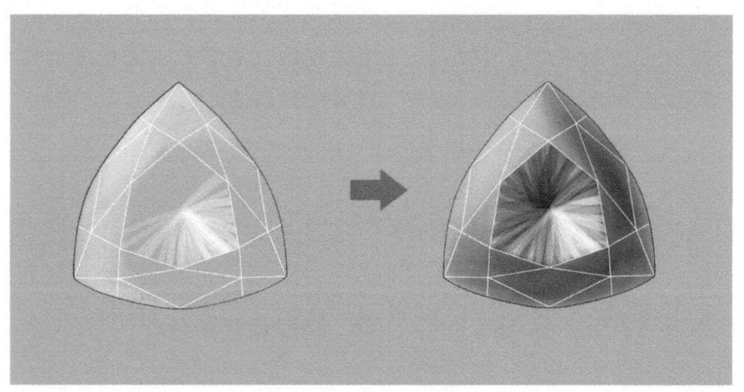

步骤5 新建“亮部图层”，选择“流量喷笔”工具，调整双圆盘颜色为白色，降低“不透明度”值，控制笔尖的压力，在多边形内的射线及宝石左上角的弧面处画出如上图所示亮部效果。

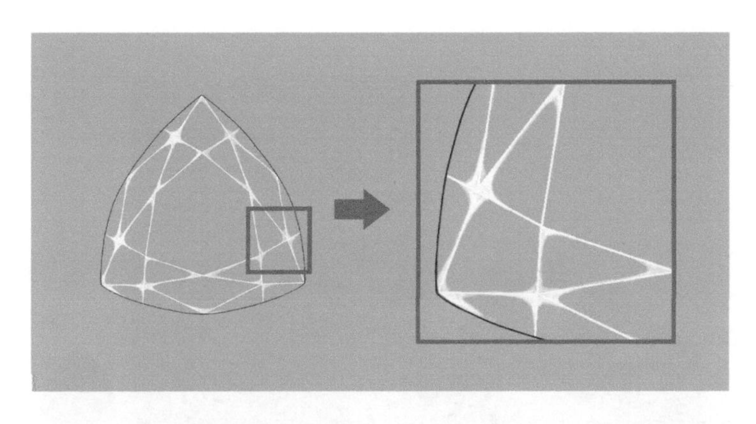

步骤6 回到“线稿图层 2”，选择“笔刷”工具，调整双圆盘颜色为白色，画出线与线交会处的高光效果。

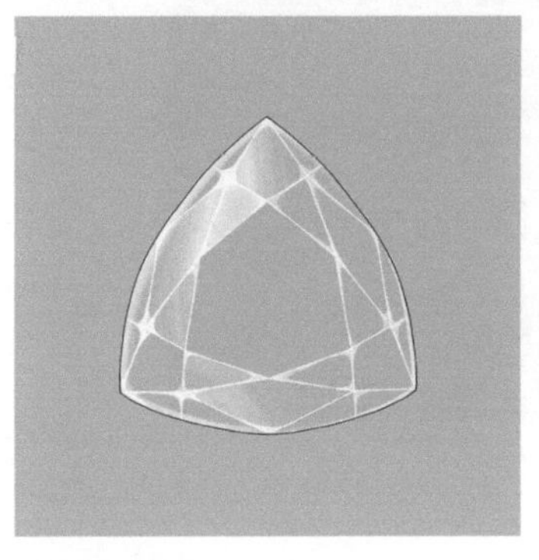

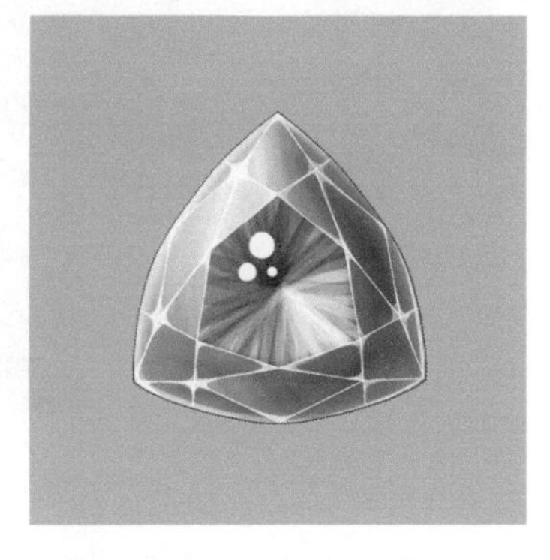

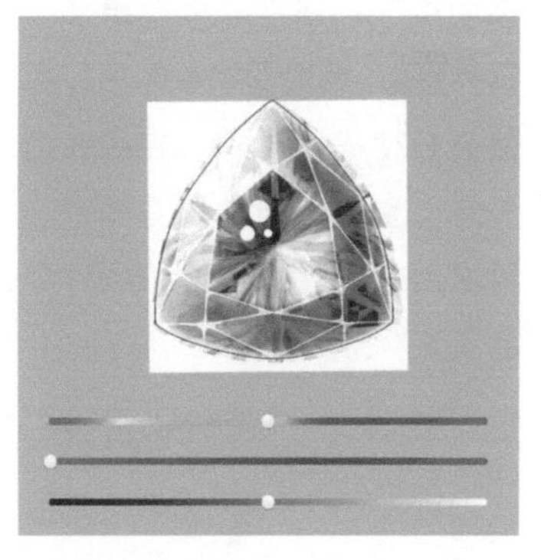

步骤7 新建“高光图层”，选择“笔刷”工具，调整双圆盘颜色为白色，画出位于刻面宝石左上角三角区域的高光。降低“不透明度”值，画出最亮三角区域周围的半透明面。缩小画笔，画出位于宝石左上角边缘的高光效果和右下角边缘的反光效果。

步骤8 沿用上一步的笔刷和颜色，点出内高光。此时所有图层的叠加效果如上图所示。

步骤9 在 iPad 中搜索并下载一张三角形切割宝石的图片，用于绘制宝石的火彩。点击“导入图片”工具，用双指对图片进行缩放和旋转，并与手绘刻面对齐，再将此图层移至底层。点击图层，弹出控制菜单，点击“HSL 调整”按钮并调整参数，将中间一栏的饱和度参数调至 -100，使原本的彩色图片变为黑白图片。

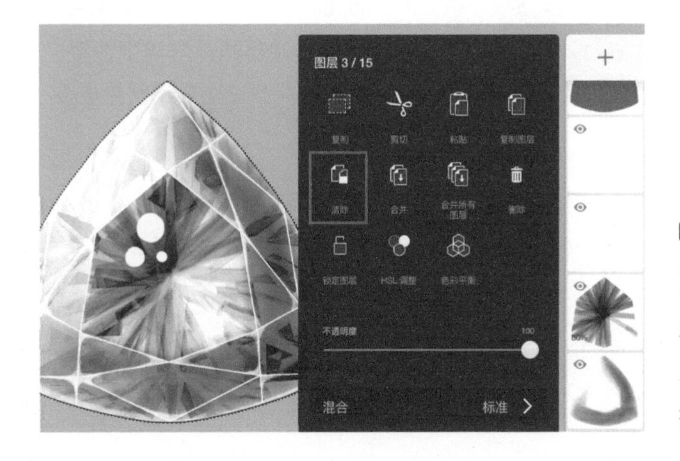


步骤10 回到“线稿图层 1”，选择“魔棒”工具，在三角形区域外点击，以形成选区。再次回到三角形宝石图片图层，点击图层，弹出控制菜单，点击“清除”按钮去除白边。

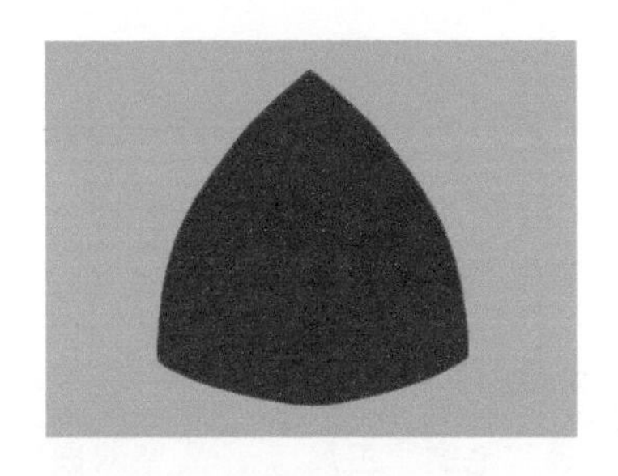

步骤11 点击“反向选择”工具，形成三角形选区。新建“罩色图层”，选择“单色填充”工具，调整双圆盘颜色，色值为 H78 S98 L24，在画布内任意位置点击自动填充颜色。再次点击“填色”图标，退出“单色填充”工具。

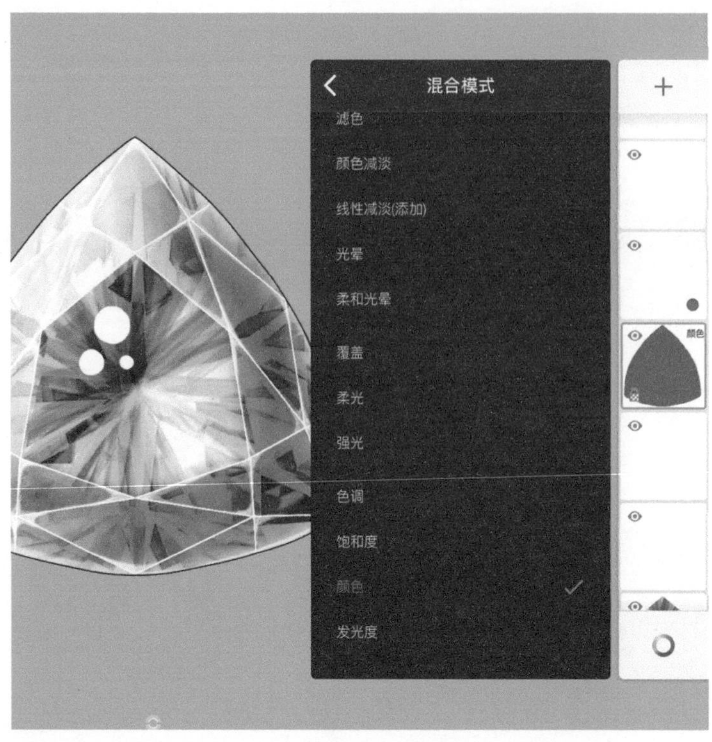


步骤12 点击“罩色图层”，弹出控制菜单，选择“混合模式”菜单中的“颜色”选项，也可以选择其他“混合模式”，找到最好的表现效果即可。将此图层移至“亮部图层”之上。画后取消选区，点击“选择”图标退出。

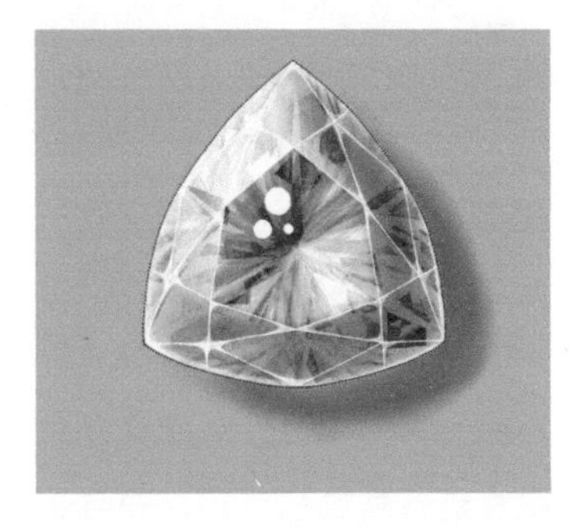

步骤13 新建“投影图层”，选择“流量喷笔”工具，调整双圆盘颜色为黑色，“不透明度”值为 50%，在宝石右下角弧面处画出投影效果。再用“涂抹笔”工具晕染，使其过渡自然，与周围的颜色相融合。

步骤14 选择“笔刷”工具，调整双圆盘颜色，色值为 H78 S33 L78，画出如左图所示的投影中的透明宝石的颜色反光。再用“涂抹笔”工具晕染，使其过渡自然，与周围的颜色相融合。到此全部绘制完成。

图层内容展示如下图所示，建议画不同内容时分别新建图层，方便修改。

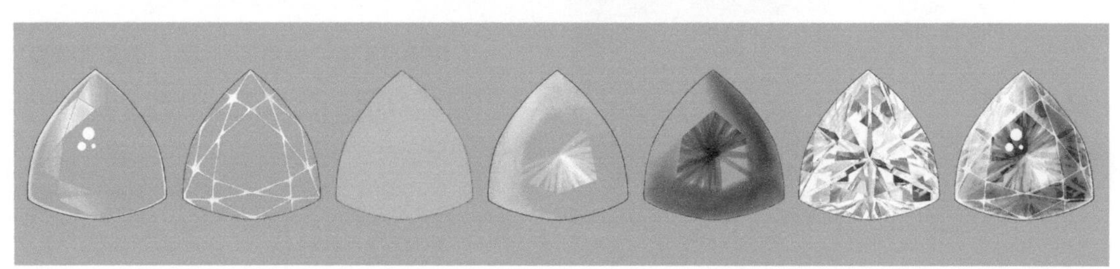

## 6.3.8 黄钻（公主方形切割）

# 黄钻
# Yellow Diamond

硬　度：10
折射率：2.42
比　重：3.52
颜　色：黄色、浅黄色、金黄色等
分　布：非洲南中部等
光　泽：金刚光泽
透明度：透明

常见琢形

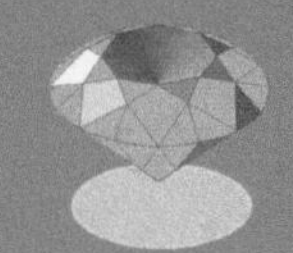

刻面形

黄钻是彩色钻石的一种，是一种含氮元素的钻石，颜色为黄色，产量极为稀少，所以价格昂贵。虽然黄钻在世界各地都可以找到，但因为其产量极为稀少、颜色鲜艳，深得收藏家的青睐。

在白钻的颜色等级中，从 D 到 Z 表示的是不带黄色的相对程度，超过 Z 色的黄称为彩（Fancy）。一般彩钻级别的黄色钻石，从低到高依次为：淡彩黄（Fancy Light Yellow）、彩黄（Fancy Yellow）、浓彩黄（Fancy Intense Yellow）、深彩黄（Fancy Deep Yellow）、艳彩黄（Fancy Vivid Yellow）。虽然黄钻较为常见，但达到艳彩级别的黄钻却极为稀少。

● 绘图颜色色阶

## 绘图步骤

步骤1 点击“导入图片”工具，导入标准刻面线稿。降低图层的“不透明度”值，并将此图层移至底层。

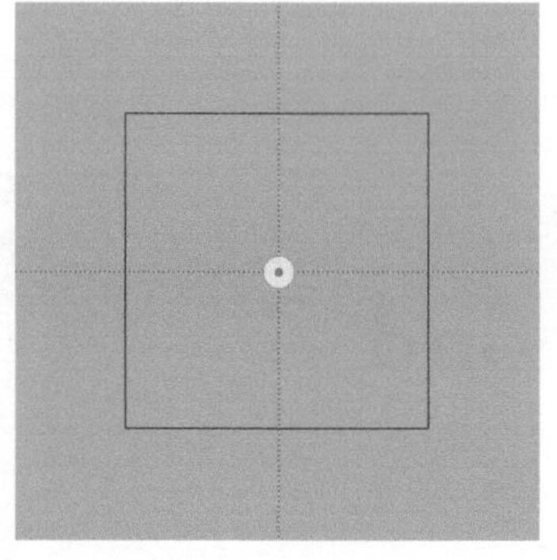

步骤2 新建“线稿图层 1”，选择“对称”工具组中的“Y 轴对称”工具、“X 轴对称”工具和“导向”工作组中的“标尺”工具。再选择大小为 1.5 的“针笔”工具，描摹出标准刻面线稿的方形轮廓。选择“魔棒”工具，在方形区域内点击，以形成选区。保持当前选区进行绘制，可以避免画出线框。

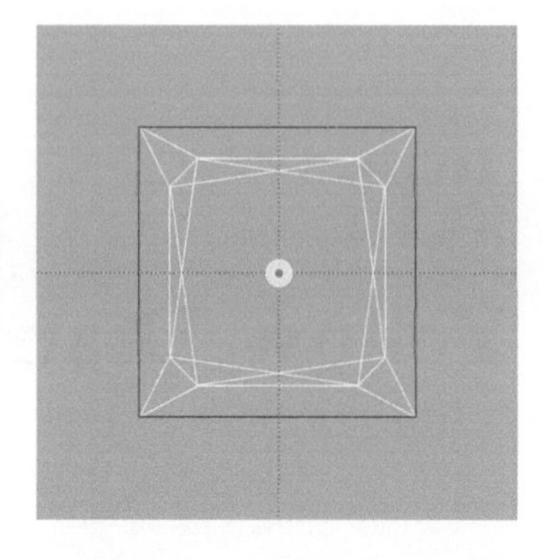

步骤3 新建“线稿图层 2”，选择“对称”工具组中的“Y 轴对称”工具和“X 轴对称”工具，再选择大小为 1.5 的“针笔”工具，描摹出白色的标准刻面线稿。再次点击“对称”图标，退出“Y 轴对称”和“X 轴对称”工具。



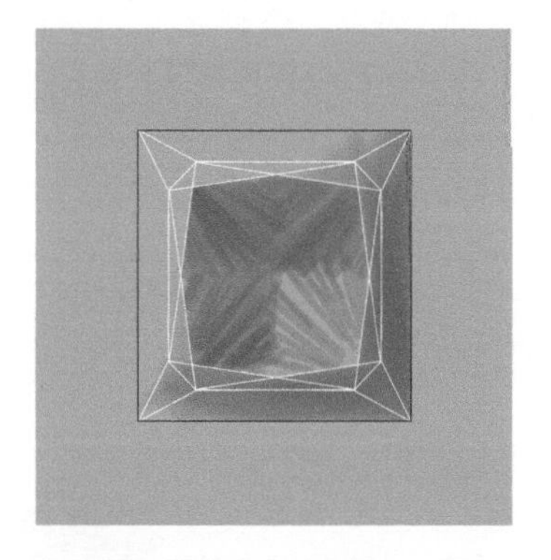

步骤4 新建“暗部图层”，选择“流量喷笔”工具，调整双圆盘颜色为黑色，“不透明度”值为 30%，控制笔尖的压力，根据标准刻面线稿，在方向射线以及宝石右下角画出弧面。

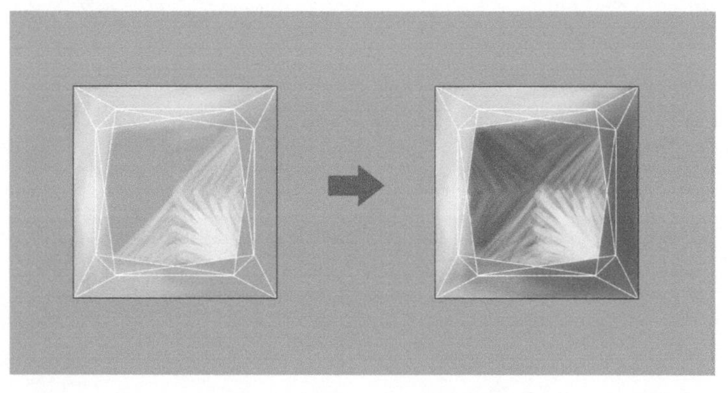

步骤5 新建“亮部图层”，选择“流量喷笔”工具，调整双圆盘颜色为白色，降低“不透明度”值，控制笔尖的压力，根据标准刻面线稿，在方向射线以及宝石左上角画出弧面。画后可删除底层的标准刻面线稿图层。

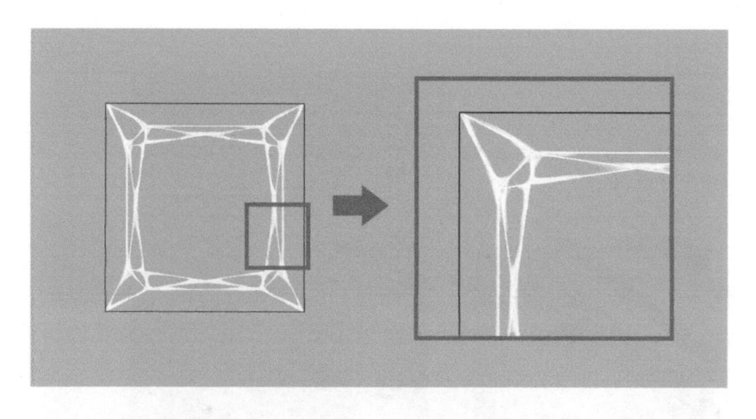

**步骤 6** 回到“线稿图层 2”，选择“笔刷”工具，调整双圆盘颜色为白色，画出线与线交会处的高光效果。

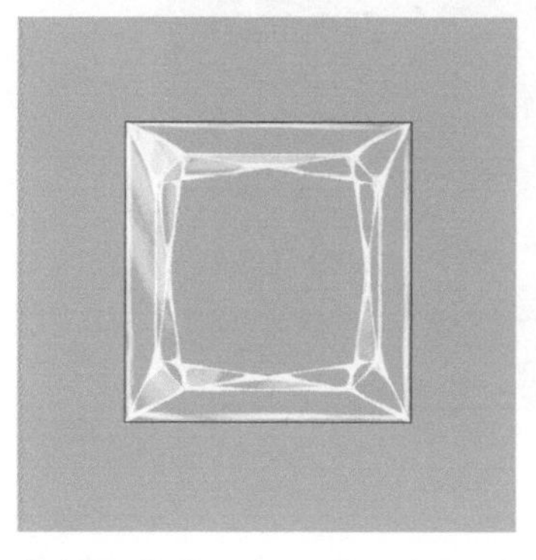

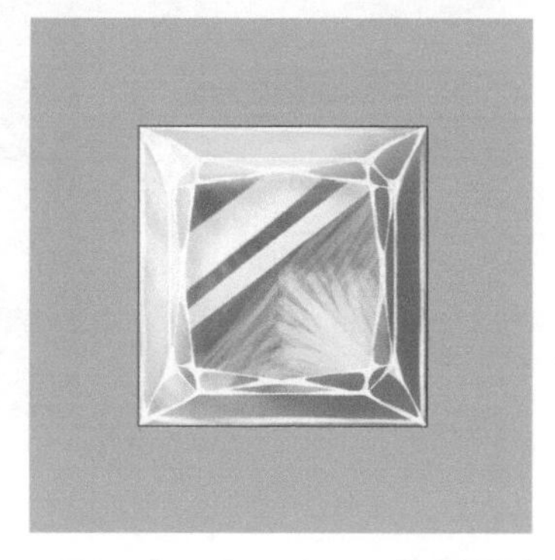

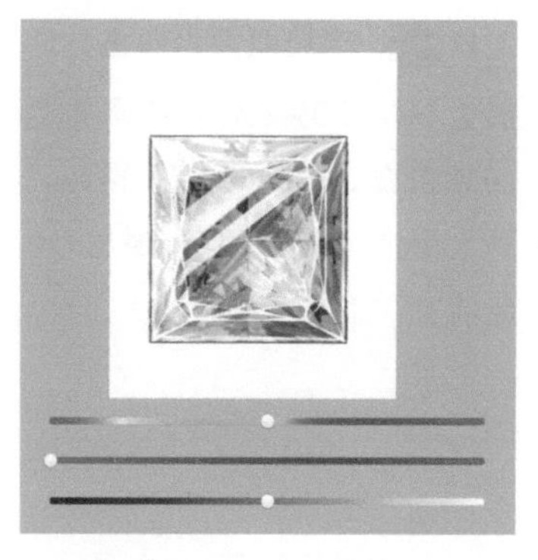

**步骤 7** 新建“高光图层”，选择“笔刷”工具，调整双圆盘颜色为白色，画出位于刻面宝石左上角三角区域的高光效果。降低“不透明度”值，画出最亮的三角区域周围的半透明面。缩小画笔，画出位于宝石左上角边缘的高光效果和右下角边缘的反光效果。

**步骤 8** 沿用上一步的笔刷和颜色。选择“导向”工具组中的“标尺”工具，画出内镜面的高光效果。此时所有图层的叠加效果如上图所示。

**步骤 9** 在 iPad 中搜索并下载一张公主方形切割宝石的图片，用于绘制宝石的火彩。点击“导入图片”工具，用双指对图片进行缩放和旋转，并与手绘刻面对齐，再将此图层移至底层。点击图层，弹出控制菜单，点击“HSL 调整”按钮并调整参数，将中间一栏的饱和度参数调至 -100，使原本的彩色图片变为黑白图片。

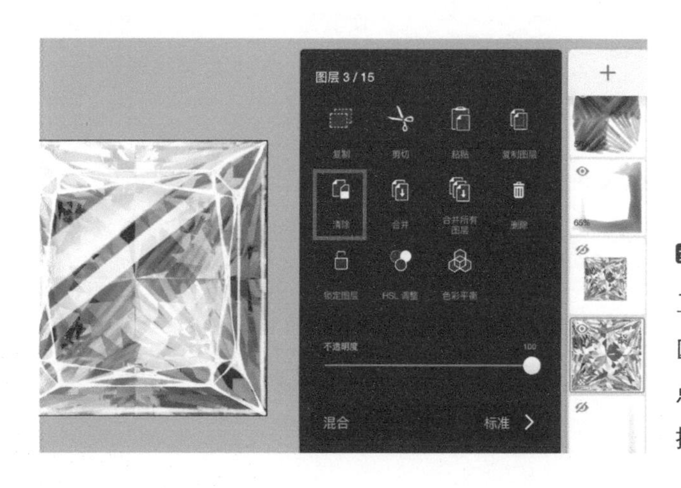


**步骤 10** 回到“线稿图层 1”，选择“魔棒”工具，在方形区域外点击，以形成选区。再次回到公主方形宝石图片图层，点击图层，弹出控制菜单，点击“清除”按钮去除白边。

步骤11 点击“反向选择”工具，形成方形选区。新建“罩色图层”，选择“单色填充”工具，调整双圆盘颜色，色值为 H49 S99 L47，在画布内任意位置点击自动填充颜色。再次点击“填色”图标，退出“单色填充”工具。

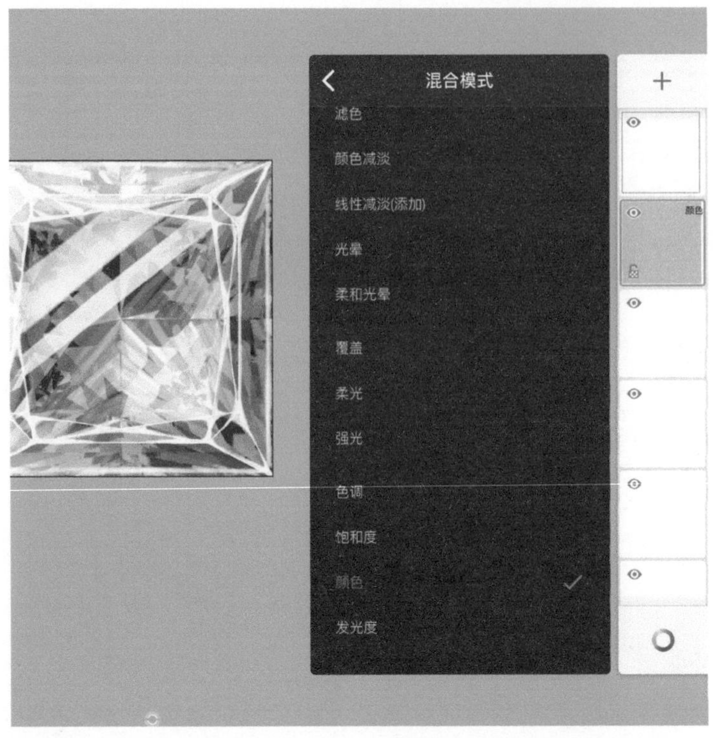


步骤12 点击“罩色图层”，弹出控制菜单，选择“混合模式”菜单中的“颜色”选项，也可以选择其他“混合模式”，找到最好的表现效果即可。将此图层移至“线稿图层 1”之下。画后取消选区，点击“选择”图标退出。

步骤13 新建“投影图层”，选择“流量喷笔”工具，调整双圆盘颜色为黑色，“不透明度”值为 50%，在宝石右下角弧面画出投影效果。再用“涂抹笔”工具晕染，使其过渡自然，与周围的颜色相融合。

步骤14 选择“笔刷”工具，调整双圆盘颜色，色值为 H50 S47 L76，画出如左图所示的投影中的透明宝石的颜色反光。再用“涂抹笔”工具晕染，使其过渡自然，与周围的颜色相融合。到此全部绘制完成。

图层内容展示如下图所示，建议画不同内容时分别新建图层，方便修改。

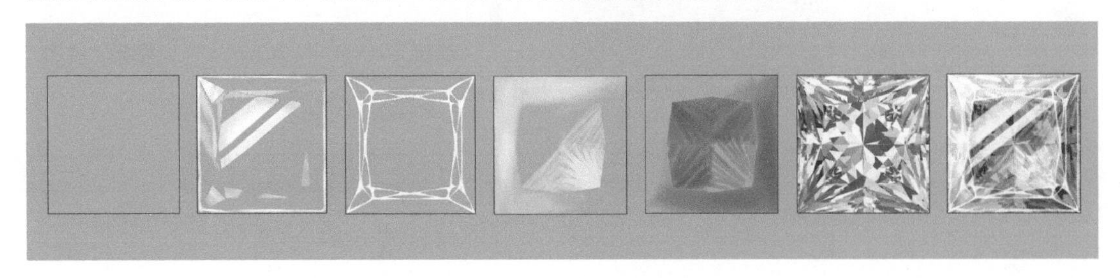

## 6.3.9 祖母绿（祖母绿形切割）

# 祖母绿
# Emerald

硬　度：7.5~8
折射率：1.57~1.60
比　重：2.65~2.80
颜　色：绿色、深绿色、鲜绿色、蓝绿色等
分　布：哥伦比亚、赞比亚、巴西、俄罗斯等
光　泽：玻璃光泽
透明度：透明、不透明

常见琢形

刻面形

弧面形

珠形

异形雕件

祖母绿是最贵重的绿色宝石，被称为“绿宝石之王”，属于绿柱石家族，由于含有微量的铬而呈艳绿色，宝石学家用祖母绿来描述这种独一无二的色彩。除了具有鲜艳的色彩，祖母绿另一个特征是有丰富的包裹体，受到着色成分和矿物生长环境的影响，内部完整、纯净的大颗粒产量稀有。天然祖母绿存在很多裂隙，且脆性很强，为了改善净度和降低加工切磨的风险，祖母绿原石往往一经开采就会被放入无色雪松油中。这种被称为浸油的处理方式，是唯一被宝石学家接受和认可的天然优化方式，大部分祖母绿都经过浸油处理，微油和少油都是可以被接受的处理等级。

**祖母绿切工**

祖母绿也代表一种切工方式，因为祖母绿原石大部分是六边形的圆柱体，为了切割出最大的体量，将损耗降到最小，大都采用阶梯琢形。其次，祖母绿易裂、脆性高，所以祖母绿在镶嵌时常用方爪，目的是分散压强，降低对宝石的损坏风险。

● 绘图颜色色阶

## ● 绘图步骤

步骤1 点击“导入图片”工具，导入标准刻面线稿。降低图层的不透明度，将此图层移至底层。

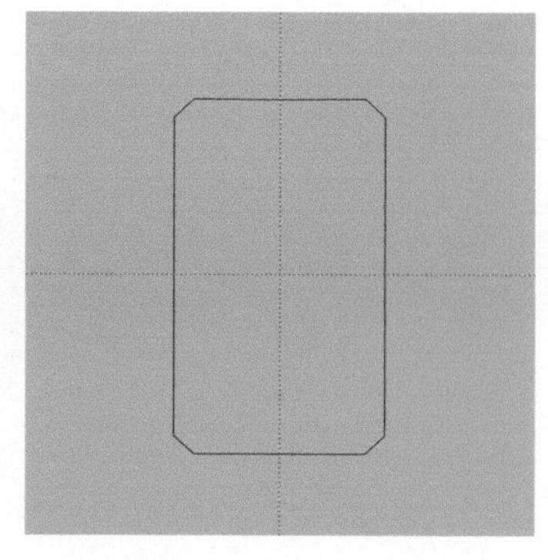

步骤2 新建“线稿图层 1”，选择“对称”工具组中的“Y 轴对称”工具、“X 轴对称”工具，以及“导向”工具组中的“标尺”工具。选择大小为 1.5 的“针笔”工具，描摹出标准刻面线稿的祖母绿外形轮廓。选择“魔棒”工具，在祖母绿形区域内点击，以形成选区。保持当前选区进行绘制，可以避免画出线框。

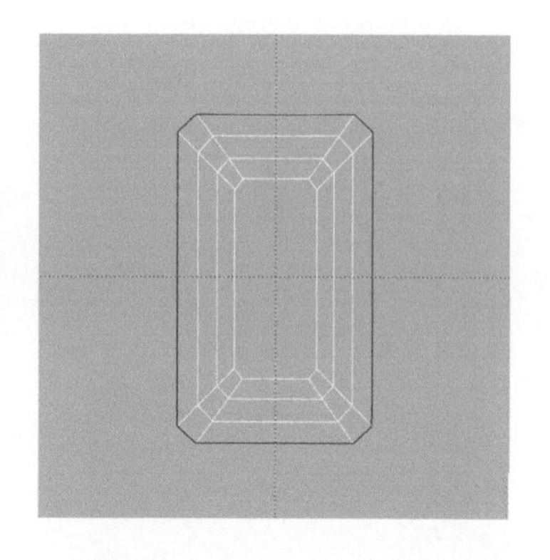

步骤3 新建“线稿图层 2”，选择“对称”工具组中的“Y 轴对称”工具、“X 轴对称”工具，以及“导向”工具组中的“标尺”工具。选择大小为 1.5 的“针笔”工具，描摹出白色的标准刻面线稿。

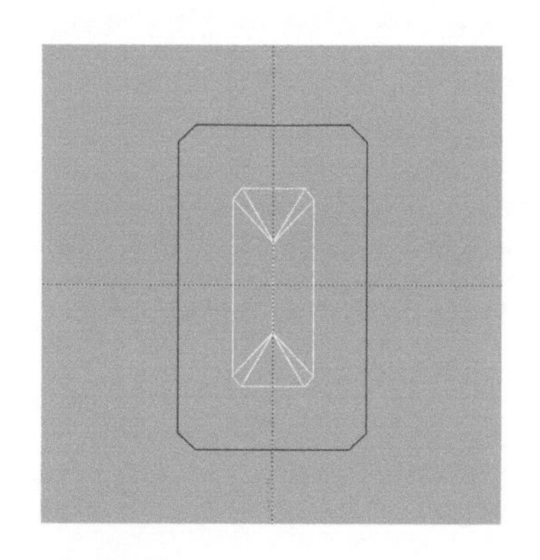

步骤4 新建“线稿图层 3”，选择“对称”工具组中的“Y 轴对称”工具、“X 轴对称”工具，以及“导向”工具组中的“标尺”工具。再选择大小为 1.5 的“针笔”工具，描摹出白色的亭部刻面线，并降低该图层的“不透明度”值为 40%。再次点击“对称”图标，退出对称工具。描摹后可删除底层的标准刻面线稿图层。画后取消选区，点击“选择”图标退出。

步骤5 回到“线稿图层 2”和“线稿图层 3”，选择“魔棒”工具，在如上图所示的区域点击，以形成选区。新建“暗部图层”，选择“流量喷笔”工具，调整双圆盘颜色为黑色，“不透明度”值为 50%，涂出暗部区域，注意颜色的深浅变化。画后取消选区，点击“选择”图标退出。

步骤6 选择“魔棒”工具，在如上图所示的区域点击，以形成选区。新建“亮部图层”，选择“流量喷笔”工具，调整双圆盘颜色为白色，降低“不透明度”值，涂出亮部区域，注意颜色的深浅变化。画后取消选区，点击“选择”图标退出。

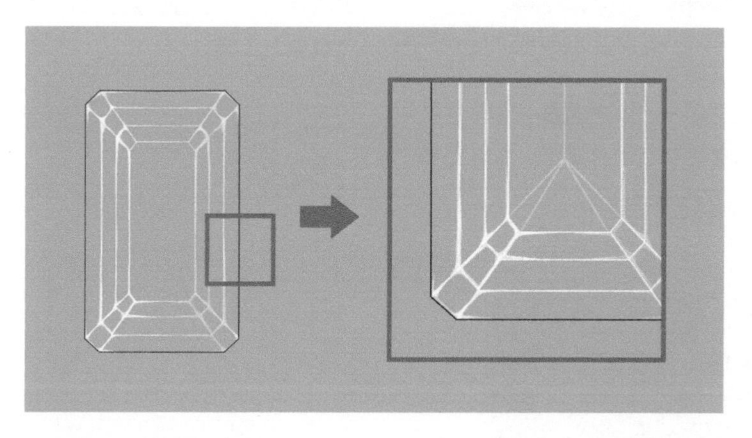

步骤7 回到“线稿图层 2”，选择“笔刷”工具，调整双圆盘颜色为白色，画出线与线交会处的高光效果。

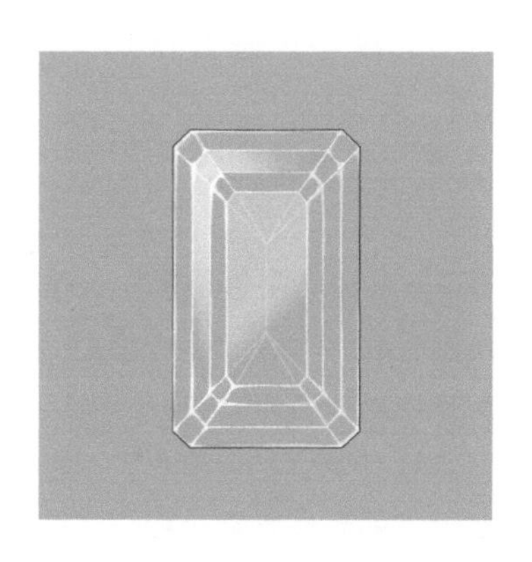

步骤8 选择“魔棒”工具，在如左图所示的区域点击，以形成选区。新建“高光图层”，选择“流量喷笔”工具，调整双圆盘颜色为白色，涂出高光效果。画后取消选区，点击“选择”图标退出。

步骤9 选择“魔棒”工具，在中心一层的祖母绿区域内点击，以形成选区。选择“导向”工具组中的“标尺”工具，增强镜面高光。画后取消选区，点击“选择”图标退出。此时所有图层的叠加效果，如上图所示。

步骤10 在 iPad 中搜索并下载一张素材宝石的图片，用于绘制宝石的火彩。点击“导入图片”工具，用双指对图片进行缩放和旋转，并与手绘刻面对齐，再将此图层移至底层。点击图层，弹出控制菜单，点击“HSL 调整”按钮并调整参数，将中间一栏的饱和度参数调至 –100，使原本的彩色图片变为黑白图片。

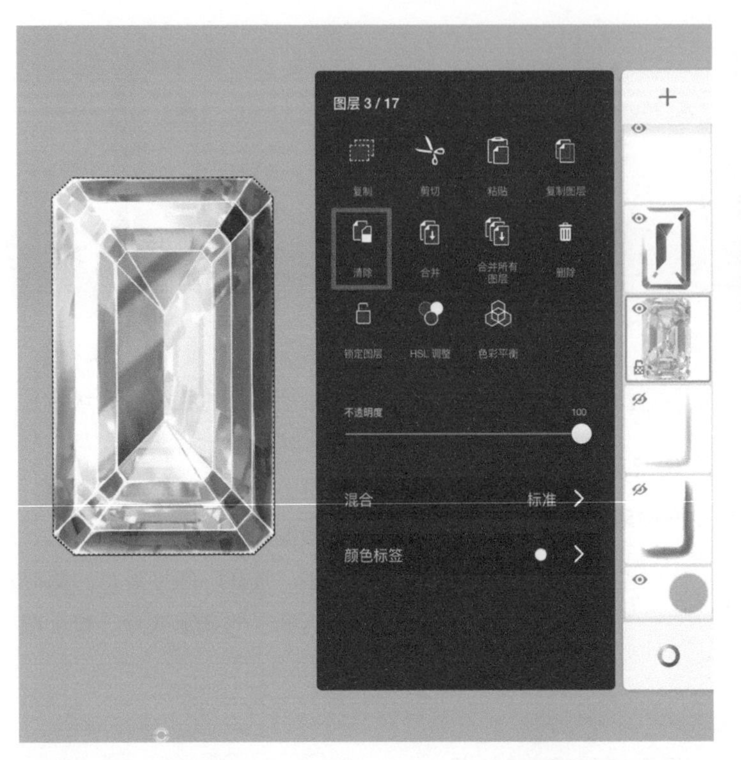

步骤11 回到“线稿图层 1”，选择“魔棒”工具，在祖母绿区域外点击，以形成选区。再次进入素材宝石图片图层，点击图层，弹出控制菜单，点击“清除”按钮去除白边。

步骤12 点击“反向选择”工具，形成祖母绿选区。新建“罩色图层”，选择“单色填充”工具，调整双圆盘颜色，色值为 H160 S96 L20，在画布内任意位置点击自动填充颜色。再次点击“填色”图标，退出“单色填充”工具。

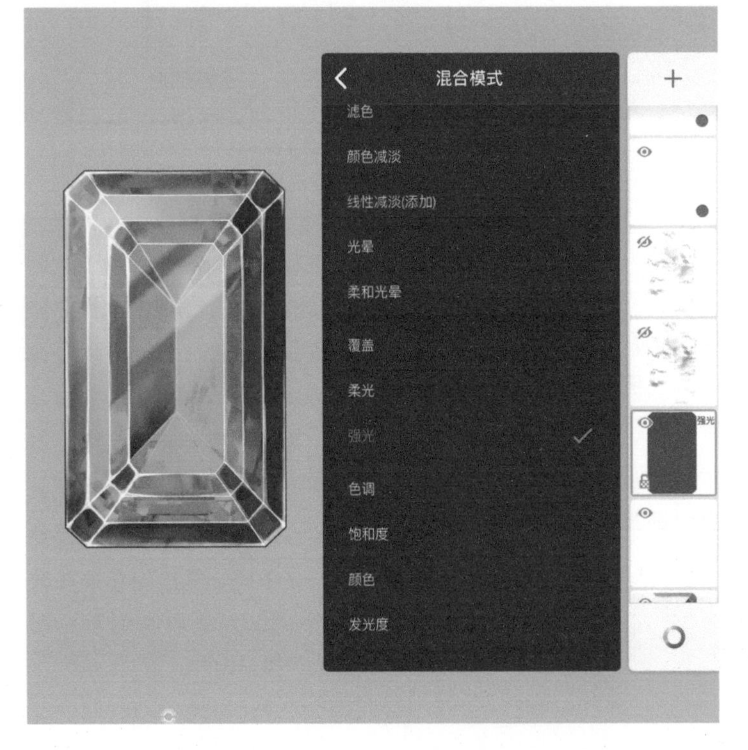


步骤13 点击“罩色图层”，弹出控制菜单，选择“混合模式”菜单中的“强光”选项，也可以选择其他“混合模式”，找到最好的表现效果即可，再将此图层移至“线稿图层 3”之下。

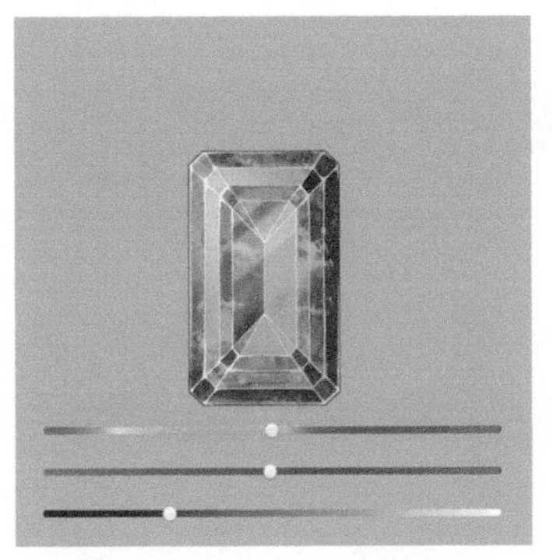

步骤14 新建“肌理图层”，选择“湿磨损刚毛笔”工具，调整双圆盘颜色，色值为H160 S91 L43，调小画笔，点出絮状包裹体。

步骤15 点击“肌理图层”，弹出控制菜单，点击“复制图层”按钮，复制一个“肌理图层”。展开“肌理图层”的控制菜单，点击“HSL调整”按钮并调整参数，将底部一栏的亮度参数调至-45。使用“变换”工具，向右下方拖曳，形成包裹体的投影效果。

步骤16 新建“投影图层”，选择“流量喷笔”工具，调整双圆盘颜色为黑色，“不透明度”值为50%，在宝石右下角弧面处画出投影效果。再用“涂抹笔”工具晕染，使其过渡自然，与周围的颜色相融合。

步骤17 选择“笔刷”工具，调整双圆盘颜色，色值为H160 S39 L57，画出投影中透明宝石的颜色反光。再用“涂抹笔”工具晕染，使其过渡自然，与周围的颜色相融合。到此全部绘制完成。

图层内容展示如下图所示，建议画不同内容时分别新建图层，方便修改。

# 6.4 宝石的透视

在珠宝设计中，宝石并非只有日常所见的正台面这一种形式，转动宝石时会出现多种形式的面，此时看到的就是带有透视关系的宝石。下图展示的是正圆形在随不同角度的上下翻转中，慢慢由椭圆形变为扁椭圆形，最后变为直线的过程。

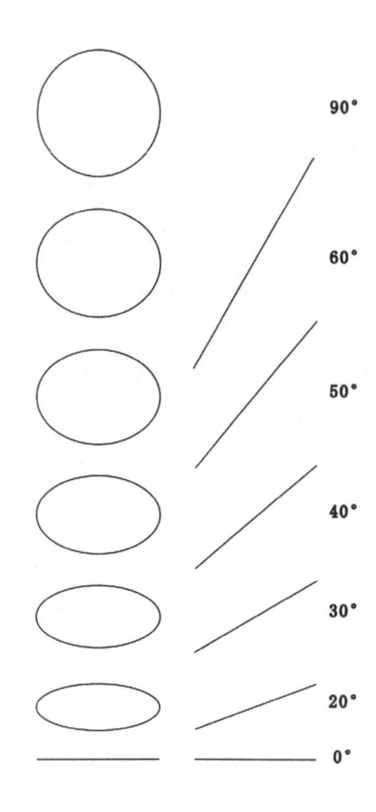


下面将具体展示各种形状的宝石的透视线稿。

● 素面宝石的透视线稿

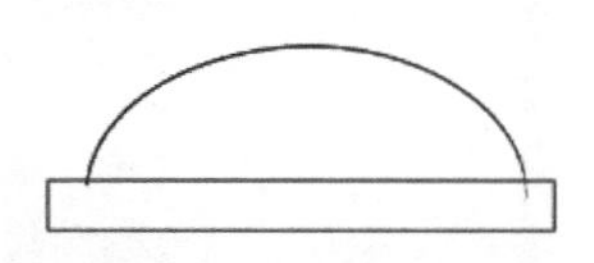

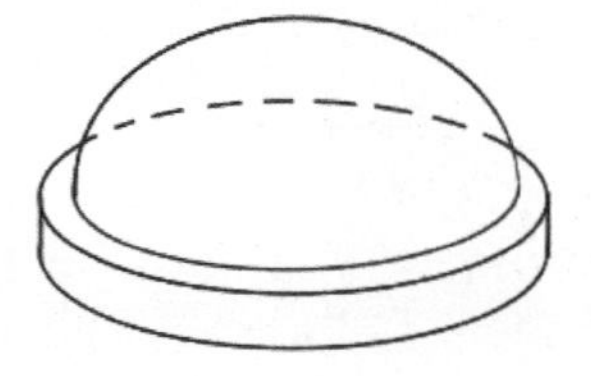

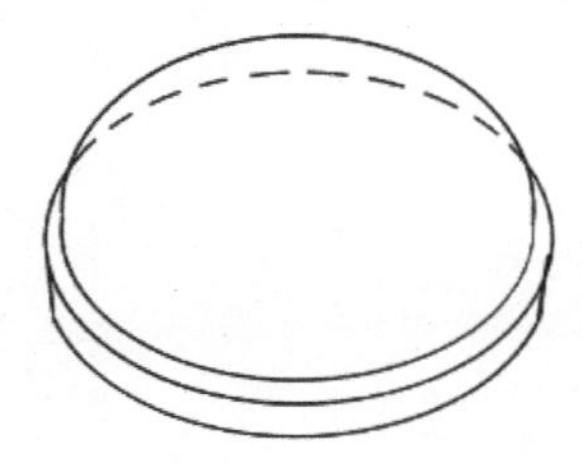

## 圆钻宝石的透视线稿

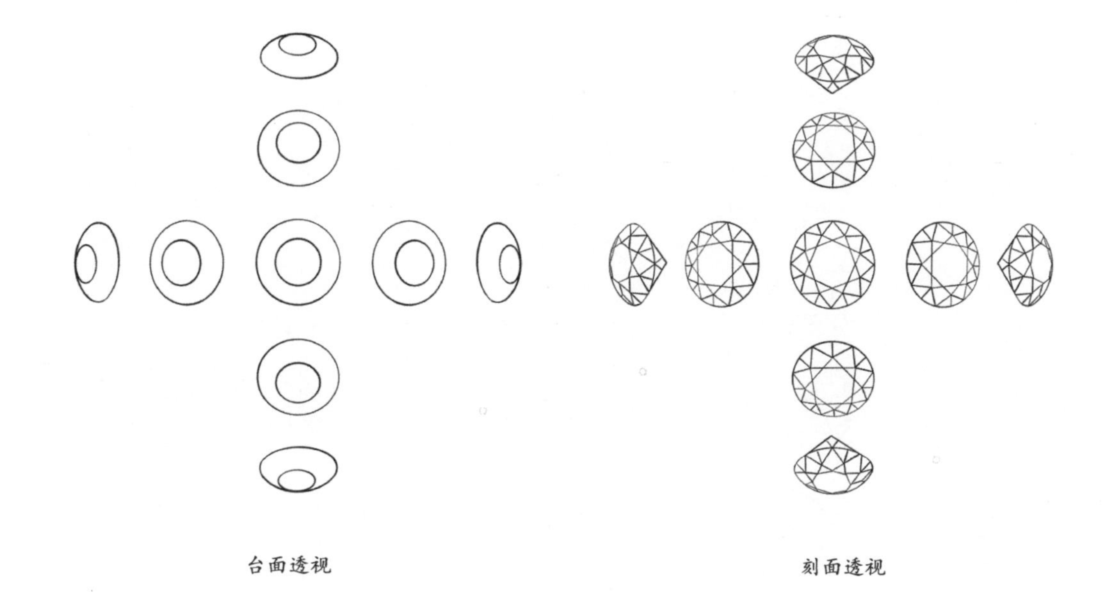


## 方钻宝石的透视线稿

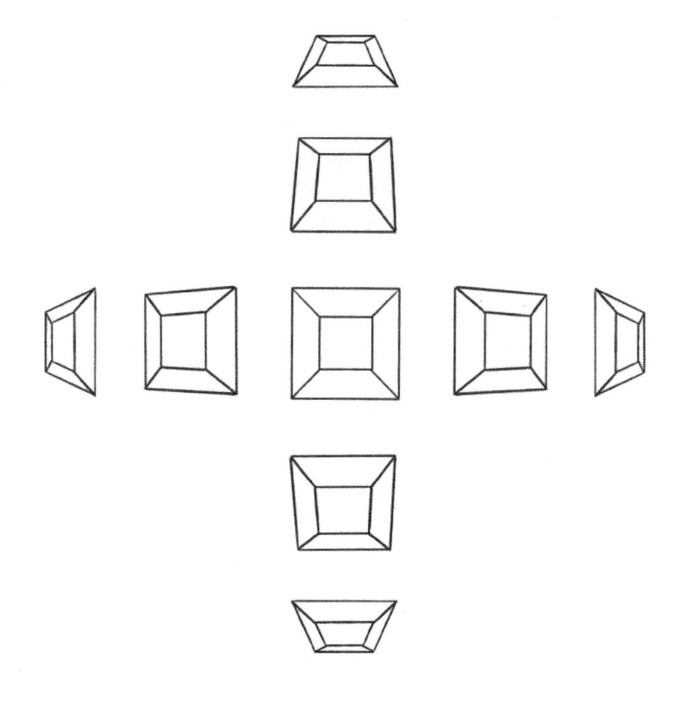

## ● 不同琢形宝石的透视线稿

# 6.5 玉石雕件绘制与表现

## 绘图颜色色阶

## 绘图步骤

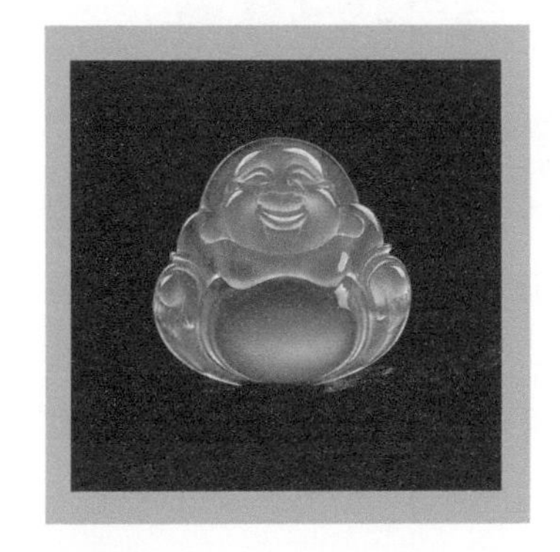

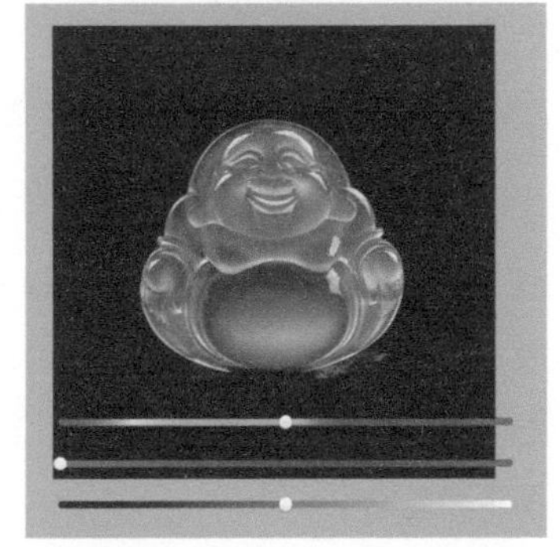

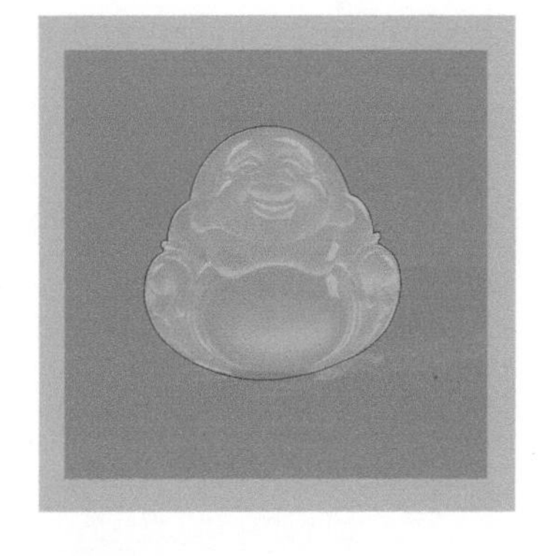

步骤1 点击“导入图片”工具，导入一张翡翠雕件图片。用双指对图片进行缩放和旋转，调整到适当大小。

步骤2 点击图层，弹出控制菜单，点击“HSL 调整”按钮并调整参数，将中间一栏的饱和度参数调至 -100，使原本的彩色图片变为黑白图片。

步骤3 降低图层的“不透明度”值，方便描摹翡翠雕件的轮廓。新建“线稿图层”，选择大小为 1.5 的“针笔”工具，画出翡翠雕件的轮廓。

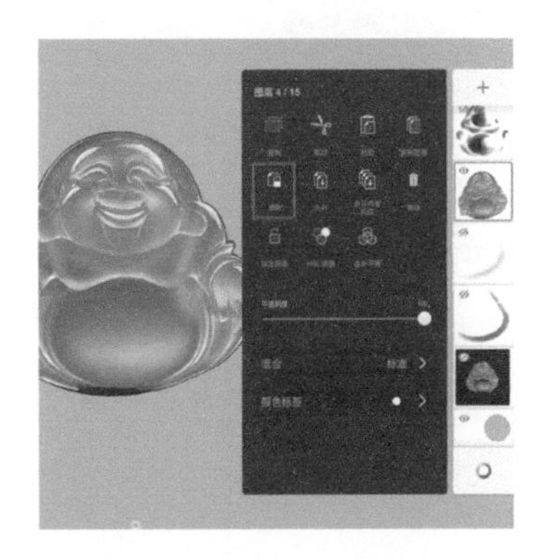

步骤4 回到“线稿图层”，选择“魔棒”工具，在翡翠雕件轮廓外点击，以形成选区。再次进入翡翠雕件图片图层，点击图层，弹出控制菜单，点击“清除”按钮去除白边，再将图层的“不透明度”值调为 100%。

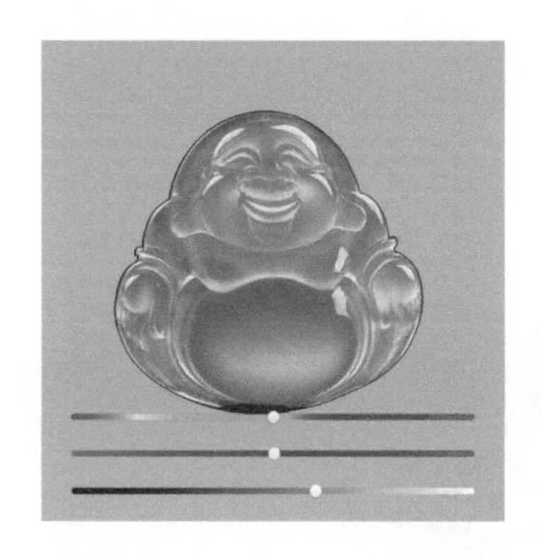

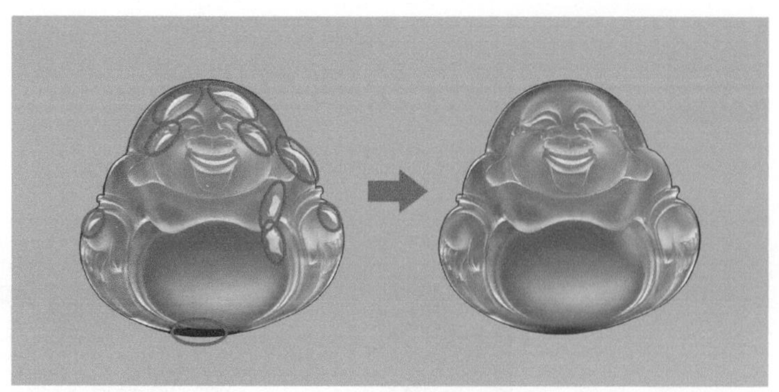

步骤5 点击“反向选择”工具，形成翡翠雕件选区。点击图层弹出控制菜单，点击“HSL调整”按钮并调整参数，将最下边一栏的亮度调至20，提高图片亮度。

步骤6 用“涂抹笔”工具涂抹开图片中的高光部分和黑色区域。

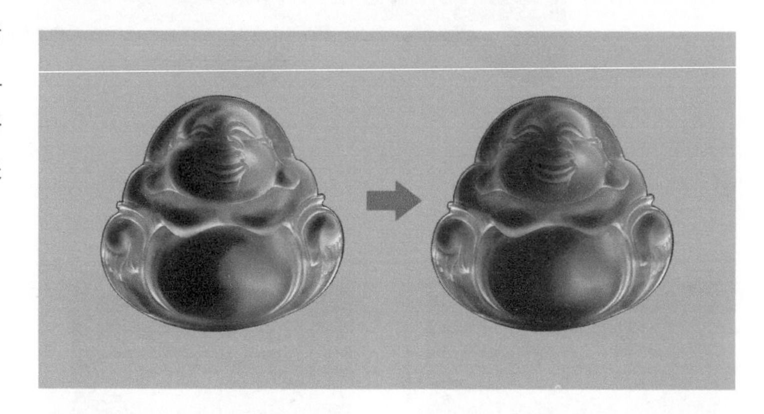

步骤7 新建“暗部图层”，选择“流量喷笔”工具，调整双圆盘颜色为黑色，“不透明度”值为50%，在翡翠雕件左侧弧面处画出暗部。再用“涂抹笔”工具晕染，使其过渡自然，与周围的颜色相融合。

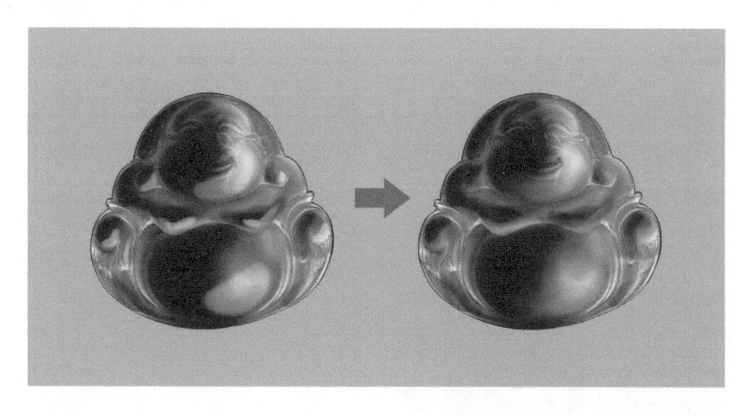

步骤8 新建“亮部图层”，选择“流量喷笔”工具，调整双圆盘颜色为白色，降低“不透明度”值为50%，在翡翠雕件右侧弧面画出亮部。再用“涂抹笔”工具晕染，使其过渡自然，与周围的颜色相融合。

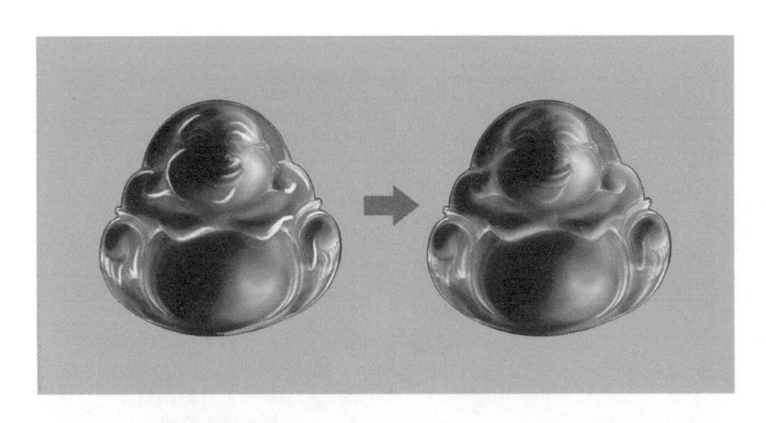

步骤9 图层不变，选择“笔刷”工具，调整双圆盘颜色为白色，调小画笔，“不透明度”值为80%，增强亮部。再用“涂抹笔”工具晕染，使其过渡自然，与周围的颜色相融合。

步骤10 回到“暗部图层”，选择“笔刷”工具，调整双圆盘颜色为黑色，调小画笔，增强面与面边缘处的暗面效果。

步骤11 选择“笔刷”工具，调整双圆盘颜色为白色，调小画笔，增强面与面边缘的亮面效果。

步骤12 新建“罩色图层”，选择“单色填充”工具，调整双圆盘颜色，色值为H119 S98 L39，在画布内任意位置点击自动填充颜色。再次点击“填色”图标，退出“单色填充”工具。

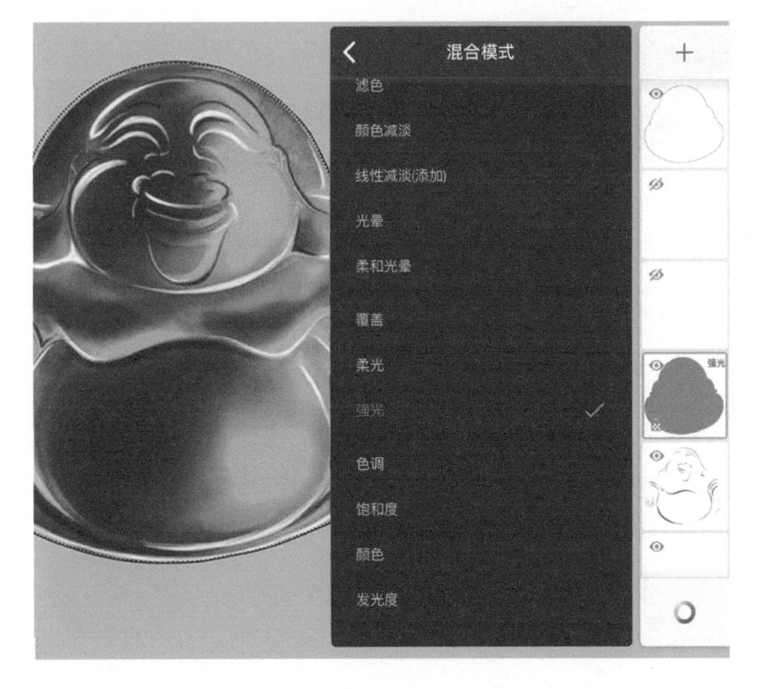


步骤13 点击“罩色图层”，弹出控制菜单，选择“混合模式”菜单中的“强光”选项，也可以选择其他“混合模式”，找到最好的表现效果即可。再把此图层移至“亮部图层”和“暗部图层”之间。画后取消选区，点击“选择”图标退出。

步骤14 回到“高光图层”，选择“笔刷”工具，调整双圆盘颜色为白色，画出高光。再用“锥形硬橡皮擦”工具将高光擦成弧面效果。

步骤15 新建“投影图层”，选择“流量喷笔”工具，调整双圆盘颜色为黑色，降低“不透明度”值，在翡翠雕件右下角弧面处画出投影效果。再用“涂抹笔”工具晕染，使其过渡自然，与周围的颜色相融合。

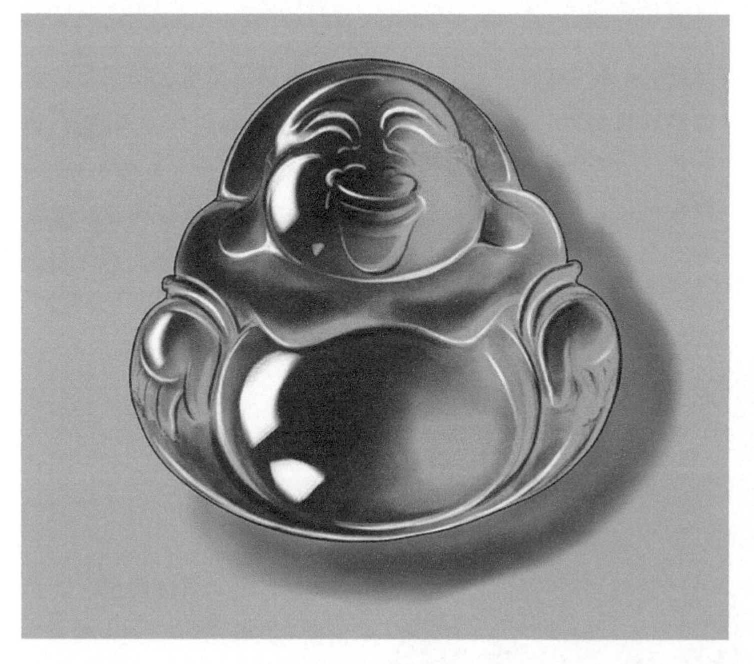

步骤16 选择“笔刷”工具，调整双圆盘颜色，色值为H119 S98 L39，画出翡翠雕件投影中的反光颜色。再用“涂抹笔”工具晕染，使其过渡自然，与周围的颜色相融合。到此全部绘制完成。

图层内容展示如下图所示，建议画不同内容时分别新建图层，方便修改。

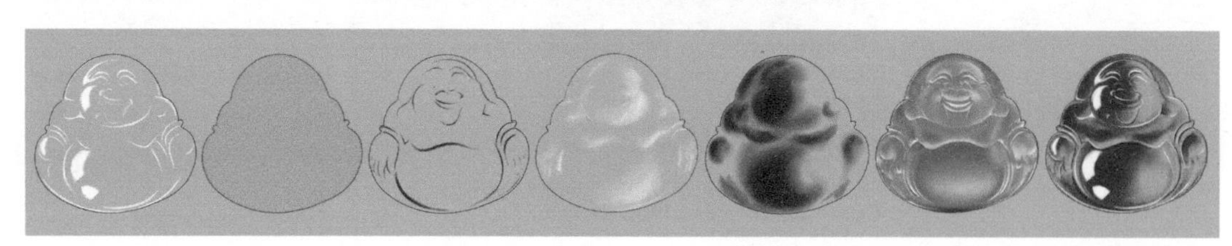

# 6.6 珠串的绘制与表现

## 6.6.1 Akoya 珍珠珠链的绘制与表现

### ● 绘图颜色色阶

### ● 绘图步骤

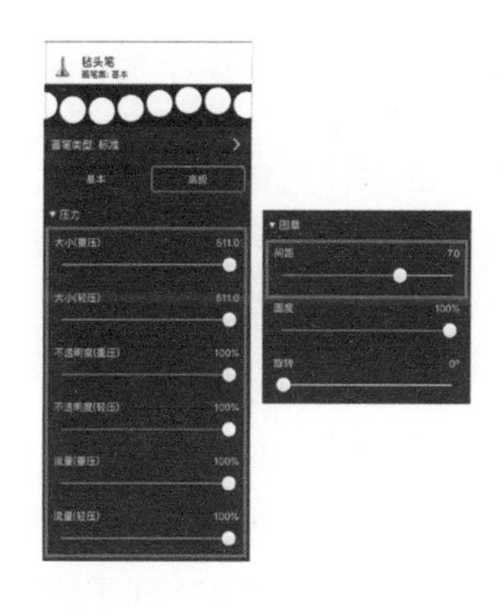

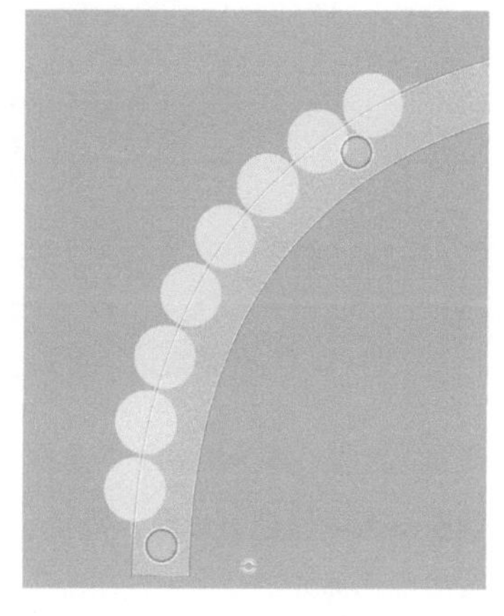

步骤1 选择“毡头笔”工具，将“大小（重压）”和“大小（轻压）”值调整为511.0，“不透明度（重压）”、“明度（轻压）”、“流量（重压）”和“流量（轻压）”值均为100%，“间距”值为7.0，此时笔刷效果为一个一个连续的圆点。

步骤2 选择大小为1.5的“针笔”工具，再选择“导向”工具组中的“曲线标尺”工具，画出白色线条。

步骤3 新建“底色图层”，选择大小为150的“毡头笔”工具，调整双圆盘颜色，色值为H177 S0 L90，沿着曲线标尺，画出连续的圆点。再次点击“导向”图标退出“曲线标尺”工具。

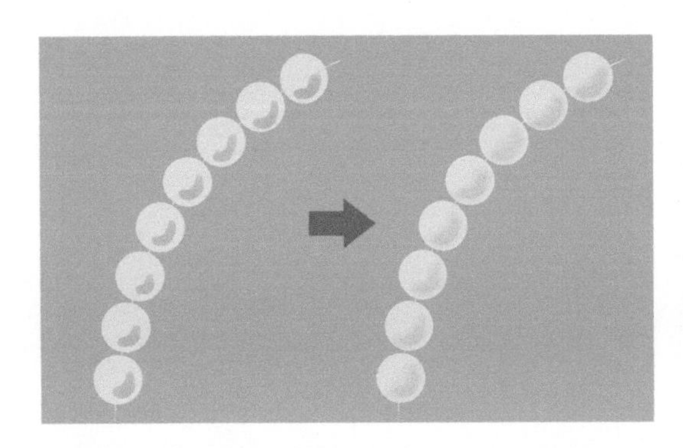

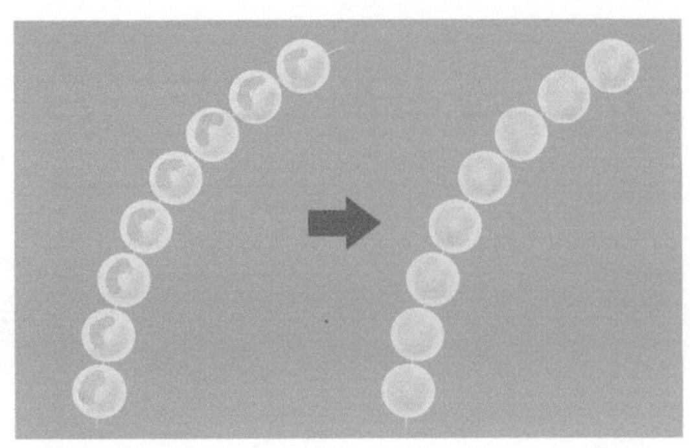

**步骤4** 新建“暗部图层”，选择“笔刷”工具 ，调整双圆盘颜色，色值为 H177 S0 L72，画出右下角暗部的弧面。再用“涂抹笔”工具 晕染，使其过渡自然，与周围的颜色相融合。

**步骤5** 新建“亮部图层”，选择“笔刷”工具 ，调整双圆盘颜色，色值为 H329 S92 L89，画出左上角亮部的弧面。再用“涂抹笔”工具 晕染，使其过渡自然，与周围的颜色相融合。

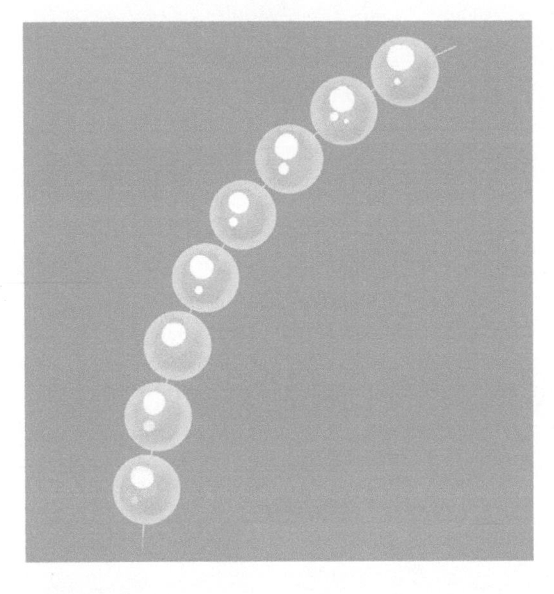

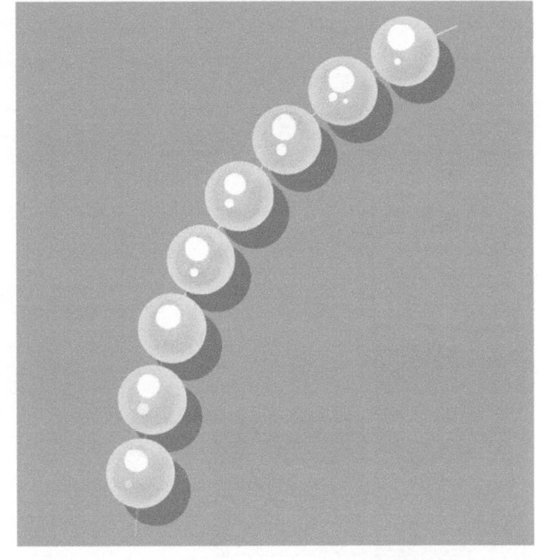

**步骤6** 新建“高光图层”，选择“笔刷”工具 ，调整双圆盘颜色为白色，降低“不透明度”值，画出圆形高光。

**步骤7** 点击“底色图层”，弹出控制菜单，点击“复制图层”按钮 复制一个“底色图层”。展开靠下的“底色图层”的控制菜单，点击“HSL 调整”按钮 ，将底部一栏的亮度参数调至 -100，变成全黑色的图层，将“不透明度”值调至 30% 形成投影图层。选择“变换”工具 ，向右下方拖曳，形成投影效果。到此全部绘制完成。

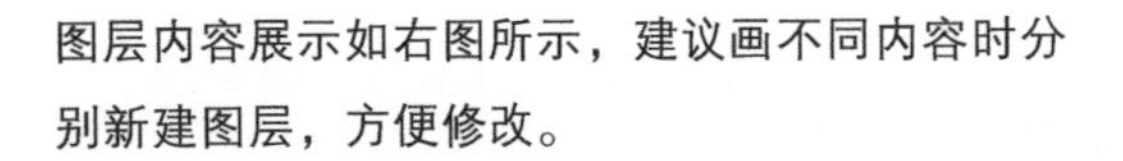

图层内容展示如右图所示，建议画不同内容时分别新建图层，方便修改。

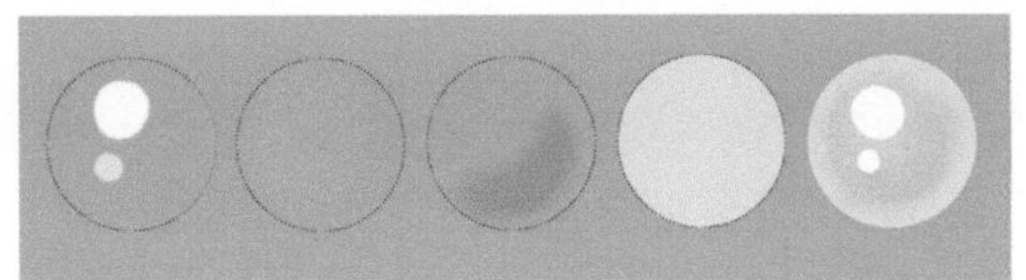

## 6.6.2 大溪地黑珍珠珠链

● 绘图颜色色阶

● 绘图步骤

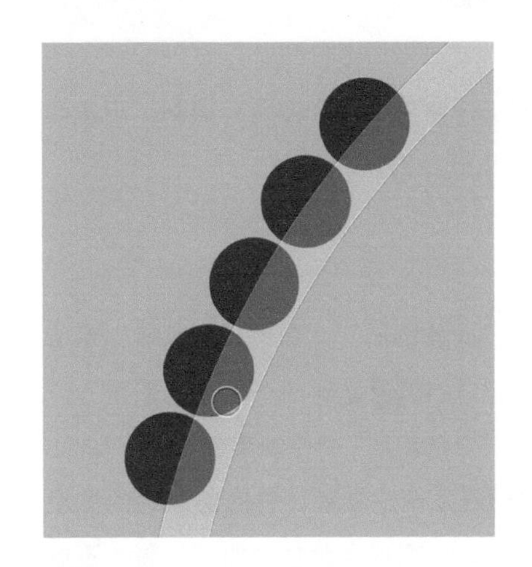

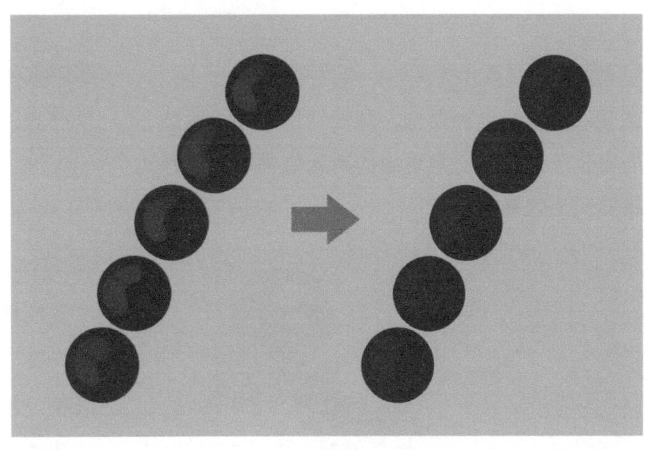

步骤 1 重复上一个实例的步骤 1 操作。新建“底色图层”，选择大小为 150 的“毡头笔”工具，调整双圆盘颜色，色值为 H329 S0 L16，沿着曲线标尺，画出连续的圆。再次点击“导向”图标退出“曲线标尺”工具。

步骤 2 新建“亮部图层”，选择“笔刷”工具，调整双圆盘颜色，色值为 H139 S100 L17，画出左上角亮部的弧面。再用“涂抹笔”工具晕染，使其过渡自然，与周围的颜色相融合。

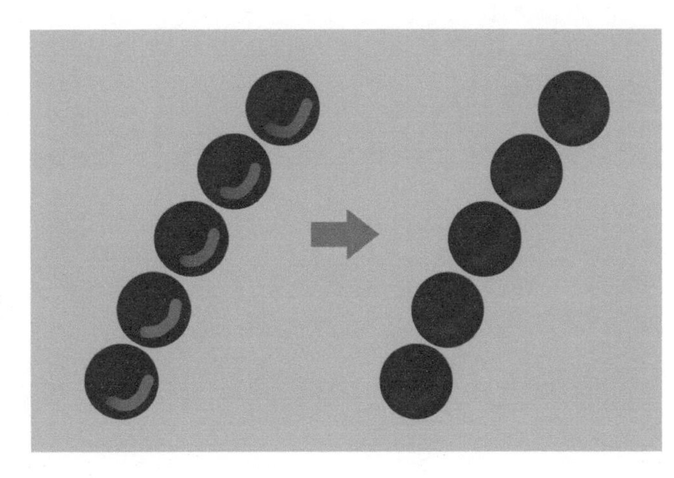

步骤 3 新建“反光图层”，选择“笔刷”工具，调整双圆盘颜色为白色，缩小画笔，降低“不透明度”值。画出右下角反光处的弧面（如上图所示，留有部分底色）。再用“涂抹笔”工具晕染，使其过渡自然，与周围的颜色相融合。

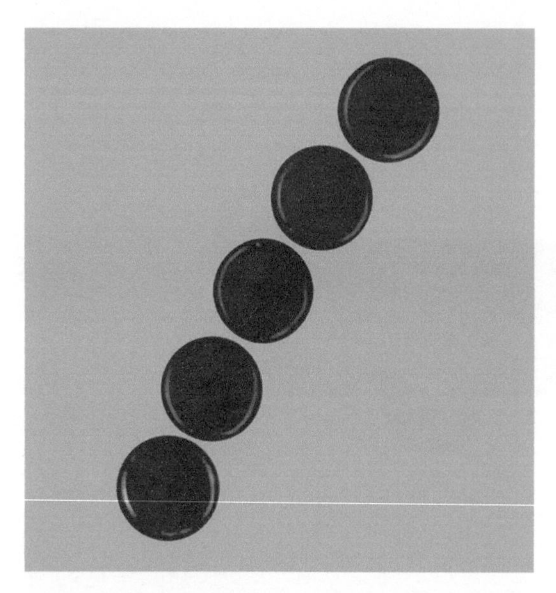

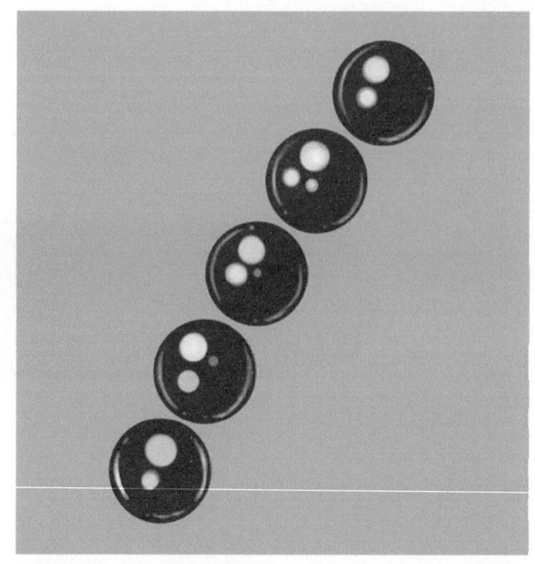

步骤4新建“高光图层”，选择“笔刷”工具，调整双圆盘颜色为白色，降低“不透明度”值，画出位于珍珠左上角边缘的高光效果和右下角边缘的反光效果。

步骤5沿用上一步的笔刷和颜色，调高“不透明度”值，画出圆形高光。

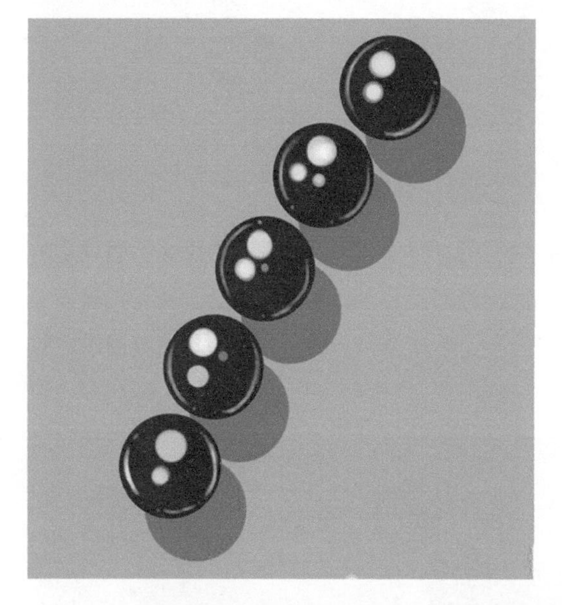

步骤6点击“底色图层”，弹出控制菜单，点击“复制图层”按钮复制一个“底色图层”。展开靠下的“底色图层”的控制菜单，点击“HSL调整”按钮并调整参数，将底部一栏的亮度参数调至 -100，变成全黑色的图层，将“不透明度”值调至 30%，形成投影图层。用“变换”工具，向右下方拖曳，形成投影效果。到此全部绘制完成。

图层内容展示如下图所示，建议画不同内容时分别新建图层，方便修改。

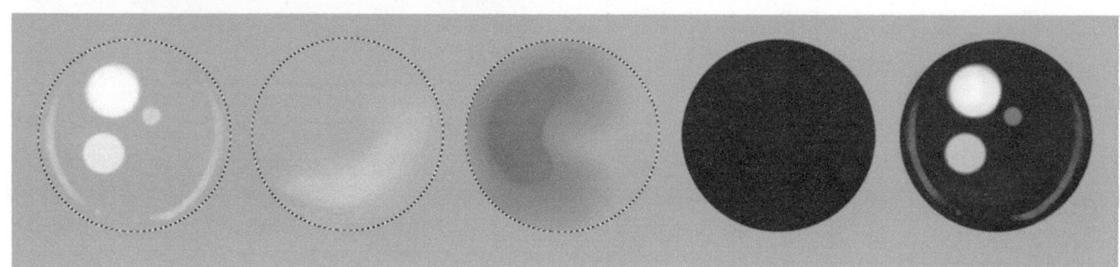

# 6.7 小配石的绘制与表现

在珠宝设计中，小配石是一个比较耗费时间的绘制环节，本节将分享一种既能最大限度节省时间，又可以满足材质及工艺表现效果的绘制方法。案例中主要讲述白色圆钻、方钻镶嵌，以及彩色圆形与方形宝石镶嵌的绘制手法。此处不再赘述金属部分的绘制过程，直接从微镶宝石的绘制步骤开始讲解。

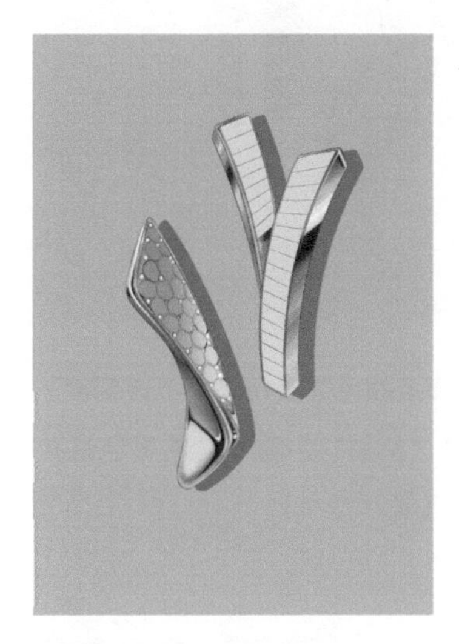

步骤1 新建“钻石图层”，选择大小为 1.5 的“针笔”工具，描摹出微镶区域的黑色圆钻和黑色方钻的轮廓线。

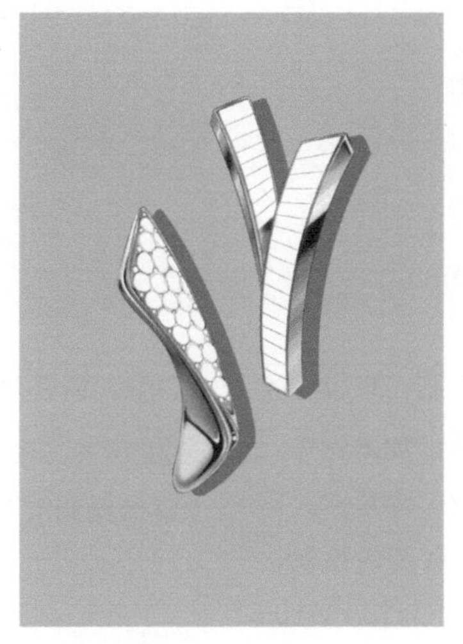

步骤2 调整双圆盘颜色为白色，“不透明度”值为 100%，用“针笔”工具对线稿中勾出的圆钻、方钻进行点涂，完成钻石白底的绘制。

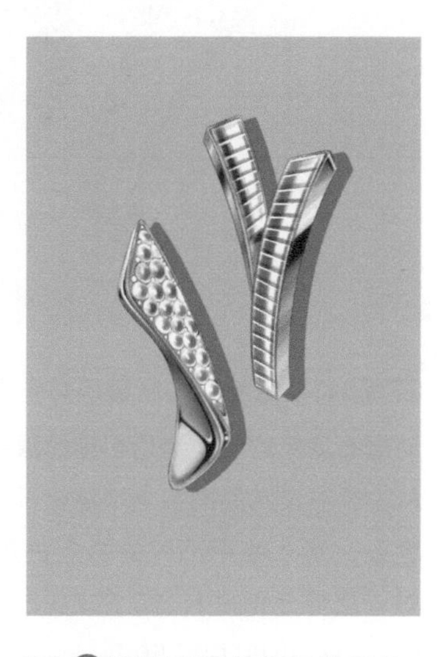

步骤3 调整双圆盘颜色为黑色，“不透明度”值为 10%，选择“笔刷”工具，在“钻石图层”的白色底色上绘制两种钻石的暗部。

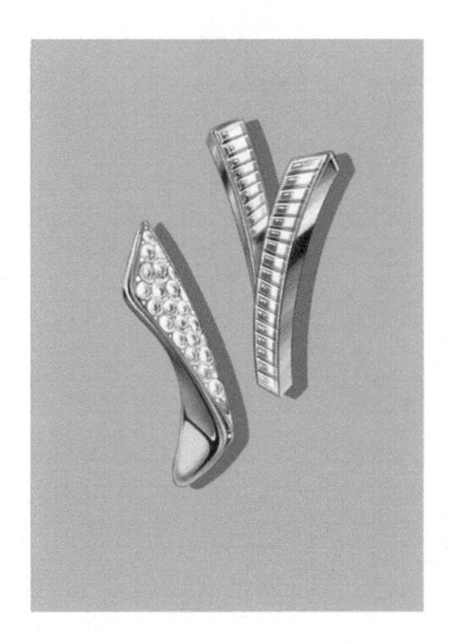

步骤4 调整双圆盘颜色为白色，“不透明度”值为 100%，用“针笔”工具在上一步绘制的半透明黑色的暗部区域，绘制钻石刻面线条及高光点。至此，钻石配石绘制完成。

## 延展运用

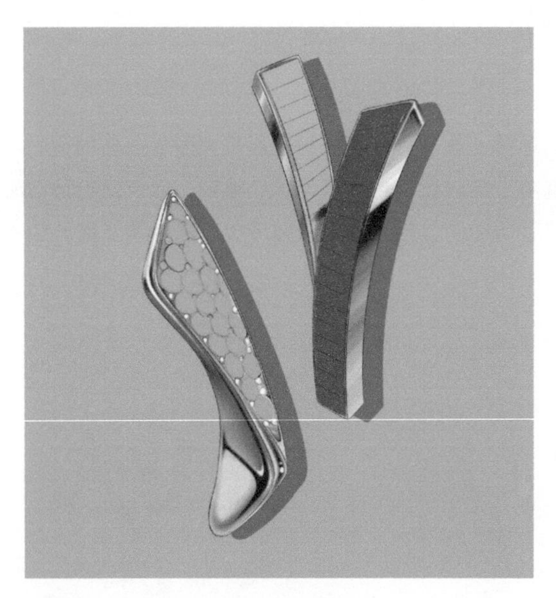

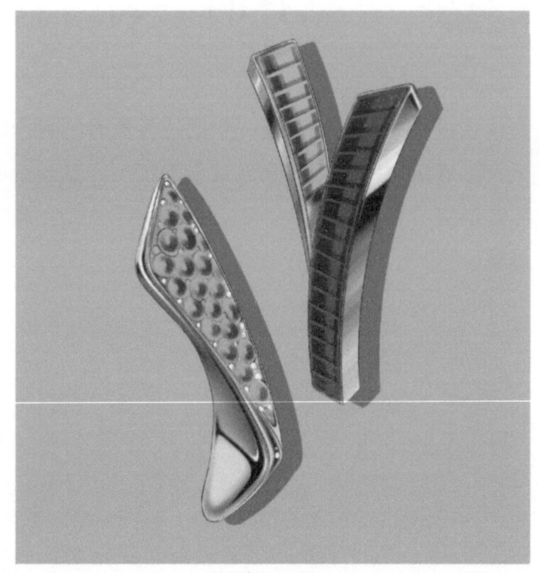

步骤1 如果绘制的是微镶的彩色宝石，可以在绘制配石底色的时候选用相应的颜色。如本例中，从左至右设定的配石分别是祖母绿、海蓝宝、蓝宝石，那么就用不同的彩色进行底色的绘制，对应色值分别是 H156 S100 L50、H184 S100 L50、H248 S100 L50。

步骤2，调整双圆盘颜色为黑色，“不透明度”值为 10%，选择“笔刷”工具，在彩色底色上继续绘制宝石暗部。

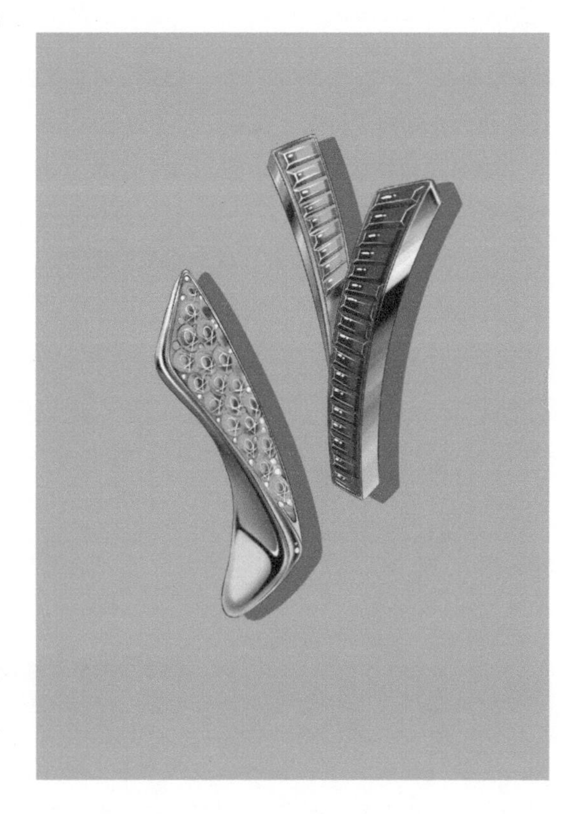

步骤3，调整双圆盘颜色为白色，“不透明度”值为 100%，在上一步绘制的半透明黑色的阴影区域绘制暗部，用“针笔”工具绘制彩色宝石刻面线条及高光点，彩色配石绘制完成。

Chapter 07

# 珠宝首饰绘制与表现技法

# 7.1 戒指

## 7.1.1 戒指透视图与三视图原理

### 1. 戒指透视图原理

透视画法是以现实、客观的观察方式，在二维的平面上利用线和面趋向会合的视错觉原理，刻画三维物体的艺术表现手法。

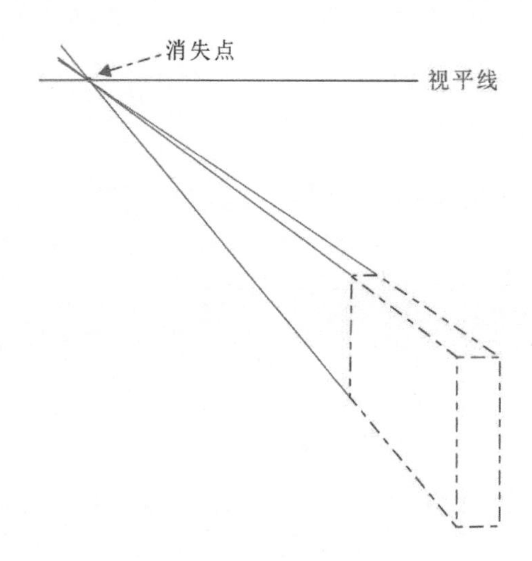


一点透视又称“平行透视”，是指将立方体放在一个平面上，前方的面（正面）为正方形或长方形，并分别与画纸四边平行。上部朝纵深的平行直线与眼睛的高度一致，消失为一点。

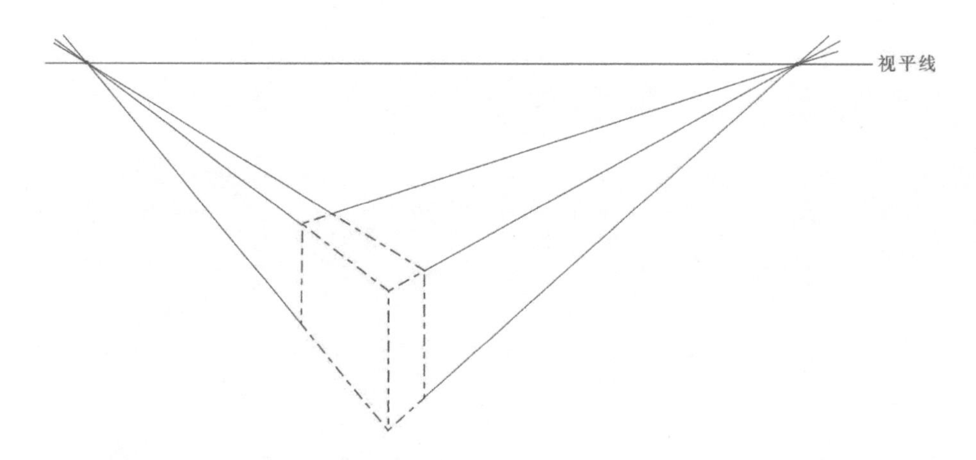


两点透视也称“成角透视”，是指把立方体画到画面上，立方体的4个面相对于画面倾斜成一定角度时，纵深平行的直线产生了两个消失点。在这种情况下，与上下两个水平面相垂直的平行线也缩短了，但是没有消失点。

在珠宝手绘，特别是戒指透视图的绘制中，通常会用到一点透视或两点透视。

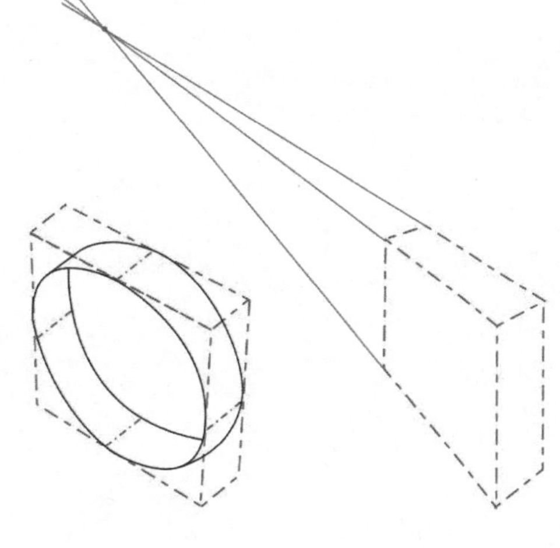

## 2. 戒指三视图原理

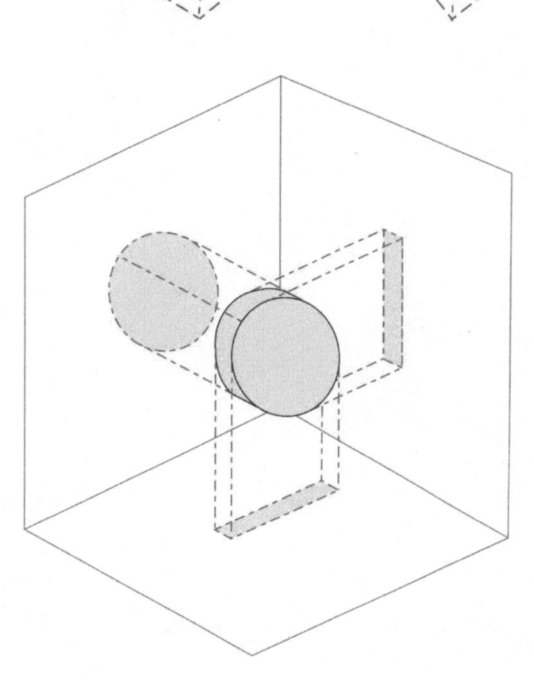

三视图是观测者从顶部、左侧、正向 3 个不同角度观察同一个空间几何体而画出的图形。将人的视线规定为平行投影线，然后正对着物体看过去，将所见物体的轮廓用正投影法绘制出来的图形称为视图。三视图就是主视图（正视图）、顶视图（俯视图）、侧视图（左视图）的总称。

下面将根据右图所示案例，绘制如下右图所示的三视图。

**主视图：** 从物体前面或后面投射所得的视图，能反映物体的正面形状。

**顶视图：** 延续主视图的宽边，画出垂直于纸面的辅助线，用于确定顶视图的宽度。顶视图是从物体的正上方向下投射所得的视图，能反映物体上面的形状。

延续顶视图的长边，画出水平于纸面的辅助线，再画出与水平线成 45° 角的辅助线。当水平横线与 45° 斜线相交时，向上画出垂直于纸面的垂直线，用于确定侧视图的宽度。

**侧视图：** 从物体的左侧向右侧投射所得的视图，能反映物体左侧的形状。

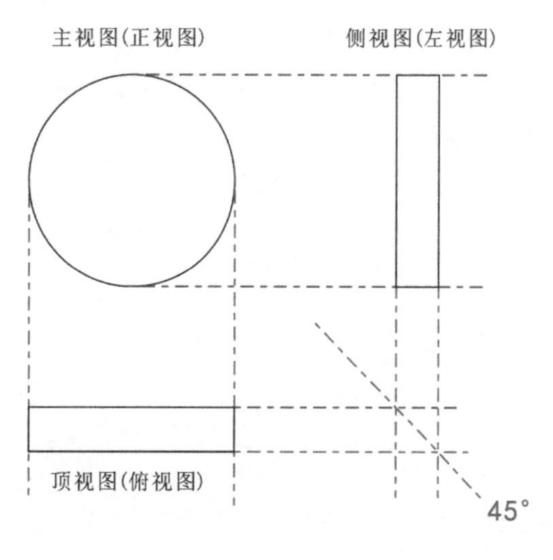

### 7.1.2 绘制翡翠女戒透视图与三视图

Capu

Capu 翡翠女戒

本节将讲述一个翡翠女戒的透视图与三视图的绘制过程，除了基础的金属工艺与光影表现，本例还会运用到前面绘制并建立的素材库，向大家展示，在数字绘画中，图形被重复使用的方便与快捷之处。

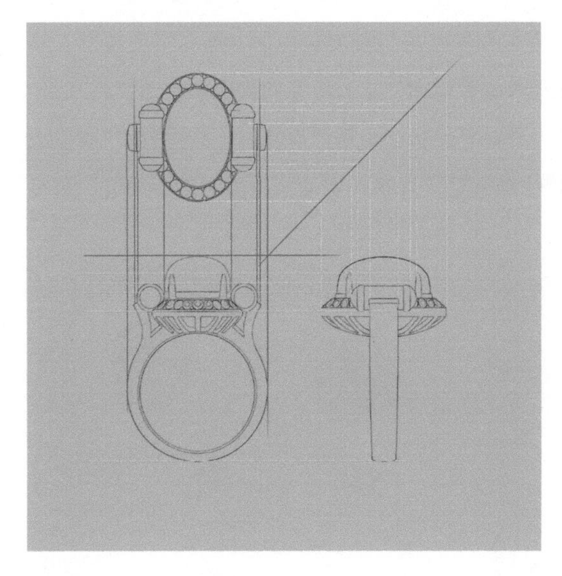

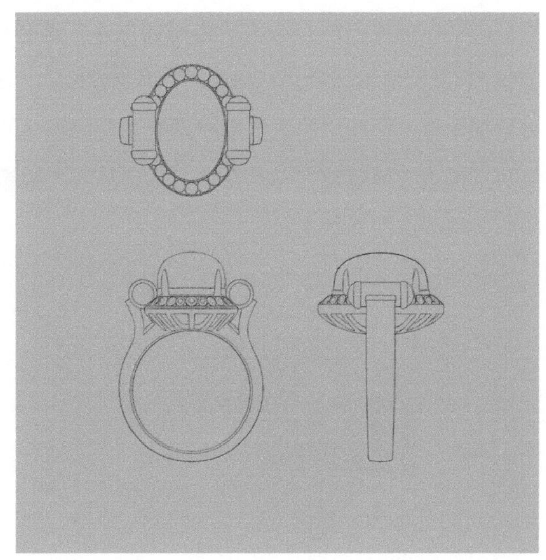

步骤 1 新建“线稿图层”，选择大小为 1.5 的“针笔”工具，绘制戒指的黑色轮廓，此戒指是对称的结构，因此，在绘图中可以借助对称工具达到事半功倍的效果。

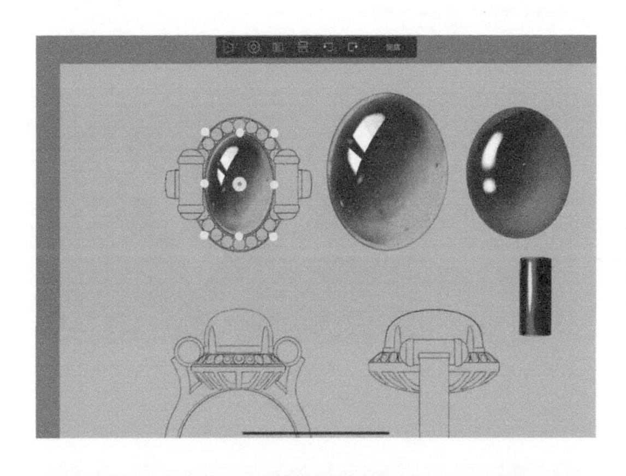

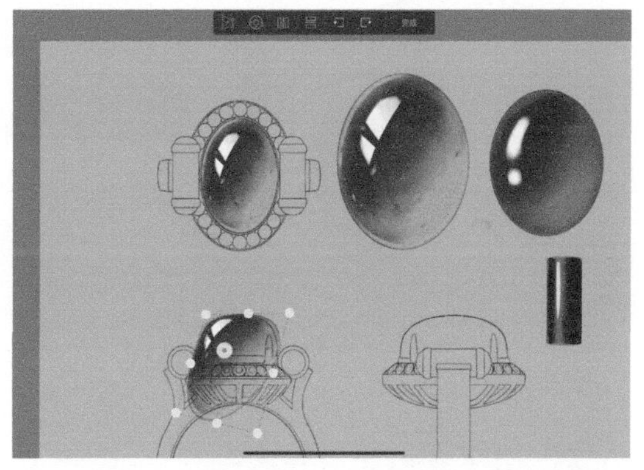

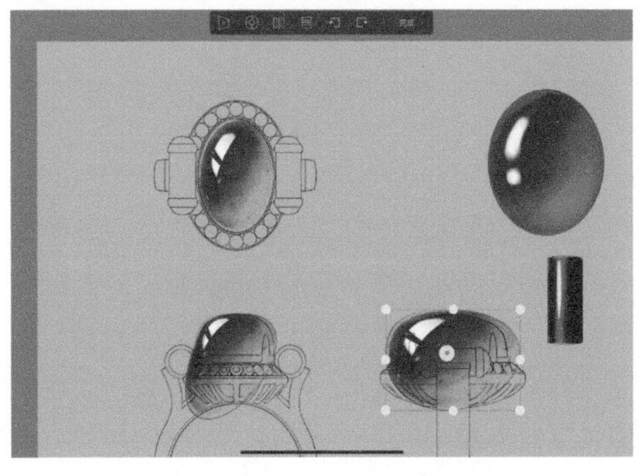

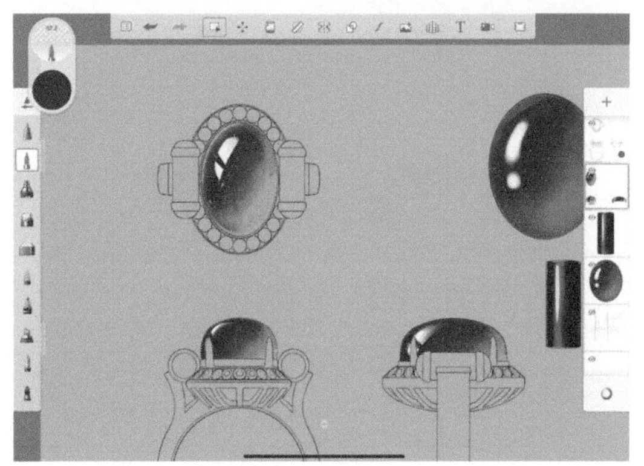

步骤2 完成线稿后，根据本例涉及的宝石种类，分别把翡翠蛋面、南红蛋面、黑玛瑙圆柱素材用“导入图片”工具导入。

绘制顶视图的主石。在导入的素材图层中，选择绿色翡翠的图层并复制该图层，选择“变换”工具，将复制出的图层用“扭曲”工具变形，并对齐到顶视图中主石所在的轮廓内。重复此方法，将前视图与侧视图中的主石素材调整至与线稿主石边界对齐的状态，用“魔棒”工具在“线稿图层”点选主石内区域，再选择“方向选择”工具生成选区，对每个翡翠素材图层进行裁边，最后得到三视图上的翡翠主石。

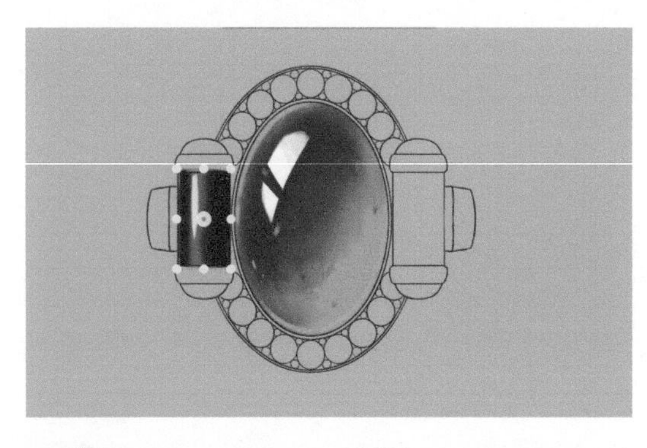

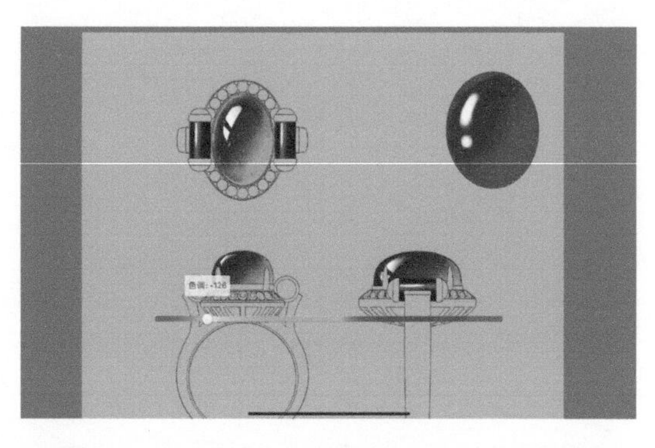

步骤3 采用相同的方法，调整黑玛瑙圆柱素材并剪裁，完成黑玛瑙素材的绘制。

步骤4 点击红玛瑙素材所在图层，弹出控制菜单，点击“HSL 调整”按钮并调整参数，将红玛瑙素材调成蓝色。

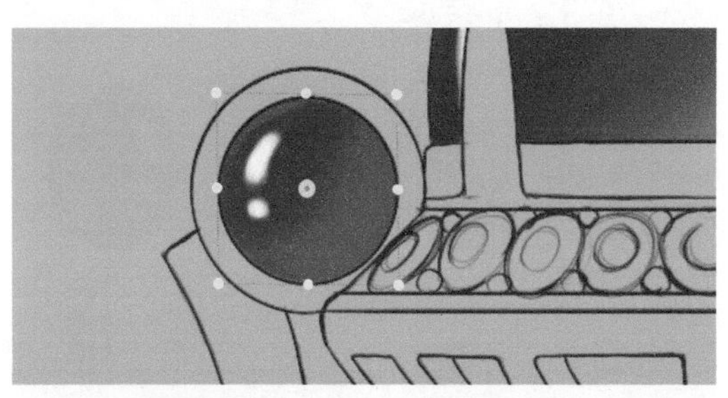

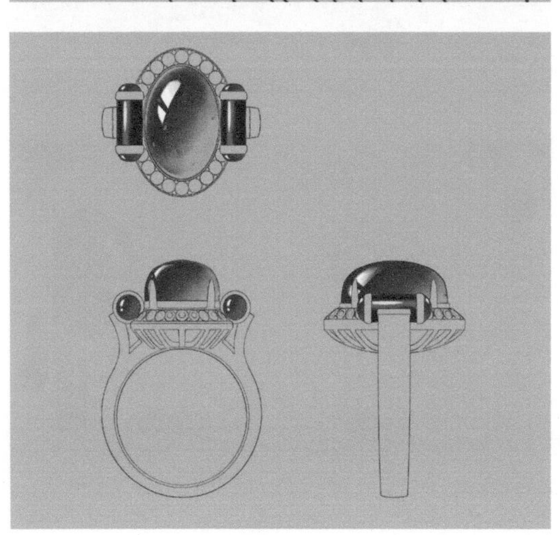

步骤5 调整调成蓝色的宝石素材的大小，剪裁边界放入相应位置，至此完成主石及配石的素材匹配。为了方便后续的绘制，可以将这些素材匹配完成的宝石图层合并成一个图层，并置于“线稿图层”的下方。

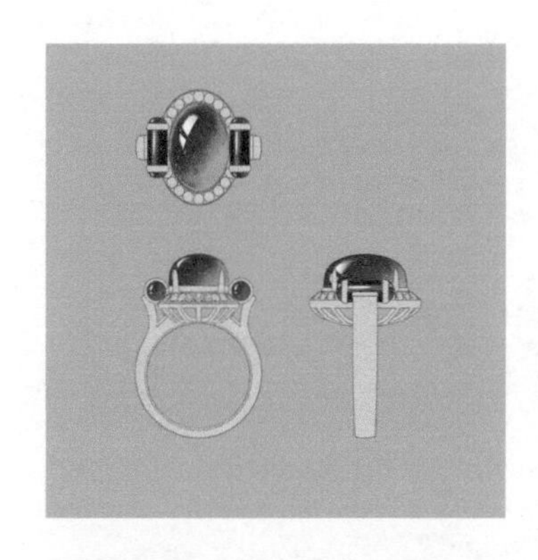

步骤6 借助“线稿图层”的轮廓，使用“魔棒”工具在戒指轮廓以外的区域点击，并点击“反向”工具将选区反向。在“线稿图层”之下新建“底色图层”，用“单色填充”工具填充浅灰色，色值为 H0 S0 L85。

步骤7 新建“光影图层 1”，借助“线稿图层”在相应区域生成选区。调整双圆盘颜色为黑色，将“不透明度”值调至 20% 左右，选择“流量喷笔”工具绘制金属的暗部效果。

步骤8 新建“光影图层 2”，继续沿用上一步的选区，选择“笔刷”工具在阴影的中间位置绘制镜面金属特有的明暗交界线，并将转角处的光影刻画出来。

步骤9 新建“钻石图层”，调整双圆盘颜色为白色，“不透明度”值为 100%，用“针笔”工具对线稿中勾勒出的钻石进行点涂。

步骤10 保持图层不变，调整双圆盘颜色为黑色，“不透明度”值为 10%，选择“笔刷”工具在“钻石图层”的白色钻石上继续绘制暗部。调整双圆盘颜色为白色，“不透明度”值为 100%，再用“针笔”工具绘制钻石刻面的线条。

### 7.1.3 绘制翡翠男戒的透视图与三视图

Capu

Capu 翡翠男戒

此案例是与上一个案例配套的男戒，只是少了钻石的材质，在表现上层次更简单，但是男戒的侧面立体曲面变化更丰富，在绘制光影时，需要更加注意层次与光影的表现。

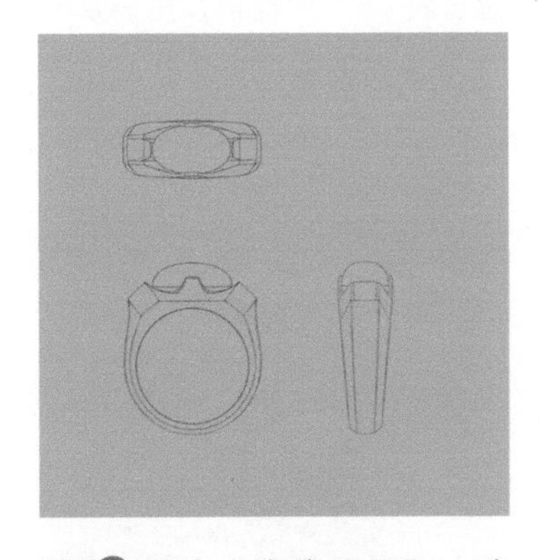

步骤1 新建“线稿图层”，选择大小为 1.5 的“针笔”工具，调整双圆盘颜色为黑色，绘制线稿，在绘制时要注意视角转换的对应关系。

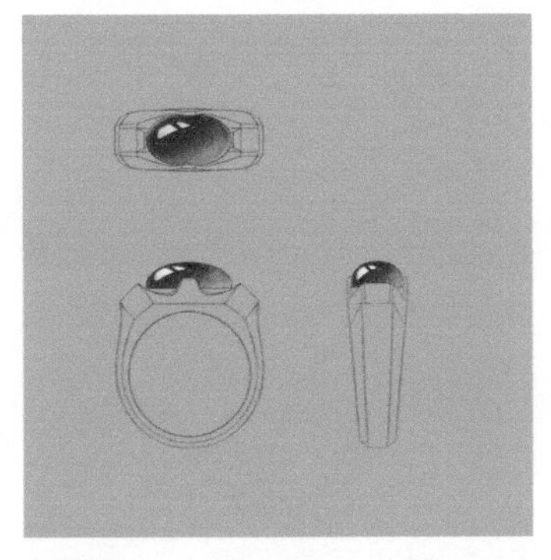

步骤2 用“导入图片”工具导入前文的翡翠蛋面素材，并置于“线稿图层”之下。用“变换”工具组中的“扭曲”工具将素材与轮廓调整一致，通过“魔棒”工具生成精确的选区，对素材进行精确裁切，获得如上图所示的效果。

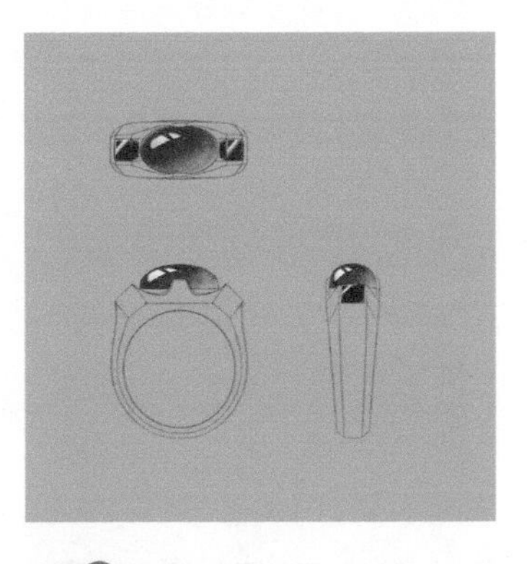

步骤3 选择“笔刷”工具在黑玛瑙立方体的区域涂黑色的底色，调小笔刷，“不透明度”值调至 40%，斜向画出黑玛瑙高光，完成黑玛瑙的绘制。



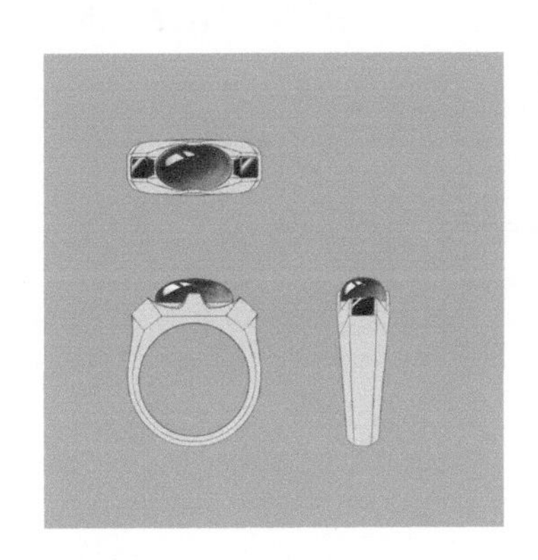

步骤4 借助“线稿图层”的轮廓，使用“魔棒”工具在戒指轮廓以外的区域点选，选择“反向”工具反向选取选区。在“线稿图层”之下新建“底色图层”，用“单色填充”工具填充浅灰色，色值为 H0 S0 L85。

步骤5 新建“光影图层 1”，借助“线稿图层”在相应区域生成选区，选择“流量喷笔”工具，调整双圆盘颜色为黑色，“不透明度”值为 20%，绘制金属的暗部。

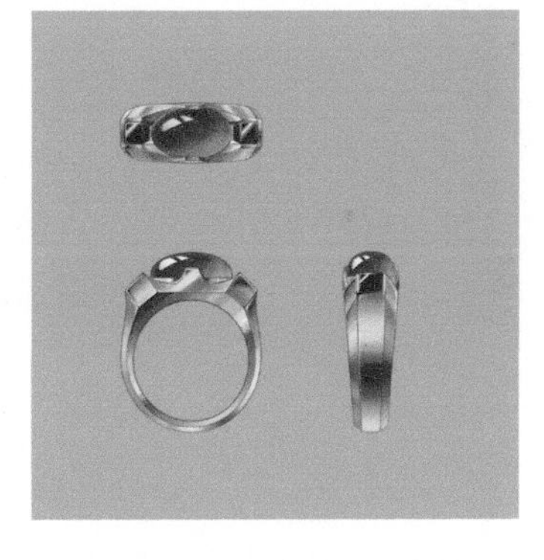

步骤6 新建“光影图层 2”，选区不变，选择“笔刷”工具在上一步绘制的阴影的中间位置，绘制镜面金属特有的明暗交界线，将转角处的光影效果也刻画出来。

## 7.1.4 绘制绿碧玺女戒

本例绘制一枚以绿碧玺为主石的非对称造型的戒指，在设计表现中，通过斜 45° 的视角，用一张图片将戒指设计的关键点表现出来。本例重点讲述的是在斜侧视角下，主石素材的处理方法及变化多样的曲面戒指花头的光影表现技法。

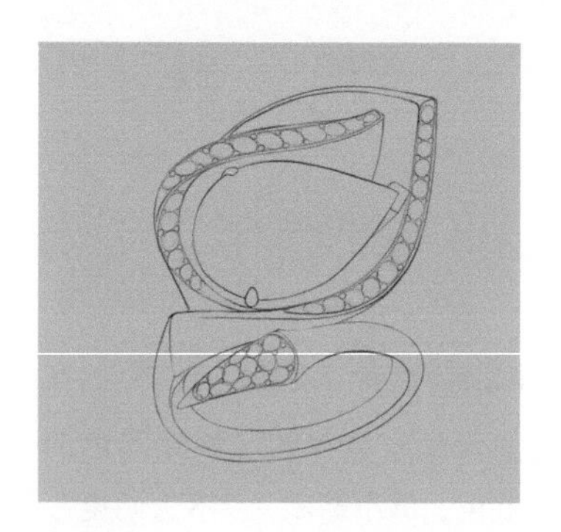

步骤1 新建“线稿图层”，选择大小为 1.5 的“针笔”工具，调整双圆盘颜色为黑色，绘制戒指线稿。注意在斜侧视角中，各个部分的透视角度及协调关系。

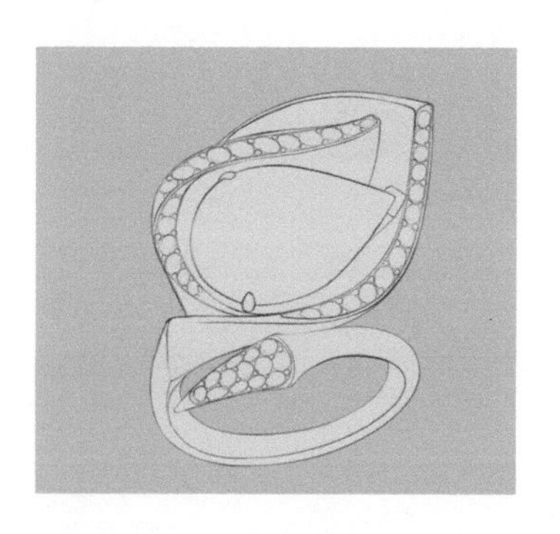

步骤2 借助“线稿图层”的轮廓，用“魔棒”工具在戒指轮廓以外的区域点选，并选择“反向”工具反向选取选区。在“线稿图层”之下新建“底色图层”，用“单色填充”工具填充浅灰色，色值为 H0 S0 L85。

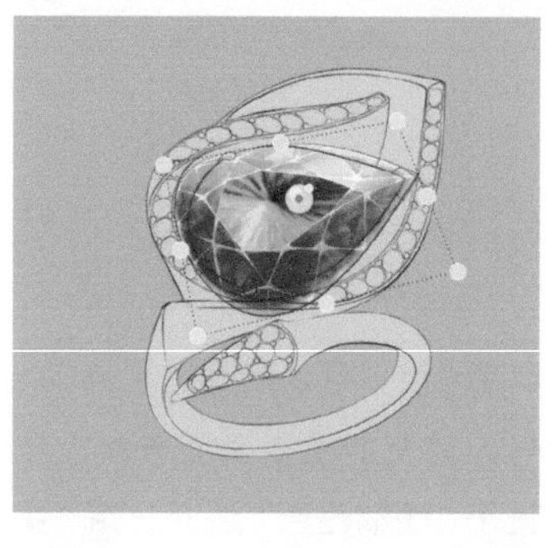

步骤3 用“导入图片”工具导入前文的水滴形刻面绿碧玺素材，并置于“线稿图层”之下。用“变换”工具组中的“扭曲”工具，将素材大小与轮廓大小调整一致，操作时注意将变换控制点的中心点向上微移，以帮助之前正对角度的素材符合斜侧视的角度。

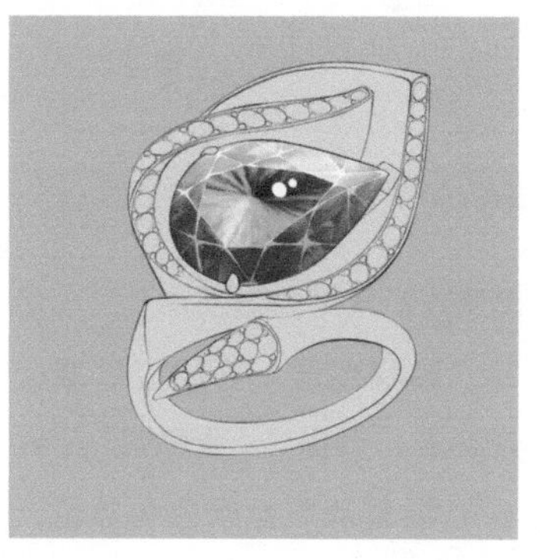

步骤4 使用“魔棒”工具，生成精确选区，对素材进行精确剪裁。

步骤5 在“底色图层”之上新建“光影图层 1”，借助“线稿图层”生成相应选区，选择“流量喷笔”工具，调整双圆盘颜色为黑色，“不透明度”值为 20%，完成金属暗部的绘制。

步骤6 新建“光影图层 2”，选区不变，选择“笔刷”工具在阴影的中间位置绘制镜面金属特有的明暗交界线，并将转角处的光影效果也刻画出来。用“图案填充 1”工具，在花头内部沿曲面走势的竖直方向绘制拉丝质感的线条。

步骤7 新建“钻石图层”，选择“针笔”工具，调整双圆盘颜色为白色，“不透明度”值为100%，勾画线稿中的钻石，完成“钻石图层”的绘制。选择“笔刷”工具，调整双圆盘颜色为黑色，“不透明度”值为10%，在“钻石图层”的白色圆点上绘制钻石的暗部。再选择“针笔”工具，调整双圆盘颜色为白色，“不透明度”值为100%，调小画笔，绘制钻石刻面线条。

步骤8 在“线稿图层”，使用“魔棒”工具将所有拉丝质感的区域变成选区。在“线稿图层”之下新建“罩色图层”。调整双圆盘颜色为中黄色，色值为H54 S78 L53，用“单色填充”工具进行填色。点击该图层，弹出控制菜单，选择“混合模式”菜单中的“颜色”选项，降低图层的“不透明度”值为50%，到此全部绘制完成。

## 7.1.5 临摹延展练习

根据前文讲述的戒指绘图步骤，大家可以临摹以下几种常见的戒指透视图，并完成对应的三视图进行巩固练习。

- 方戒

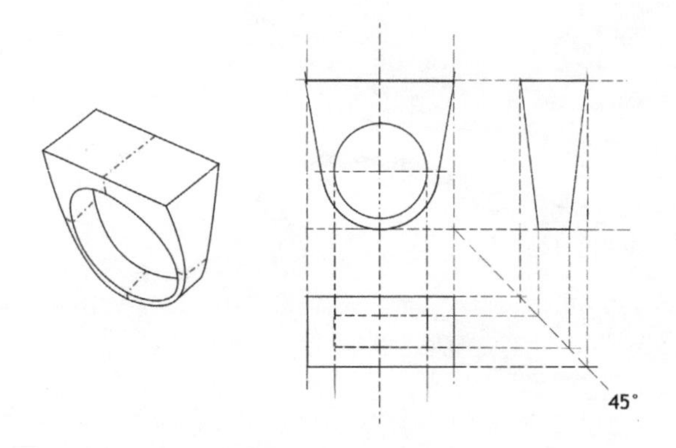


- 马鞍戒

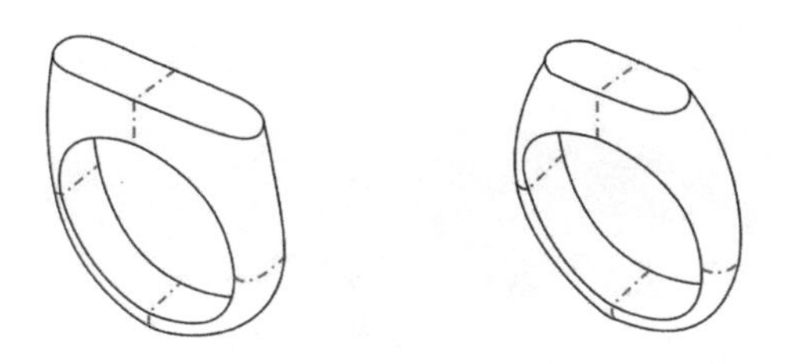

- 基础戒

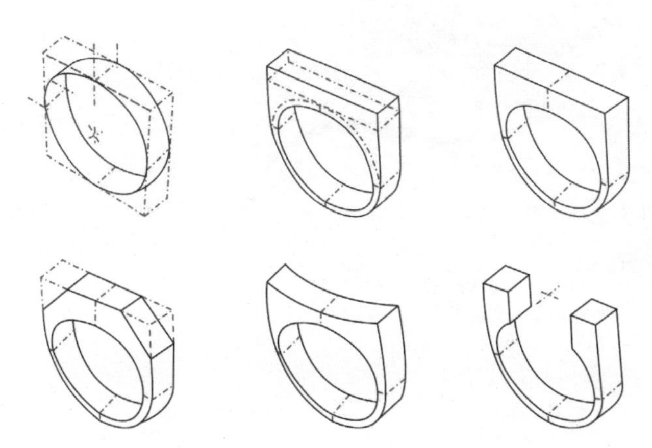

● 异形戒镶石

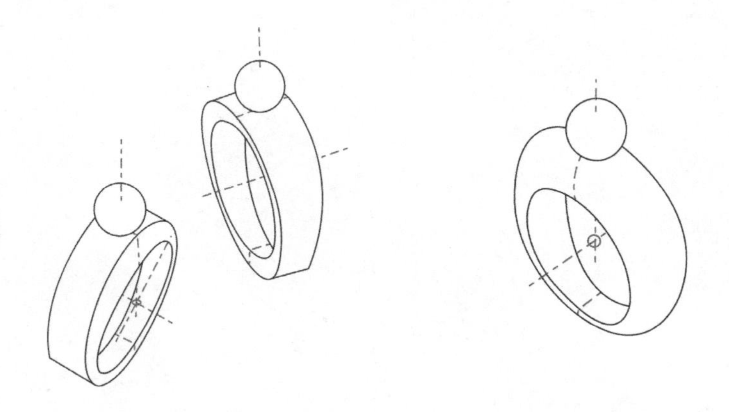

# 7.2 吊坠

## 7.2.1 透视原理与绘制要点

吊坠又称“挂坠”，是一种佩戴在脖子上的饰品，吊坠一般是与绳子或金属链条搭配使用的。

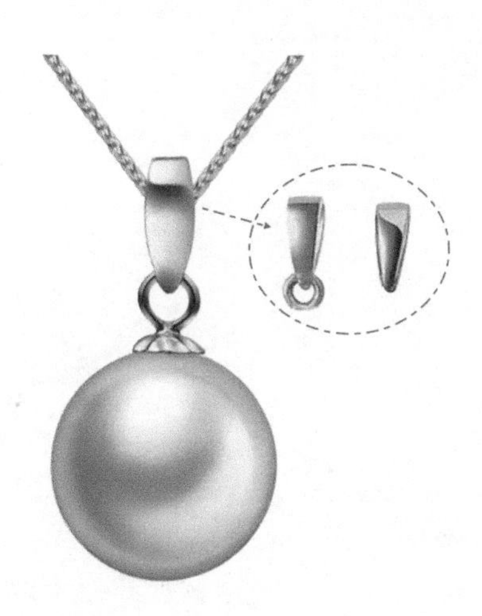

在珠宝设计中，可以特别注重吊坠头的设计。常规款的吊坠头为瓜子扣（如上图所示），而要设计个性化的吊坠，就可以在吊坠头上做出创新。

## 7.2.2 蓝宝石羽毛吊坠

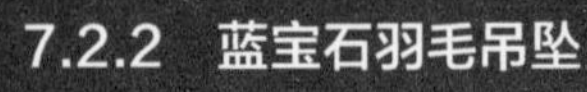

Capu 蓝宝石羽毛吊坠 / 胸针

本例是一个羽毛造型的吊坠、胸针两用产品，主石为一粒 5.86ct 的皇家蓝蓝宝石，吊坠（胸针）造型整体曲面丰富，用珍珠及绿碧玺作为配色，主干采用 18K 金的分色分件处理。

步骤1 新建“线稿图层”，选择大小为 1.5 的“针笔”工具，描绘出羽毛造型的黑色轮廓。

步骤2 借助“线稿图层”轮廓，用“魔棒”工具在羽毛轮廓外的区域点选，用“反向”工具将选区反向选择。在“线稿图层”之下新建“底色图层”，用“单色填充”工具填充浅灰色，色值为 H0 S0 L85。

步骤3 用“导入图片”工具导入前文的椭圆形刻面蓝宝石及珍珠素材，并置于“线稿图层”之下。用“变换”工具组中的“扭曲”工具将素材调至与轮廓匹配的状态，使用“魔棒”工具生成精确选区，并对素材进行精确裁切，形成如上图所示的效果。

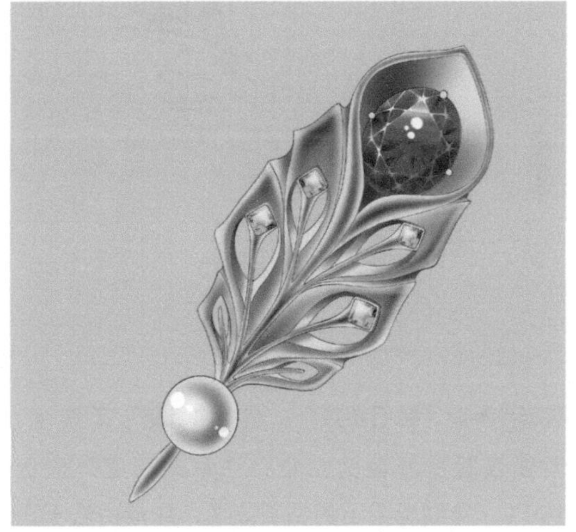

步骤4 借助“线稿图层”，对羽毛主体区域生成选区，在“底色图层”之上新建“光影图层 1”，选择“流量喷笔”工具，调整双圆盘颜色为黑色，“不透明度”值为 20%，绘制金属的暗部。

步骤5 新建“光影图层 2”，沿用上一步的选区，选择“笔刷”工具，在金属暗部的中间位置绘制镜面金属特有的明暗交界线，并将转角处的光影效果也刻画出来。

步骤6 新建“钻石图层”，选择“针笔”工具，调整双圆盘颜色为白色，“不透明度”值为100%，绘制羽毛上的钻石效果，形成由若干白点构成的钻石。选择“笔刷”工具，调整双圆盘颜色为黑色，“不透明度”值为 10%，在“钻石图层”的白色圆点的钻石上绘制钻石暗部。选择“针笔”工具，调整双圆盘颜色为白色，“不透明度”值为 100%，绘制钻石刻面的线条，完成钻石图层的绘制。

步骤7 在“线稿图层”，用“魔棒”工具将如上图所示的所有金色的区域选中。在“线稿图层”之下新建“罩色图层”，用“单色填充”工具填充中黄色，色值为 H54 S78 L53。点击该图层，弹出控制菜单，选择“混合模式”菜单中的“颜色”选项，并将图层的“不透明度”值设置为 50%，完成金色部分的绘制。

步骤8 点击“底色图层”，弹出控制菜单，点击“复制图层”按钮复制一个新图层。展开靠下的“底色图层”控制菜单，点击“HSL 调整”按钮并调整参数，将底部一栏的亮度参数调至 –100，使图层变成全黑色，并将“不透明度”值调至 50%，形成“投影图层”。用“变换”工具，向右下方拖曳，形成投影效果，完成羽毛吊坠（胸针）的绘制。

### 7.2.3 红珊瑚变色龙吊坠

Capu · bijouterie · joaillerie · maroquinerie · vêtements ·
Bao

Capu 红珊瑚变色龙吊坠

Capu

本例是对一块长 76mm 且重量较大的珊瑚进行包裹设计，设计的重点是在保证吊坠不太重的前提下，尽量用金属对珊瑚进行包裹和保护，因此，这个设计的构思就是设计一个盘在珊瑚上部的变色龙，以攻击之态，蓄势对枝头另一端的小飞虫发起进攻的瞬间，因此命名为《千钧一发》。

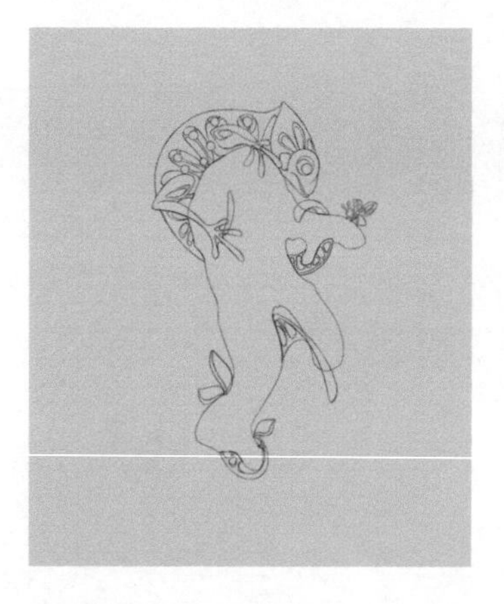

步骤 1 新建“线稿图层”，选择大小为 1.5 的“针笔”工具，描绘出珊瑚及复杂的变色龙的轮廓。在绘制线稿时，要注意变色龙与珊瑚之间相互遮挡的前后位置关系。

步骤 2 借助“线稿图层”轮廓，用“魔棒”工具将珊瑚主石的区域转换为选区，并在“线稿图层”之下新建“主石图层”，用“单色填充”工具填充深红色，色值为 H0 S100 L21。

步骤 3 图层保持不变，选择“笔刷”工具，调整双圆盘颜色，色值为 H0 S100 L10，“不透明度”值为 30%。将珊瑚每个枝节外侧的暗部效果绘制出来。

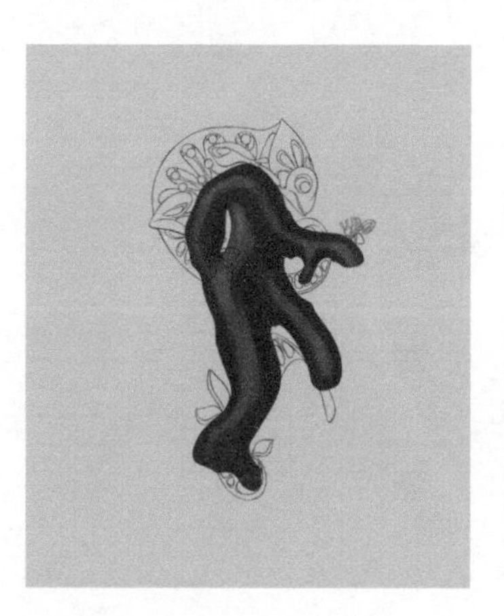

步骤 4 图层保持不变，选择“笔刷”工具，调整双圆盘颜色，色值为 H0 S100 L50，“不透明度”值为 50%。将珊瑚枝节中部的亮部效果绘制出来。

步骤 5 图层保持不变，用“涂抹笔”工具，设置“流量”值为 2%，“硬度”值为 0，将前两步绘制完成但不均匀的暗部与亮部效果涂抹均匀，使光影层次细腻、柔和。

步骤 6 图层保持不变，选择“笔刷”工具，调整双圆盘颜色，色值为 H0 S100 L75，“不透明度”值为 30%，增强亮部的效果。

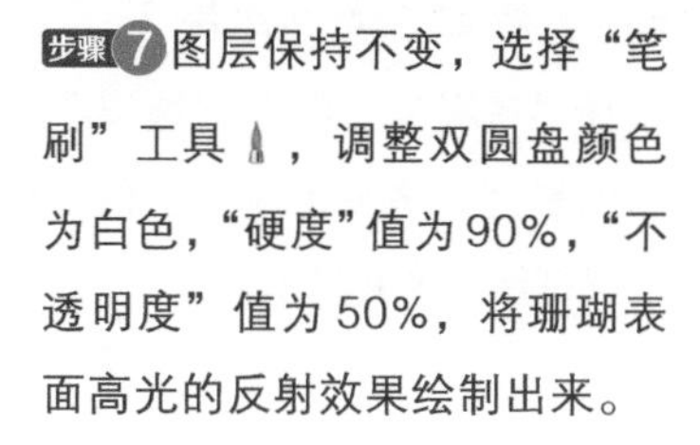

步骤7 图层保持不变，选择“笔刷”工具，调整双圆盘颜色为白色，“硬度”值为90%，“不透明度”值为50%，将珊瑚表面高光的反射效果绘制出来。

步骤8 借助“线稿图层”轮廓，用“魔棒”工具在空白区域点选，选择“反向”工具使变色龙吊坠区域形成选区。在“线稿图层”之下新建“底色图层”，用“单色填充”工具填充浅灰色，色值为H0 S0 L85。

步骤9 在“底色图层”之上新建“光影图层 1”，借助“线稿图层”，将金属包裹体区域转换为选区，选择“流量喷笔”工具，调整双圆盘颜色为黑色，“不透明度”值为20%，绘制金属的暗部效果。

步骤10 新建“光影图层 2”，沿用上一步的选区，选择“笔刷”工具在阴影的中间位置绘制镜面金属特有的明暗交界线，并将转角处的光影效果刻画出来。

步骤11 在“线稿图层”，用“魔棒”工具点选黄色叶子与枝条部分。在“线稿图层”之下新建“罩色图层 1”，用“单色填充”工具填充黄色，色值为H54 S78 L53。点击该图层，弹出控制菜单，选择“混合模式”菜单中的“颜色”选项，并将该图层的“不透明度”值设为50%。通过此步骤的操作即可在原本无色金属效果之上通过“罩色”绘制出黄金、玫瑰金等彩金效果。

步骤12 在“罩色图层 1”之上新建“钻石图层”，选择“针笔”工具，调整双圆盘颜色为白色，“不透明度”值为100%，绘制钻石配石。

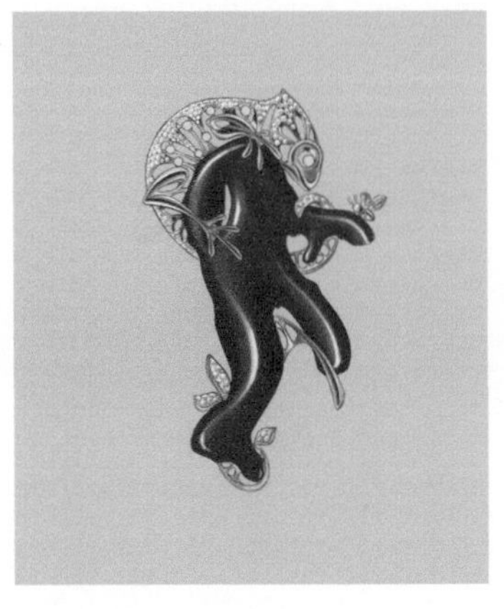

步骤13 选择“笔刷”工具，调整双圆盘颜色为黑色，“不透明度”值为 10%，在“钻石图层”的白色钻石上绘制钻石的暗部效果。再选择“针笔”工具，调整双圆盘颜色为白色，“不透明度”值为 100%，绘制钻石刻面线条，完成“钻石图层”的绘制。

步骤14 新建“罩色图层 2”，选择“笔刷”工具并选取不同的彩色，将变色龙身上的宝石变成若干彩色宝石。

步骤15 在所有图层的下面新建“投影图层”，选择“流量喷笔”工具，调整双圆盘颜色为黑色，“不透明度”值为 20%。顺着轮廓的右下方，大致画出整体轮廓的投影效果。到此全部绘制完成。

# 7.3 手链和手镯

## 7.3.1 透视原理与绘制要点

佩戴手链是人类最早的无意识装饰行为之一，古代是一种计数方式，现代常把手链佩戴在手腕上起到装饰的作用，手链多为金属质地，也有用矿石、水晶等制作而成的。一般情况下，手链会戴在右手。

手镯是用金、银、玉等材质制作的戴在手腕上的环形装饰品。按结构一般分为两种：一是封闭形圆环，以玉石材料居多；二是非闭合手镯，以金属材料居多。按材质可分为金手镯、银手镯、玉手镯、镶宝石手镯等。

区别手链和手镯的依据是：手链是链状的，由多个小件组合成链状，环绕佩戴在手腕上；手镯一般是整块的结构。

在绘图时遵循 1:1 的绘图比例，手链要展开绘制，手镯可以先画手腕轮廓，再根据比例进行设计。

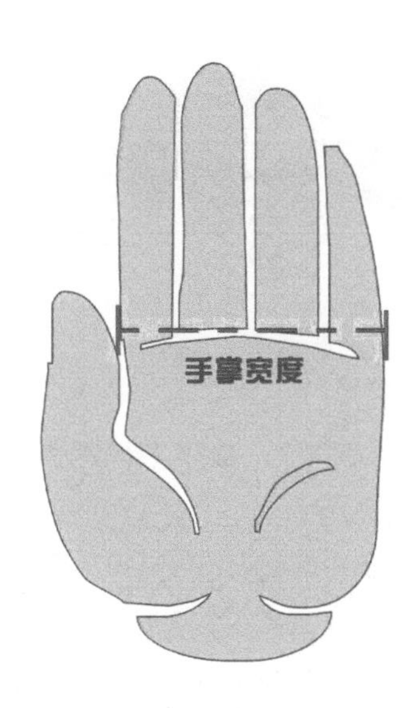


**手镯尺寸**

| 手掌宽度 | 手镯内径 | 周长 |
| --- | --- | --- |
| 60~64mm | 50~52mm | 16~17cm |
| 64~68mm | 52~54mm | 17~18cm |
| 68~72mm | 54~56mm | 18~19cm |
| 72~76mm | 56~58mm | 19~20cm |
| 76~80mm | 58~60mm | 20~21cm |
| 80~84mm | 60~62mm | 21~22cm |
| 84mm 以上 | 62mm 以上 | 22cm 以上 |

## 7.3.2 艺术装饰风格手链

本例展示的是几何图形的艺术装饰风格手链的设计过程，采用几何图形作为设计元素，案例的要点是通过对单位元素的复制，以提高作图效率。

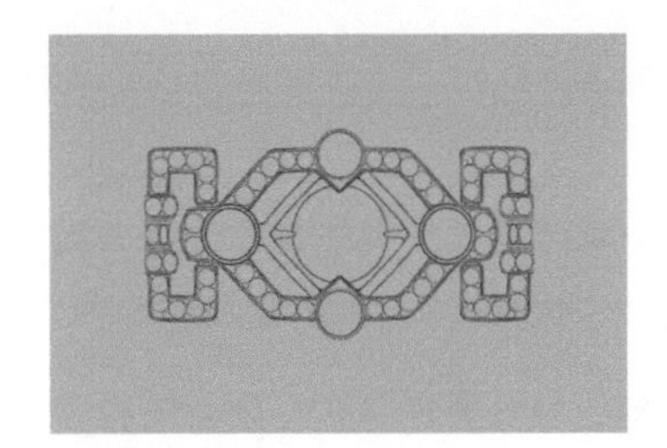

步骤1 新建“线稿图层”，选择大小为 1.5 的“针笔”工具，绘制黑色手链的单元轮廓。因为手链的单元是对称的构造，因此可以借助对称工具达到事半功倍的效果。

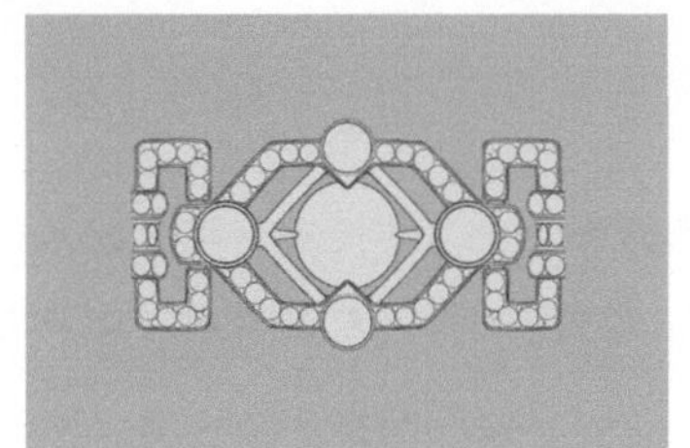

步骤2 借助“线稿图层”的轮廓，用“魔棒”工具在手链单元轮廓外的区域点选，并用“反向”工具将选区反向，在“线稿图层”之下新建“底色图层”，用“单色填充”工具填充浅灰色，色值为 H0 S0 L85。

步骤3 用“导入图片”工具导入前文制作的宝石素材，并置于“线稿图层”之下。用“变换”工具组中的“扭曲”工具，将素材调至与轮廓基本一致。用“魔棒”工具生成精确选区，并对素材进行精确裁切。

步骤4 新建“光影图层 1”，借助“线稿图层”在相应区域生成选区。选择“流量喷笔”工具，调整双圆盘颜色为黑色，“不透明度”值为 20%，绘制金属的暗部。因为该产品表面被钻石覆盖，光影效果只需简单地表现阴影效果即可。

步骤5 新建“钻石图层”，选择“针笔”工具，调整双圆盘颜色为白色，“不透明度”值为 100%，绘制线稿中的钻石，形成如上图所示的效果。选择“笔刷”工具，调整双圆盘颜色为黑色，“不透明度”值为 10%，在“钻石图层”上绘制钻石的暗部效果。再用“针笔”工具，调整双圆盘颜色为白色，“不透明度”值为 100%，绘制钻石刻面的线条。

步骤 6 点击任意图层，弹出控制菜单，点击“合并所有图层”按钮，将所有图层合并为一个图层。点击“复制图层”按钮复制一个新图层，用“变换”工具拖曳新图层，完成手链重复单元的排列组合。

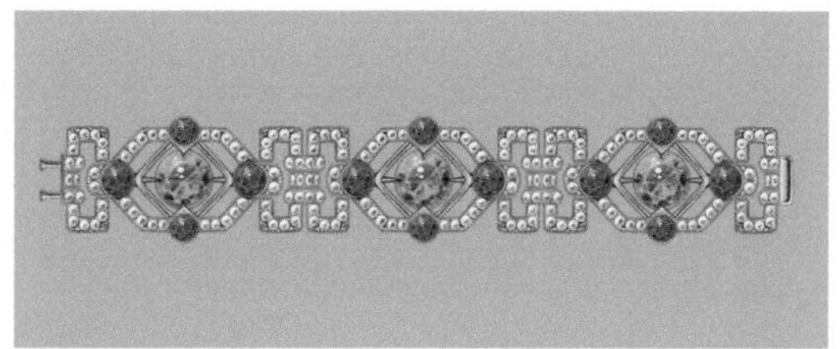

步骤 7 在当前图层中，用“针笔”工具调整双圆盘颜色为黑色和白色，简单绘制手链的扣子，形成如上图所示的效果。

步骤 8 在图层控制菜单中点击“复制图层”按钮，复制一个图层，再点击“HSL 调整”按钮并调整参数，将亮度调至 -100，变成全黑色图层，再将“不透明度”值调至 50%，成为“投影图层”，用“变换”工具向右下方拖曳，形成投影效果。到此全部绘制完成。



## 7.3.3 手镯

本例将使用对称工具以提高画图效率。

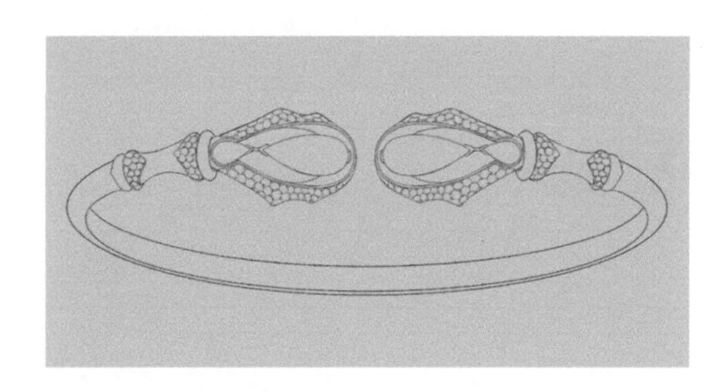

步骤 1 新建“线稿图层”，选择大小为 1.5 的“针笔”工具，绘制手镯的轮廓，注意使用对称工具可以达到事半功倍的效果。

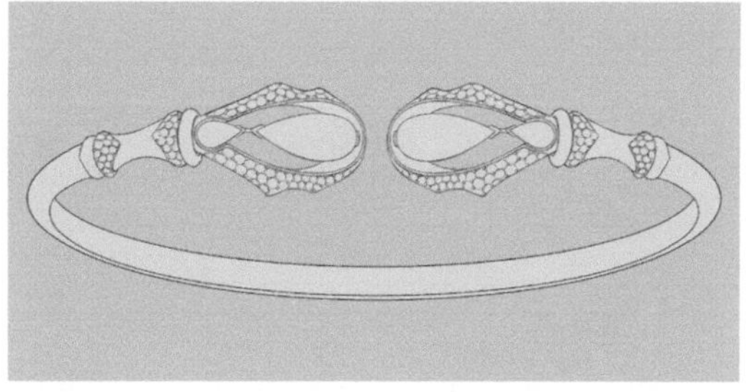

步骤 2 借助“线稿图层”的轮廓，用“魔棒”工具在空白区域点选，并用“反向”工具将选区反向，形成手镯选区。在“线稿图层”之下新建“底色图层”，用“单色填充”工具填充浅灰色，色值为 H0 S0 L85。

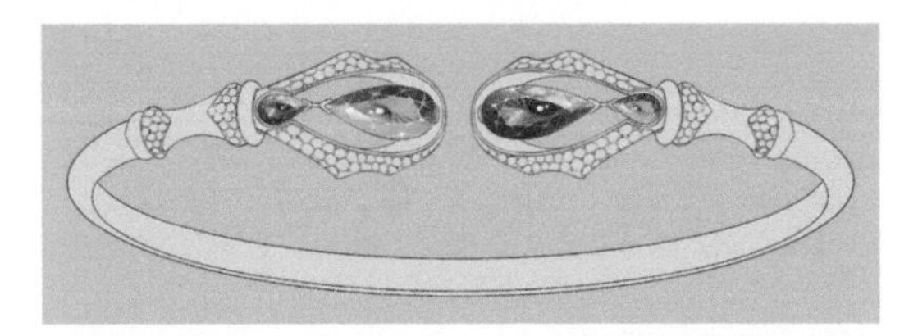

步骤3 使用“导入图片”工具导入前文的水滴形宝石素材，并置于“线稿图层”之下。用“变换”工具组中的“扭曲”工具，将素材与轮廓调整一致。再用“魔棒”工具生成精确选区，对素材进行精确裁切。

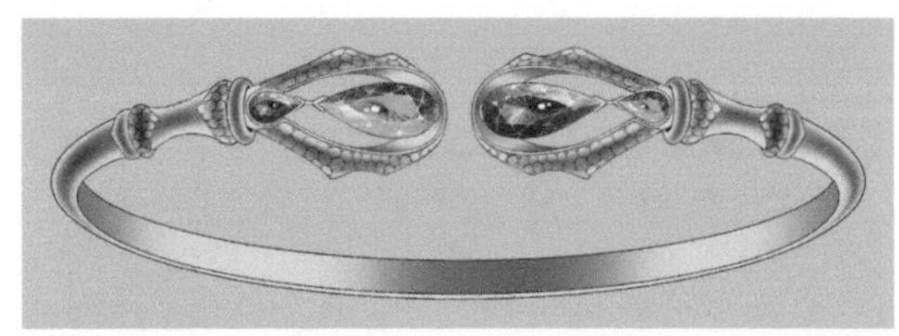

步骤4 新建“光影图层 1”，借助“线稿图层”生成手镯选区，选择“流量喷笔”工具，调整双圆盘颜色为黑色，“不透明度”值为 20%，绘制金属的暗部。

步骤5 新建“光影图层 2”，沿用上一步的选区，选择“笔刷”工具，在阴影的中间位置绘制镜面金属特有的明暗交界线，并将转角处的光影效果也刻画出来。

步骤6 新建“钻石图层”，选择“针笔”工具，调整双圆盘颜色为白色，“不透明度”值为 100%，在线稿中绘制出钻石。选择“笔刷”工具，调整双圆盘颜色为黑色，“不透明度”值为 10%，在“钻石图层”的白色钻石上绘制钻石暗部。再选择“针笔”工具，调整双圆盘颜色为白色，“不透明度”值为 100%，绘制钻石刻面线条。

步骤7 绘制手镯上的两个黄色环节部分。在“线稿图层”中用“魔棒”工具将手镯上两个环节部分点选出来。在“线稿图层”之下新建“罩色图层”，用“单色填充”工具填充中黄色，色值为 H54 S78 L53。点击该图层，弹出控制菜单，选择“混合模式”菜单中的“颜色”选项，并将该图层的“不透明度”值设为 50%，完成黄色环节部分的绘制。到此全部绘制完成。

# 7.4 耳饰

## 7.4.1 透视原理与绘制要点

耳饰又称耳环、耳坠，是戴在耳朵上的饰品，古代又称珥、珰。耳饰大都以金属制成，有些可能采用石头、木头或其他相似硬度的材质。

耳饰的种类很多，如右图所示。

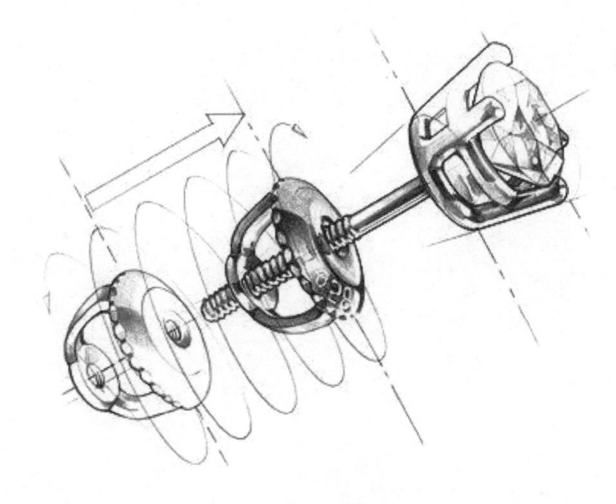

针状耳饰

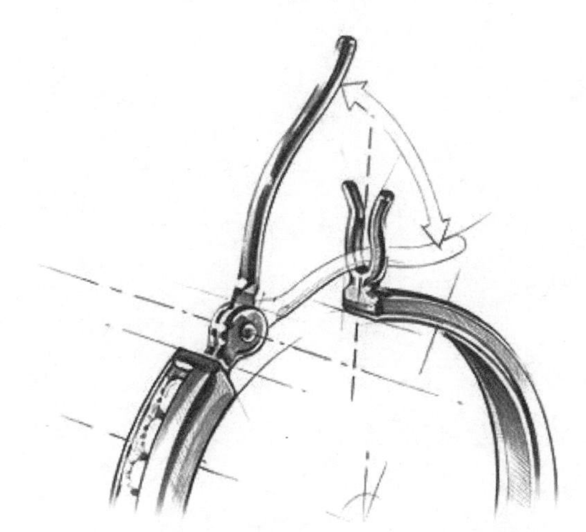

环状耳饰

在绘图时遵循 1:1 的绘图比例，所以可以先画出耳朵的轮廓，再进行相应的设计。在设计时，可用侧视图表现耳饰的佩戴方式。

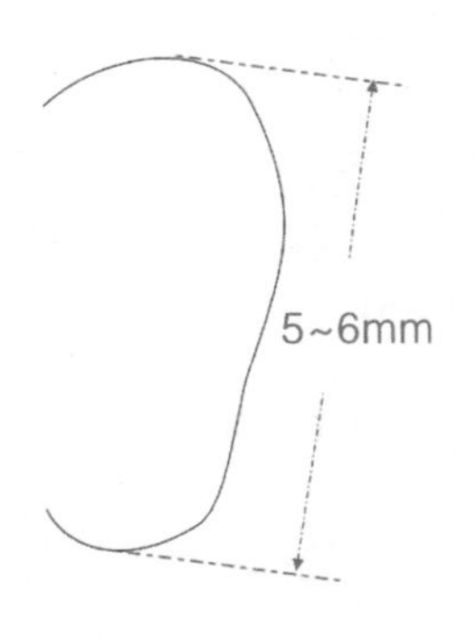


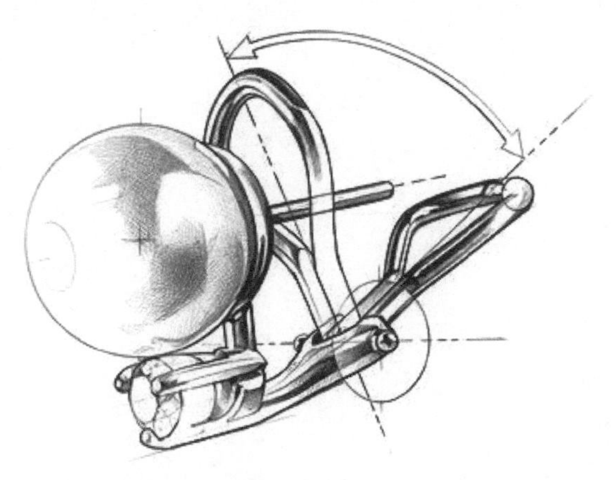

闭合式耳饰

### 7.4.2 素兰蓝宝石耳坠

Capu 素兰蓝宝石耳坠

本例采用素面和刻面蓝宝石相互配搭的设计，灵感来自玉兰花瓣，上下两粒蓝宝石都镶嵌在金分色拉丝设计的金属面上，颜色上呈现出高饱和效果，层次分明。

步骤1 新建“线稿图层”，选择大小为 1.5 的“针笔”工具，绘制出耳坠的黑色轮廓，此耳坠是对称的结构，绘制时可以借助对称工具达到事半功倍的效果。

步骤2 用“魔棒”工具在耳坠轮廓以外的区域点选，用“反向”工具将选区反向。在“线稿图层”之下新建“底色图层”，用“单色填充”工具填充浅灰色，色值为 H0 S0 L85。

步骤3 使用“导入图片”工具导入前文的水滴素面蓝宝石、圆形刻面的粉色蓝宝，以及水滴刻面蓝宝石素材，并置于“线稿图层”之下。用“变换”工具组中的“扭曲”工具，将素材与轮廓调整一致。用“魔棒”工具生成精确选区，对素材进行精确裁切，获得如上图所示的效果。

步骤4 新建“光影图层 1”，借助“线稿图层”在金属面区域生成选区，选择“流量喷笔”工具，调整双圆盘颜色为黑色，笔刷的“不透明度”值为 20%，绘制金属的暗部效果。

步骤5 新建“光影图层 2”，沿用上一步的选区，选择“笔刷”工具绘制镜面金属特有的明暗交界线，并将转角处的光影效果也刻画出来。使用“图案填充 1”工具，交替黑白两色，在花瓣内由中心向四周绘制拉丝质感的线条。

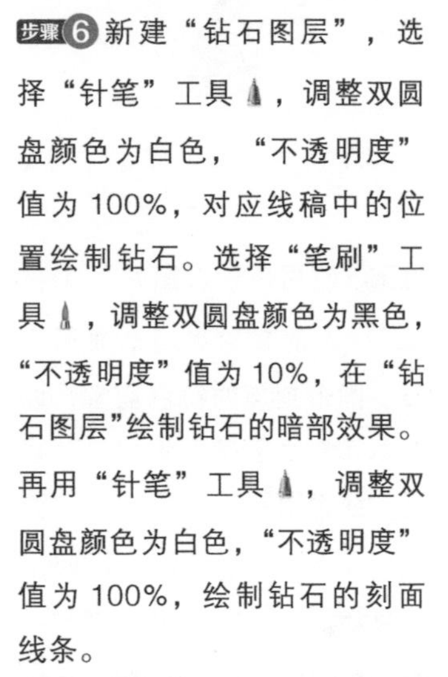

步骤6 新建“钻石图层”，选择“针笔”工具，调整双圆盘颜色为白色，“不透明度”值为100%，对应线稿中的位置绘制钻石。选择“笔刷”工具，调整双圆盘颜色为黑色，“不透明度”值为10%，在“钻石图层”绘制钻石的暗部效果。再用“针笔”工具，调整双圆盘颜色为白色，“不透明度”值为100%，绘制钻石的刻面线条。

步骤7 在“线稿图层”中，用“魔棒”工具点选拉丝质感部分以形成选区。在“线稿图层”之下新建图层，用“单色填充”工具填充中黄色，色值为H54 S78 L53。点击该图层，弹出控制菜单，选择“混合模式”菜单中的“颜色”选项，并将该图层的“不透明度”值设置为50%，完成金分色的绘制。

步骤8 点击任意图层，弹出控制菜单，点击“合并所有图层”按钮，将所有图层被合并为一个图层。点击“复制图层”按钮，复制一个图层，并用“变换”工具将新复制的图层拖曳一段距离，形成一对的耳坠。

步骤9 点击“合并所有图层”按钮，将两个耳坠合并成一个图层，点击“复制图层”按钮复制一个新图层，再点击“HSL调整”按钮并调整参数，将位于底层的耳坠图层的亮度调至-100，变成黑色，再将“不透明度”值调到50%，形成“投影图层”。用“变换”工具，向右下方拖曳，形成投影效果。到此全部绘制完成。

### 7.4.3 小鸟珍珠耳坠

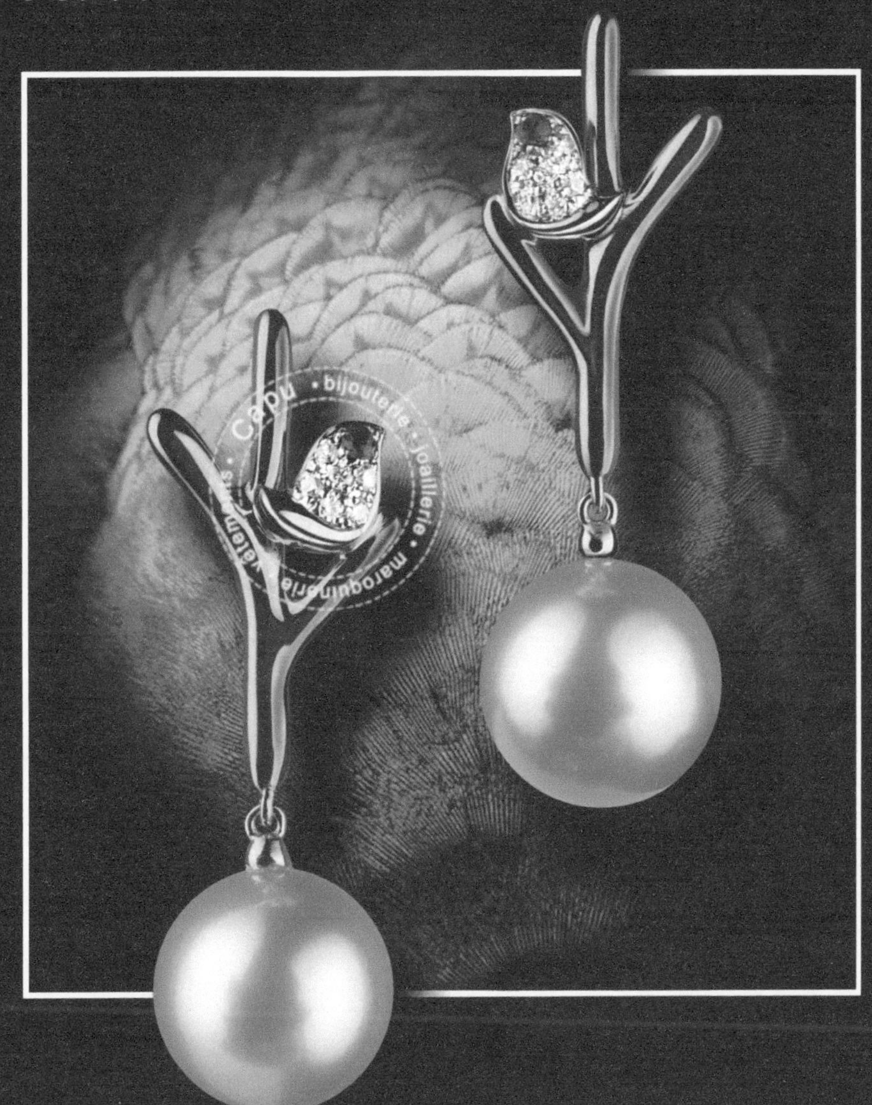


Capu

Capu 小鸟珍珠耳坠

本例首饰设计简约，用18K金材质的树枝作为耳坠的主干，将垂吊于下方的珍珠与镶嵌于上方的钻石和蓝宝石有机结合，让整个产品的性价比大幅提高。

步骤1 新建“线稿图层”，选择大小为1.5的“针笔”工具，绘制出耳坠的黑色轮廓，因为此耳坠是对称的构造，所以可以借助对称工具进行事半功倍的操作。

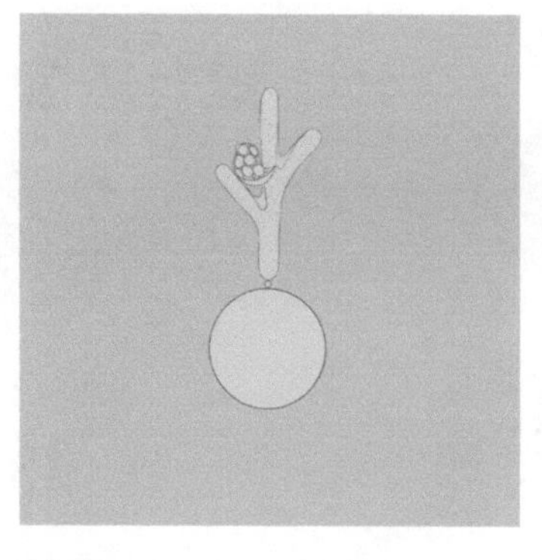

步骤2 借助“线稿图层”的耳坠轮廓，用“魔棒”工具在所有耳坠轮廓以外的区域点选，并用“反向”工具反向选区。在“线稿图层”之下新建“底色图层”，用“单色填充”工具填充浅灰色，色值为H0 S0 L85。

步骤3 使用“导入图片”工具导入前文制作的珍珠素材，并置于“线稿图层”之下。用“变换”工具组中的“扭曲”工具，将素材与轮廓调整一致。用“魔棒”工具生成精确选区，并对素材进行精确裁切。

步骤4 新建“光影图层1”，借助“线稿图层”在树枝区域生成选区。选择“流量喷笔”工具，调整双圆盘颜色为黑色，笔刷的“不透明度”值为20%，绘制金属暗部。

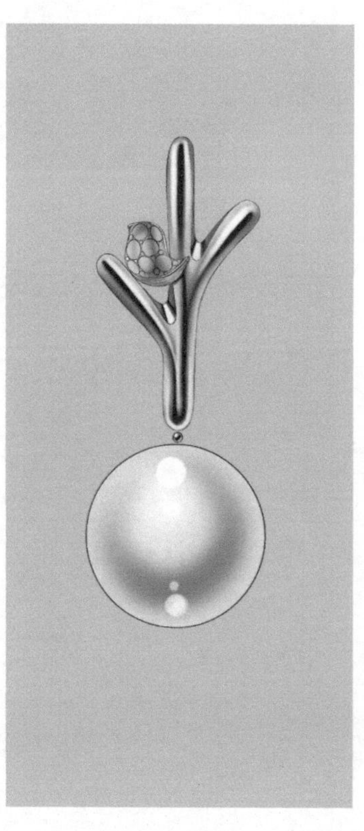

步骤5 新建“光影图层2”，沿用上一步的选区，选择“笔刷”工具，绘制镜面金属特有的明暗交界线，并将转角处的光影效果也刻画出来。

步骤6新建“钻石图层”，选择“针笔”工具，调整双圆盘颜色为白色，“不透明度”值为100%，在线稿中的相应区域绘制钻石。选择“笔刷”工具，调整双圆盘颜色为黑色，“不透明度”值为10%，在“钻石图层”绘制钻石的暗部。再用“针笔”工具，调整双圆盘颜色为白色，“不透明度”值为100%，绘制钻石刻面线条。

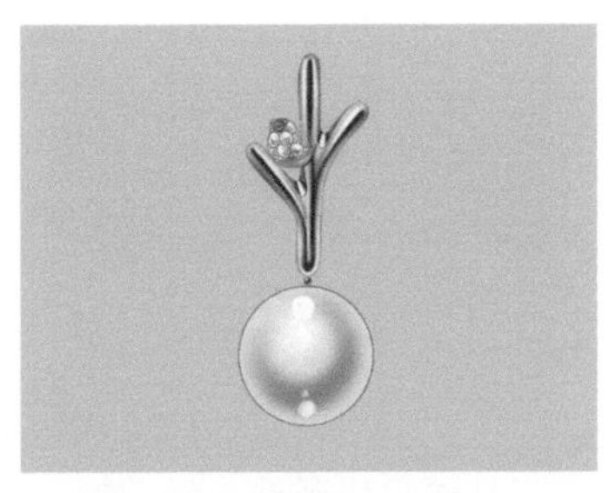

步骤7在“线稿图层”中，用“魔棒”工具点选树枝部分。在“线稿图层”之下新建“罩色图层”，用“单色填充”工具填充中黄色，色值为H54 S78 L53。点击该图层，弹出控制菜单，选择“混合模式”菜单中的“颜色”选项，并将该图层的“不透明度”值设置为50%，完成金分色的绘制。

步骤8点击任意图层，弹出控制菜单，点击“合并所有图层”按钮，将所有图层合并为一个图层。再点击“复制图层”按钮复制一个新的图层，并用“变换”工具将新复制的图层拖曳一段距离，形成一对耳坠。

步骤9在控制菜单中，点击“合并所有图层”按钮，将两个耳坠合并成一个图层，然后点击“复制图层”按钮复制一个新图层，再点击“HSL调整”按钮并调整参数，将位于底层的耳坠图层的亮度调为-100，变成黑色，“不透明度”调为50%，形成“投影图层”。用“变换工具”，向右下方拖曳该图层，形成投影效果。到此全部绘制完成。

# 7.5 项链

## 7.5.1 项链的透视原理与绘制要点

项链是人们喜欢佩戴的装饰品之一，也是较早出现的一种首饰。从古至今，人们为了美化人体，制造了各种不同风格、不同特点、不同式样的项链，以满足不同肤色、不同民族、不同审美的人的需求。

从材质上看，项链有黄金、白银、珠宝等不同材质。珠宝项链比金银项链的装饰效果更强，色彩变化也更丰富。时尚界的时装项链大都采用非常普通的材料，如镀金、塑料、皮革、玻璃、丝绳、木头、低熔合金等，主要是为了搭配时装，强调新、奇、美的作用。

在绘图时，遵循 1:1 的绘图原则，绘制项链透视图可参考下图的透视原理图。

透视原理图

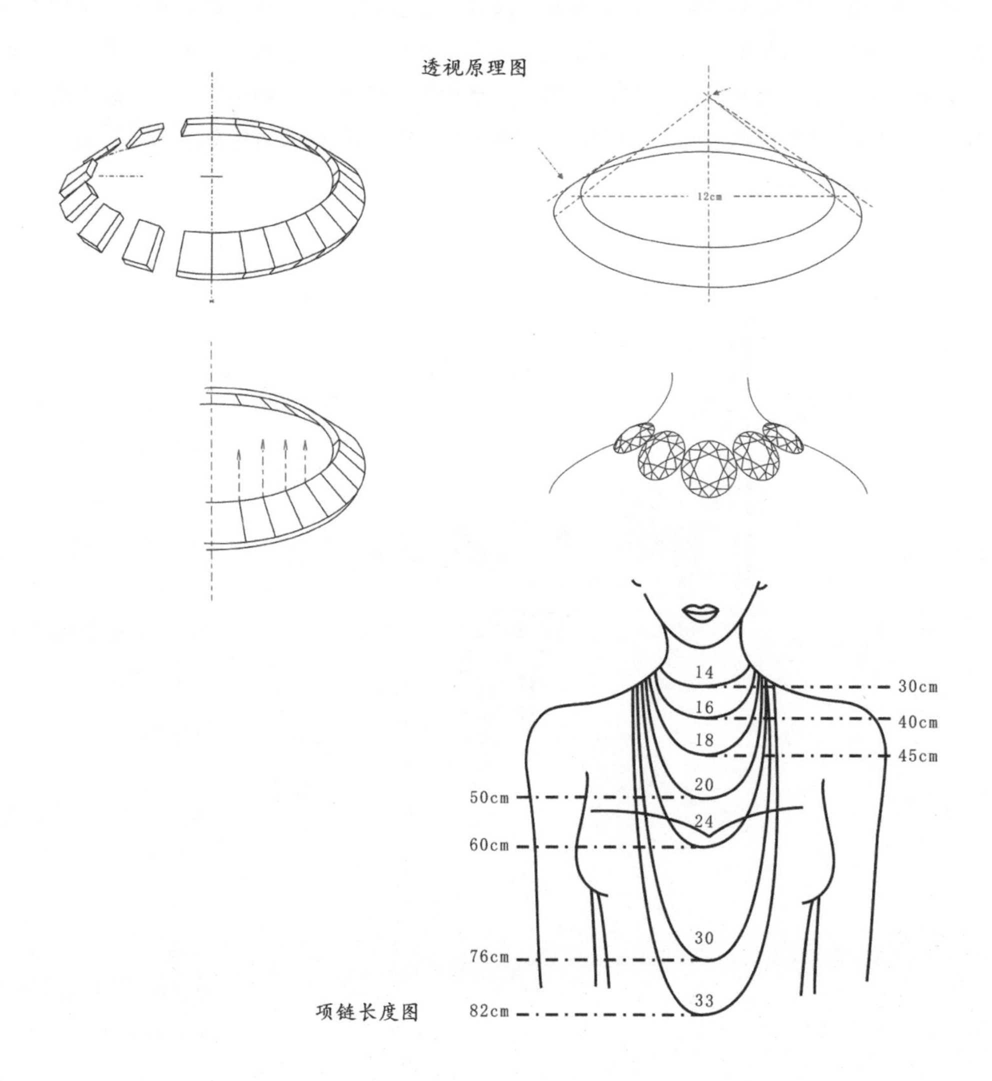


项链长度图

### 7.5.2 美杜莎 Choker 颈链



Capu 美杜莎 Choker 颈链

本例是一个颈链与挂坠两用的设计，主体意象是美杜莎，主石周围盘绕着蛇的元素，主挂坠可拆卸，颈链引用蛇鳞片元素，用大小不同的马眼形宝石镶嵌而成。实物的是一粒 20ct 的坦桑石主石搭配蓝宝石配石镶嵌而成。由于前文的蓝宝石绘制案例已经很多，特将本例改成紫色石榴石。

步骤1 新建“线稿图层”，选择大小为 1.5 的“针笔”工具，绘制出美杜莎颈链的黑色轮廓。

步骤2 使用“导入图片”工具，导入前文制作的椭圆形刻面宝石、马眼形彩色及无色宝石素材，并置于“线稿图层”之下。先在图层控制菜单中点击“HSL 调整”按钮，将素材的颜色调整成紫红色调，然后用“变换”工具组中的“扭曲”工具将素材与轮廓调整一致。用“魔棒”工具生成精确选区，对素材进行精确裁切，重复相同操作完成所有刻面宝石素材的匹配工作。最后，在图层控制菜单中点击“合并”按钮，将这些剪裁完成的宝石素材图层逐一合并，获得“宝石图层”，效果如上图所示。

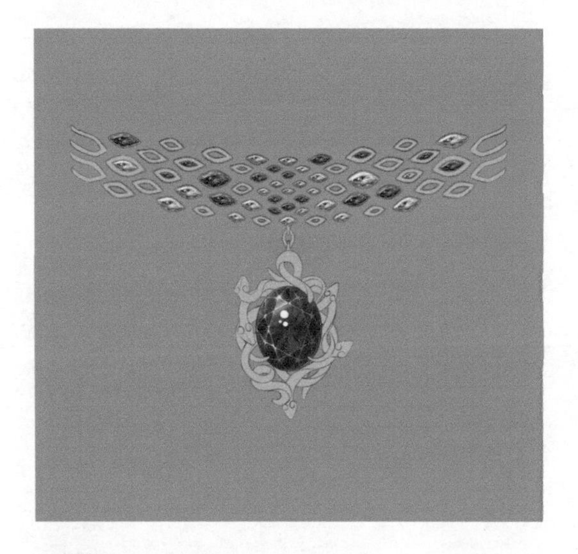

步骤3 借助“线稿图层”的轮廓，用“魔棒”工具在空白区域点选，用“反向”工具将选区反向，使颈链形成选区。在“线稿图层”之下新建“底色图层”，用“单色填充”工具填充浅灰色，色值为 H0 S0 L85。

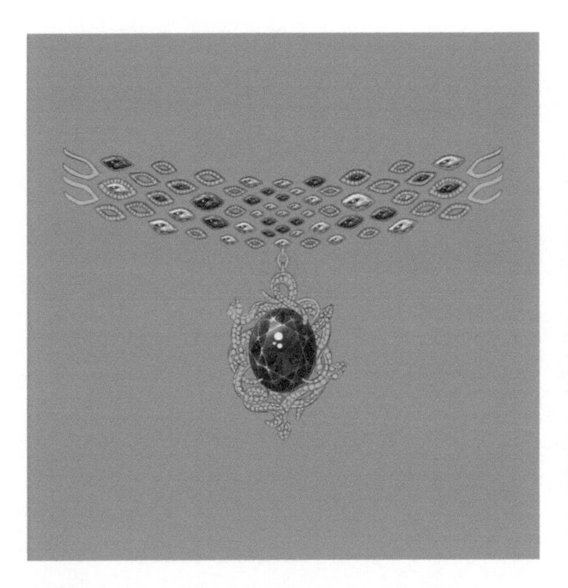

步骤4 在“线稿图层”下新建“钻石图层”，选择“针笔”工具，调整双圆盘颜色为黑色，“不透明度”值为100%，绘制出钻石轮廓。

步骤5 借助“线稿图层”，将如上图所示的相应区域转换为选区，在“钻石图层”之下新建“光影图层”，选择“流量喷笔”工具，调整双圆盘颜色为黑色，“不透明度”值为20%，绘制金属暗部。保持选区不变，选择“笔刷”工具绘制镜面金属特有的明暗交界线，并将转角处的光影效果也刻画出来。

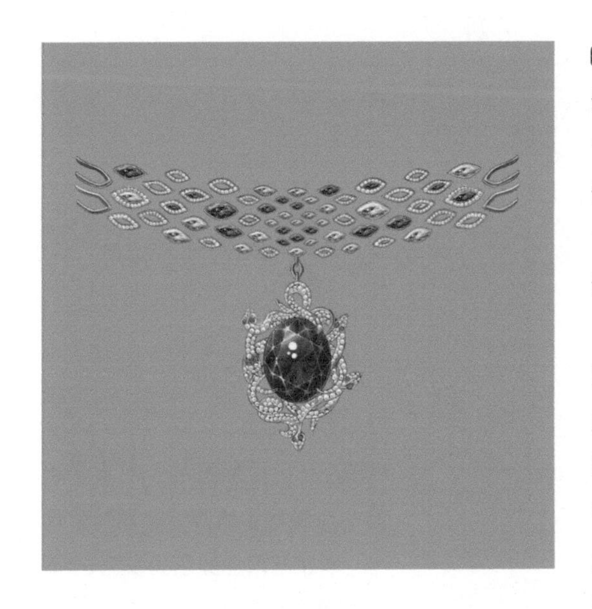

步骤6 在“钻石图层”中，选择“针笔”工具，调整双圆盘颜色为白色，“不透明度”值为100%，绘制出钻石效果。选择“笔刷”工具，调整双圆盘颜色为黑色，“不透明度”值为10%，在“钻石图层”绘制钻石的暗部效果。再选择“针笔”工具，调整双圆盘颜色为白色，“不透明度”值为100%，绘制钻石刻面的线条。采用同样的方法，选择“针笔”工具，调整双圆盘颜色为蓝色，色值为H231 S100 L50，“不透明度”值为100%，对线稿中蛇头的蓝宝石进行点涂。选择“笔刷”工具，调整双圆盘颜色为黑色，“不透明度”值为10%，在“钻石图层”的蓝色圆点上继续绘制蓝宝石的暗部。选择“针笔”工具，调整双圆盘颜色为白色，“不透明度”值为100%，绘制蓝宝石的刻面线条。

步骤7 在“底色图层”中，选择“笔刷”工具，调整双圆盘颜色为白色，“不透明度”值为100%，在颈链上各个“蛇鳞”链扣中间绘制出白色的链子。

步骤8 点击“底色图层”，弹出控制菜单，点击“复制图层”按钮复制一个“底色图层”。展开靠下的“底色图层”控制菜单，点击“HSL调整”按钮并调整参数，将亮度参数调为 -100，使其变成黑色，将“不透明度”值调至50%，形成“投影图层”。用“变换”工具，向右下方拖曳，形成投影效果。

步骤9 在“投影图层”的下方新建一个图层，选择“笔刷”工具，调整双圆盘颜色为白色，“不透明度”值为100%，简单绘制出体现颈链佩戴悬挂效果的道具背景。到此全部绘制完成。

## 7.5.3 撞色颈链的绘制

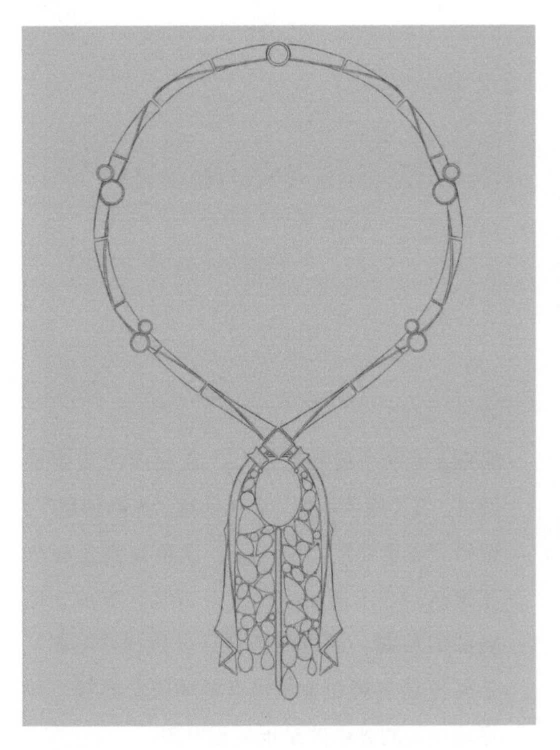

步骤1 新建“线稿图层”，选择大小为 1.5 的“针笔”工具，绘制出颈链的黑色轮廓。

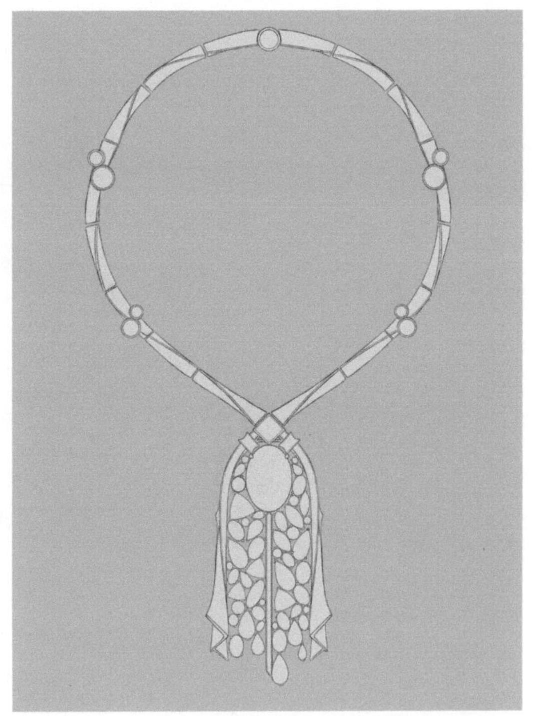

步骤2 借助“线稿图层”的轮廓，用“魔棒”工具在空白区域点选，并用“反向”工具将选区反向，使颈链形成选区。在“线稿图层”之下新建“底色图层”，用“单色填充”工具填充浅灰色，色值为 H0 S0 L85。

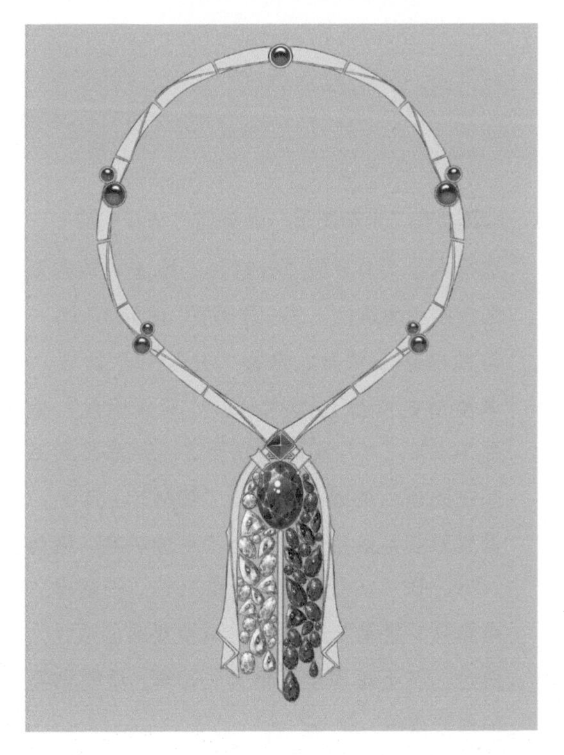

步骤3 使用“导入图片”工具，导入前文制作的各种形态的刻面宝石、素面宝石、糖塔形宝石素材，并将其置于“线稿图层”之下。先点击图层控制菜单中的“HSL 调整”按钮并调整参数，将素材变成蓝色或者无色的，然后用“变换”工具组中的“扭曲”工具，将素材与轮廓调整一致，用“魔棒”工具生成精确选区，对素材进行精确裁切。重复相同的操作，完成所有刻面宝石素材的匹配工作。最后，在图层控制菜单中点击“合并”按钮，将剪裁完成的宝石素材图层逐一合并，获得“宝石图层”。

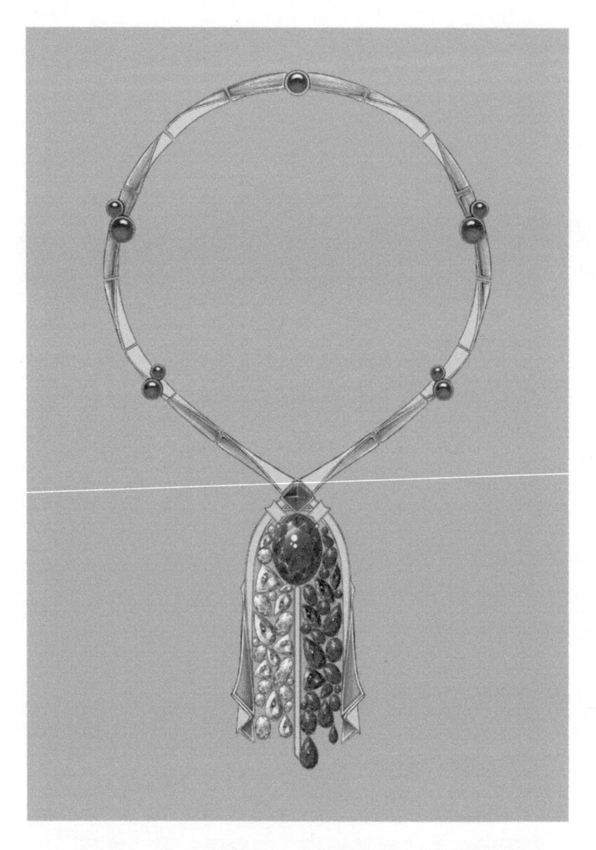

步骤 4 借助“线稿图层”，在相应区域生成选区，在“底色图层”之上新建“光影图层”，选择“流量喷笔”工具，调整双圆盘颜色为黑色，“不透明度”值为20%，完成金属暗部的绘制。沿用当前选区，选择“笔刷”工具绘制镜面金属特有的明暗交界线，并将转角处的光影效果也刻画出来。

步骤 5 在“光影图层”上新建“钻石图层”，选择大小为0.8的“针笔”工具，调整双圆盘颜色为黑色，“不透明度”值为100%，勾勒出钻石轮廓。选择“针笔”工具，调整双圆盘颜色为白色，“不透明度”值为100%，对勾勒出的钻石进行点涂，形成如左图所示的效果。选择“笔刷”工具，调整双圆盘颜色为黑色，“不透明度”值为10%，在“钻石图层”上绘制钻石的暗部。再选择“针笔”工具，调整双圆盘颜色为白色，“不透明度”值为100%，绘制钻石刻面的线条。

步骤 6 在“底色图层”的控制菜单中，点击“复制图层”按钮复制一个“底色图层”。展开靠下的“底色图层”控制菜单，点击“HSL 调整”按钮并调整参数，将亮度参数调至 -100，变成黑色的图层，将“不透明度”调整为 50%，形成“投影图层”。用“变换”工具，向右下方拖曳，形成投影效果。到此全部绘制完成。

## 7.6 商用珠宝作品展示与临摹图

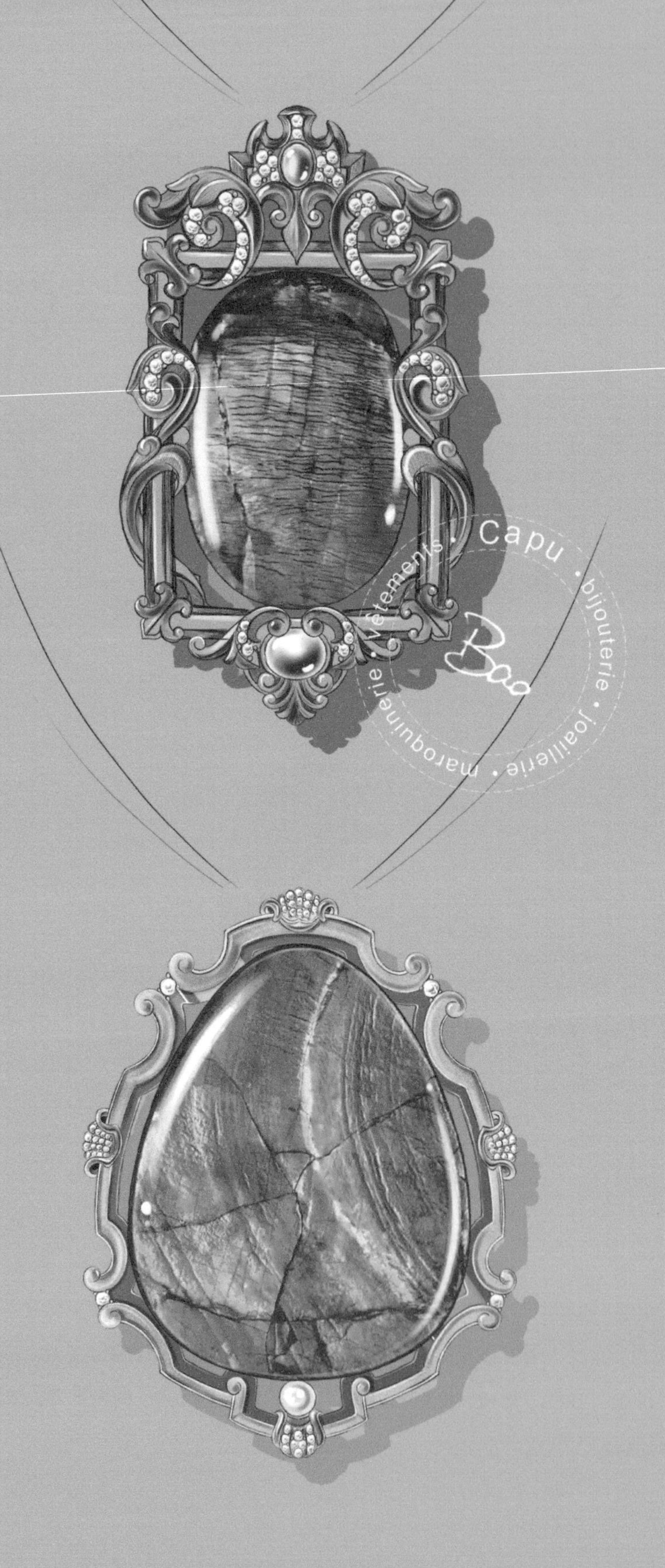

vêtements · Capu · bijouterie · joaillerie · maroquinerie
Bao

Capu
bijouterie
joaillerie
maroquinerie
vêtements
Bao

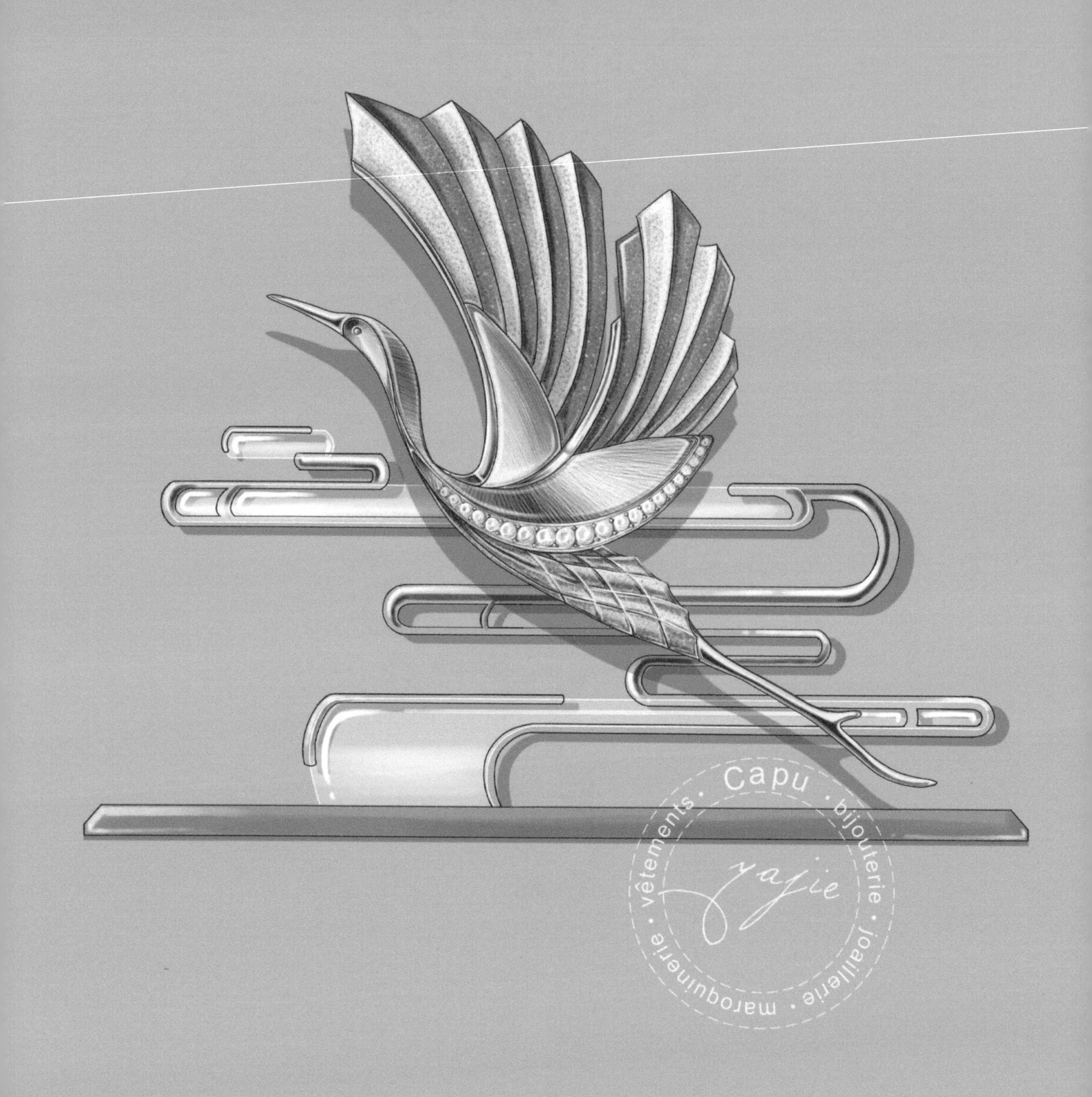
Capu · bijouterie · joaillerie · maroquinerie · vêtements ·
yajie

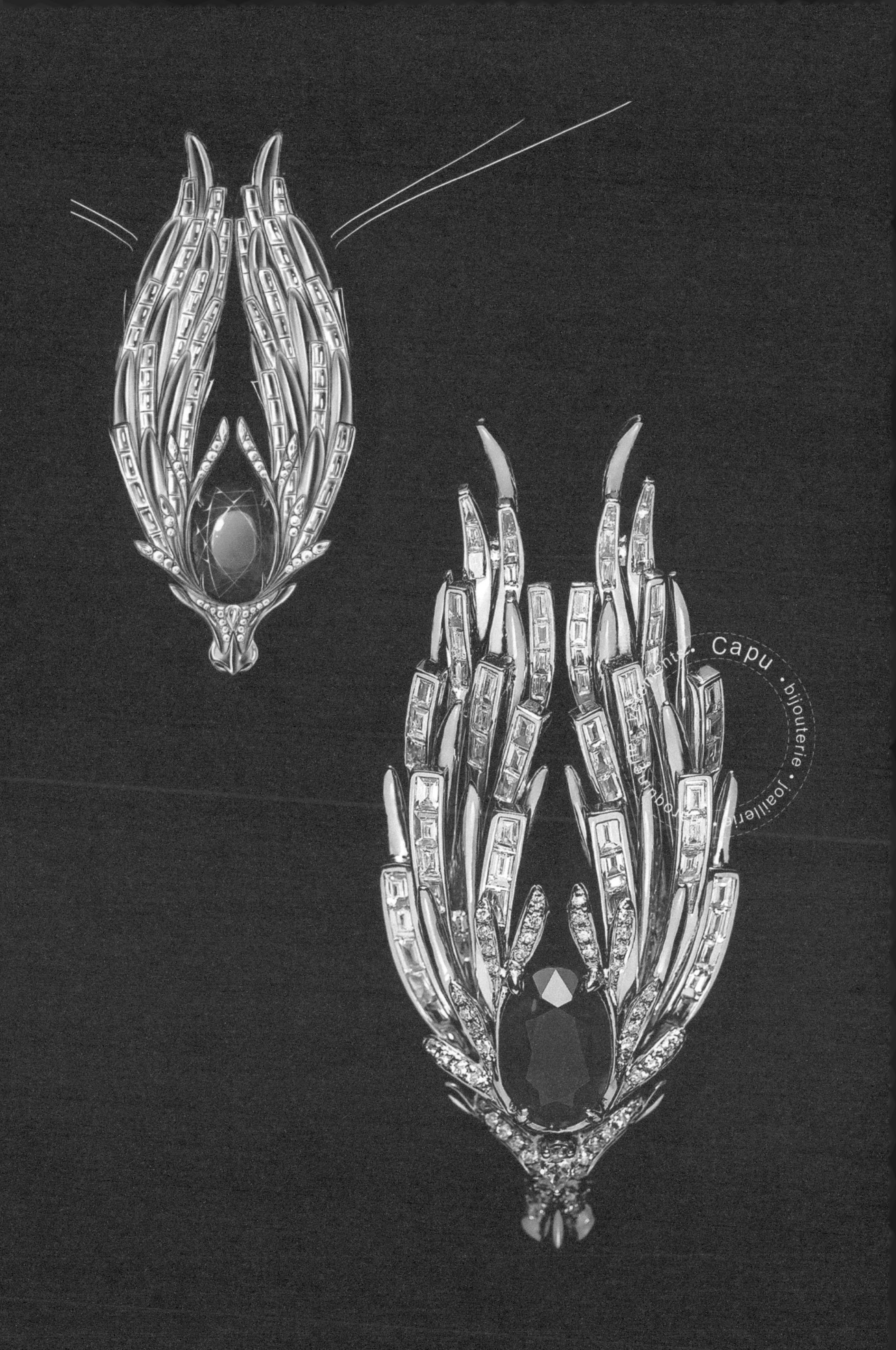
Capu
bijouterie
joaillerie

# 附录

##  附录1 戒指指圈尺寸对照表

# 附录2 钻石切割尺寸对照表

| 规格 | 重量 |
|---|---|
| 0.8mm | 0.003ct |
| 0.9mm | 0.004ct |
| 1.0mm | 0.005ct |
| 1.1mm | 0.006ct |
| 1.15mm | 0.007ct |
| 1.2mm | 0.008ct |
| 1.25mm | 0.009ct |
| 1.3mm | 0.01ct |
| 1.35mm | 0.012ct |
| 1.4mm | 0.014ct |
| 1.5mm | 0.015ct |
| 1.55mm | 0.016ct |
| 1.6mm | 0.018ct |
| 1.7mm | 0.02ct |
| 1.8mm | 0.025ct |
| 1.9mm | 0.03ct |
| 2.0mm | 0.035ct |
| 2.1mm | 0.04ct |
| 2.2mm | 0.045ct |
| 2.3mm | 0.05ct |
| 2.4mm | 0.06ct |
| 2.5mm | 0.065ct |
| 2.6mm | 0.07ct |
| 2.7mm | 0.08ct |
| 2.8mm | 0.085ct |
| 2.9mm | 0.010ct |
| 3.0mm | 0.011ct |
| 3.1mm | 0.012ct |
| 3.2mm | 0.013ct |
| 3.3mm | 0.014ct |
| 3.4mm | 0.015ct |
| 3.5mm | 0.016ct |
| 3.6mm | 0.018ct |
| 3.7mm | 0.019ct |

| 规格 | 重量 |
|---|---|
| 3.8mm | 0.2ct |
| 3.9mm | 0.23ct |
| 4.0mm | 0.25ct |
| 4.1mm | 0.26ct |
| 4.2mm | 0.27ct |
| 4.3mm | 0.3ct |
| 4.4mm | 0.32ct |
| 4.4mm | 0.35ct |
| 4.46mm | 0.38ct |
| 4.8mm | 0.4ct |
| 5.0mm | 0.47ct |
| 5.2mm | 0.5ct |
| 5.3mm | 0.55ct |
| 5.4mm | 0.6ct |
| 5.5mm | 0.63ct |
| 5.6mm | 0.65ct |
| 5.7mm | 0.70ct |
| 5.8mm | 0.75ct |
| 5.9mm | 0.78ct |
| 6.0mm | 0.80ct |
| 6.2mm | 0.85ct |
| 6.4mm | 0.90ct |
| 6.5mm | 1.00ct |
| 7.0mm | 1.25ct |
| 7.4mm | 1.50ct |
| 7.6mm | 1.60ct |
| 7.8mm | 1.75ct |
| 8.0mm | 1.90ct |
| 8.2mm | 2.0ct |
| 8.8mm | 2.5ct |
| 9.4mm | 3.0ct |
| 10.0mm | 3.5ct |
| 10.4mm | 4.0ct |
| | |

| 规格 | 重量 |
|---|---|
| 2.00mm | 0.06ct |
| 2.25mm | 0.08ct |
| 2.50mm | 0.10ct |
| 2.75mm | 0.13ct |
| 3.0mm | 0.15ct |
| 3.25mm | 0.20ct |
| 3.5mm | 0.23ct |
| 3.75mm | 0.25ct |
| 4.0mm | 0.30ct |
| 4.42mm | 0.35ct |
| 4.5mm | 0.40ct |
| 4.75mm | 0.50ct |
| 5.0mm | 0.63ct |
| 5.25mm | 0.75ct |
| 5.5mm | 1.00ct |
| 6.0mm | 1.25ct |
| 7.0mm | 1.60ct |
| 8.0mm | 2.25ct |

| 规格 | 重量 |
|---|---|
| 4mm×3mm | 0.20ct |
| 5mm×3mm | 0.25ct |
| 6mm×4mm | 0.50ct |
| 6.5mm×4.5mm | 0.75ct |
| 7mm×5mm | 1.00ct |
| 8mm×6mm | 1.50ct |
| 8.5mm×6.5mm | 2.00ct |
| 9mm×7mm | 2.50ct |
| 10mm×8mm | 3.00ct |
| 11mm×9mm | 4.00ct |
| 12mm×10mm | 5.00ct |

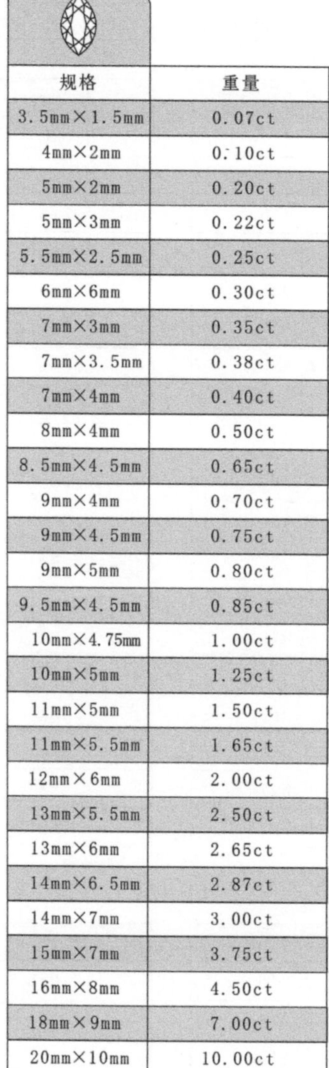

| 规格 | 重量 |
|---|---|
| 3.5mm×1.5mm | 0.07ct |
| 4mm×2mm | 0.10ct |
| 5mm×2mm | 0.20ct |
| 5mm×3mm | 0.22ct |
| 5.5mm×2.5mm | 0.25ct |
| 6mm×6mm | 0.30ct |
| 7mm×3mm | 0.35ct |
| 7mm×3.5mm | 0.38ct |
| 7mm×4mm | 0.40ct |
| 8mm×4mm | 0.50ct |
| 8.5mm×4.5mm | 0.65ct |
| 9mm×4mm | 0.70ct |
| 9mm×4.5mm | 0.75ct |
| 9mm×5mm | 0.80ct |
| 9.5mm×4.5mm | 0.85ct |
| 10mm×4.75mm | 1.00ct |
| 10mm×5mm | 1.25ct |
| 11mm×5mm | 1.50ct |
| 11mm×5.5mm | 1.65ct |
| 12mm×6mm | 2.00ct |
| 13mm×5.5mm | 2.50ct |
| 13mm×6mm | 2.65ct |
| 14mm×6.5mm | 2.87ct |
| 14mm×7mm | 3.00ct |
| 15mm×7mm | 3.75ct |
| 16mm×8mm | 4.50ct |
| 18mm×9mm | 7.00ct |
| 20mm×10mm | 10.00ct |

| 规格 | 重量 |
|---|---|
| 4mm×2mm | 0.20ct |
| 5mm×3mm | 0.30ct |
| 6mm×4mm | 0.50ct |
| 7mm×5mm | 0.75ct |
| 8mm×5mm | 1.00ct |
| 9mm×6mm | 1.50ct |
| 10mm×7mm | 2.00ct |
| 12mm×7mm | 2.50ct |
| 12mm×8mm | 3.00ct |
| 13mm×8mm | 3.50ct |
| 14mm×8mm | 4.00ct |
| 15mm×9mm | 5.00ct |

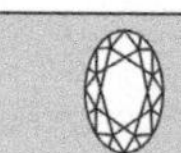

| 规格 | 重量 |
|---|---|
| 4mm×3mm | 0.20ct |
| 5mm×3mm | 0.25ct |
| 5mm×3.5mm | 0.33ct |
| 5mm×4mm | 0.40ct |
| 6mm×4mm | 0.50ct |
| 6.5mm×4.5mm | 0.65ct |
| 7mm×5mm | 0.75ct |
| 7.5mm×5.5mm | 1.00ct |
| 8mm×6mm | 1.25ct |
| 8.5mm×6.5mm | 1.50ct |
| 9mm×6mm | 1.75ct |
| 9mm×7mm | 2.00ct |
| 9.5mm×7.5mm | 2.50ct |
| 10mm×8mm | 3.00ct |
| 10mm×8.5mm | 3.50ct |
| 11mm×9mm | 4.00ct |
| 11mm×9.5mm | 4.50ct |
| 12mm×10mm | 5.00ct |

# 附录3 宝石色值表

| 宝石 | 色值 | 宝石 | 色值 |
| --- | --- | --- | --- |
| 鸽血红红宝石 | H348 S94 L44 | 帕拉伊巴 | H177 S92 L59 |
| 绝地武士尖晶 | H340 S97 L59 | 绿松石 | H191 S97 L39 |
| 帕帕拉恰 | H357 S98 L75 | 海蓝宝石 | H207 S46 L56 |
| 粉　钻 | H337 S41 L74 | 月光石 | H202 S56 L50 |
| 芬达石 | H22 S93 L56 | 皇家蓝蓝宝石 | H233 S89 L41 |
| 黄　钻 | H49 S99 L47 | 青金石 | H238 S72 L36 |
| 金绿猫眼 | H49 S81 L40 | 黑欧泊 | H214 S97 L30 |
| 翡　翠 | H119 S98 L39 | 紫水晶 | H283 S80 L18 |
| 橄榄石 | H78 S98 L24 | 黑玛瑙 | H0 S0 L0 |
| 孔雀石 | H152 S97 L19 | 白　玉 | H150 S3 L87 |
| 祖母绿 | H160 S96 L20 | 白欧泊 | H256 S0 L61 |

| 金 | 色值 |
| --- | --- |
| 18K 金 | H44 S100 L50 |
| 24K 金 | H48 S100 L50 |

# 附录4 宝石莫氏硬度表

| 莫氏硬度 | 宝石 |
| --- | --- |
| 10 | 钻石 |
| 9 | 红宝石、蓝宝石 |
| 8~8.5 | 金绿宝石 |
| 8 | 尖晶石 |
| 8 | 托帕石 |
| 7.5~8 | 祖母绿(绿柱石) |
| 7~8 | 石榴石 |
| 7~8 | 碧玺 |
| 7 | 水晶(石英) |
| 6.5~7 | 橄榄石 |
| 6.5~7 | 翡翠(硬玉) |
| 6~7.5 | 锆石 |
| 6~6.5 | 葡萄石 |
| 6~6.5 | 软玉 |
| 5~6 | 欧泊 |
| 5~6 | 玻璃 |
| 5~6 | 青金石 |
| 5~6 | 绿松石 |
| 5~6 | 辉石 |
| 4 | 萤石 |
| 3~4 | 珊瑚 |
| 2.5~4.5 | 珍珠 |
| 2~2.5 | 琥珀 |